国家职业技能等级认定培训教材

高技能人才培养用书

电工（高级）

国家职业技能等级认定培训教材编审委员会　组编

主　编　王兆晶

副主编　阎　伟　周照君　陈立静　王灿运

参　编　冯俊尊　孙　斌　张敬敏　刘铭阳

　　　　徐佳诚　丑传旭

机械工业出版社

本书是依据《国家职业技能标准 电工》对电工（高级）的知识要求和技能要求，按照岗位培训需要的原则编写的。主要内容包括：电子技术的应用、电力电子技术的应用、机械设备电气控制电路的安装与维修、机械设备电气图的测绘、可编程序控制系统设计与应用、直流调速系统原理与应用、交流调速系统原理与应用和自动控制电路装调与维修。本书还配备了多媒体资源，可通过扫描封底二维码观看。

本书主要用作企业培训部门、职业技能等级认定机构、再就业人员和农民工培训机构的教学用书，也可作为高级技工学校、技师学院、高等职业院校和各种短训班的教学用书。

图书在版编目（CIP）数据

电工：高级/王兆晶主编. —北京：机械工业出版社，2023.3（2025.9重印）

国家职业技能等级认定培训教材 高技能人才培养用书
ISBN 978-7-111-72333-2

Ⅰ.①电… Ⅱ.①王… Ⅲ.①电工技术-职业技能-鉴定-教材 Ⅳ.①TM

中国国家版本馆 CIP 数据核字（2023）第 036959 号

机械工业出版社（北京市百万庄大街 22 号 邮政编码 100037）
策划编辑：王振国 责任编辑：王振国
责任校对：李小宝 李 杉 封面设计：马若濛
责任印制：常天培
河北虎彩印刷有限公司印刷
2025 年 9 月第 1 版第 3 次印刷
184mm×260mm · 18 印张 · 2 插页 · 429 千字
标准书号：ISBN 978-7-111-72333-2
定价：49.80 元

电话服务 网络服务
客服电话：010-88361066 机 工 官 网：www.cmpbook.com
010-88379833 机 工 官 博：weibo.com/cmp1952
010-68326294 金 书 网：www.golden-book.com
封底无防伪标均为盗版 机工教育服务网：www.cmpedu.com

国家职业技能等级认定培训教材

编审委员会

序

新中国成立以来，技术工人队伍建设一直得到了党和政府的高度重视。二十世纪五六十年代，我们借鉴苏联经验建立了技能人才的"八级工"制，培养了一大批身怀绝技的"大师"与"大工匠"。"八级工"不仅待遇高，而且深受社会尊重，成为那个时代的骄傲，吸引与带动了一批批青年技能人才锲而不舍地钻研技术、攀登高峰。

进入新时期，高技能人才发展上升为兴企强国的国家战略。从2003年全国第一次人才工作会议明确提出高技能人才是国家人才队伍的重要组成部分，到2010年颁布实施《国家中长期人才发展规划纲要（2010—2020年）》，加快高技能人才队伍建设与发展成为举国的意志与战略之一。

习近平总书记强调，劳动者素质对一个国家、一个民族发展至关重要。技术工人队伍是支撑中国制造、中国创造的重要基础，对推动经济高质量发展具有重要作用。党的十八大以来，党中央、国务院健全技能人才培养、使用、评价、激励制度，大力发展技工教育，大规模开展职业技能培训，加快培养大批高素质劳动者和技术技能人才，使更多社会需要的技能人才、大国工匠不断涌现，推动形成了广大劳动者学习技能、报效国家的浓厚氛围。

2019年国务院办公厅印发了《职业技能提升行动方案（2019—2021年）》，目标任务是2019年至2021年，持续开展职业技能提升行动，提高培训针对性实效性，全面提升劳动者职业技能水平和就业创业能力。三年共开展各类补贴性职业技能培训5000万人次以上，其中2019年培训1500万人次以上；经过努力，到2021年底技能劳动者占就业人员总量的比例达到25%以上，高技能人才占技能劳动者的比例达到30%以上。

目前，我国技术工人（技能劳动者）已超过2亿人，其中高技能人才超过5000万人，在全面建成小康社会、新兴战略产业不断发展的今天，建设高技能人才队伍的任务十分重要。

机械工业出版社一直致力于技能人才培训用书的出版，先后出版了一系列具有行业影响力、深受企业、读者欢迎的教材。欣闻配合新的《国家职业技能标准》又编写了"国家职业技能等级认定培训教材"。这套教材由全国各地技能培训和考评专家编写，具有权威性和代表性；将理论与技能有机结合，并紧紧围绕《国家职业技能标准》的知识要求和技能要求编写，实用性、针对性强，既有必备的理论知识和技能知识，又有考核鉴定的理论和技能题库及答案；而且这套教材根据需要为部分教材配备了二维码，扫描书中的二维码便可观看相应资源；部分教材还配合天工讲堂开设了在线课程、在线题库，配套齐全，编排科学，便于培训和检测。

这套教材的出版非常及时，为培养技能型人才做了一件大好事，我相信这套教材一定会为我国培养更多更好的高素质技术技能型人才做出贡献！

中华全国总工会副主席
高凤林

前　　言

党的二十大报告中指出：坚持把发展经济的着力点放在实体经济上，推进新型工业化，加快建设制造强国、质量强国、航天强国、交通强国、网络强国、数字中国。实施产业基础再造工程和重大技术装备攻关工程，支持专精特新企业发展，推动制造业高端化、智能化、绿色化发展。

新时代促进社会经济发展，随着经济发展方式转变、产业结构调整、技术革新步伐和城镇化进程的加快，劳动者技能水平与岗位需求不匹配的矛盾越来越突出，这些问题要得到解决，必须加大技能型人才的培养力度。当前，我国正在由制造业大国向制造业强国挺进，与产业转型升级相伴而来的，是对应用技术人才、技能人才的迫切需求。

本书依据最新版《国家职业技能标准　电工》（高级）对相关知识与技能的要求编写，在编写方式上大胆尝试和创新，力求尽可能以实物图解形式来表达相关知识和技术要领。本书为校企合作方式编写的新形态教材，为便于读者理解和掌握相关知识和技术要领，把相关技能点进行分解，选择重要的技能点编写考核方式和考核评价标准，实现过程化考核评价。由企业工程师选择生产一线的案例构建动画情境，由编者编写典型工作任务的安装规范和工艺标准对接呈现情境的任务脚本，用动画形式呈现"技能大师高招绝活"的典型工作任务，读者只要用手机扫描教材中的二维码，即可浏览对应的微视频动画。

本书共8个项目，包括：电子技术的应用；电力电子技术的应用；机械设备电气控制电路的安装与维修；机械设备电气图的测绘；可编程序控制系统设计及应用；直流调速系统原理与应用；交流调速系统原理与应用；自动控制电路装调维修。本书的内容既有专业性、先进性，又有较高的实用性；既有利于培训讲解，也有利于读者自学；既可用作企业培训部门、职业技能等级认定机构、再就业人员和农民工培训机构的教学用书，又可作为高级技工学校、技师学院、高等职业院校和各种短训班的教学用书。

本书由山东劳动职业技术学院王兆晶担任主编，山东劳动职业技术学院阎伟、周照君、陈立静、王灿运担任副主编。本书项目1由陈立静编写；项目2由王兆晶编写；项目3和项目7由阎伟编写；项目4由孙斌编写；项目5由周照君编写；项目6由王灿运编写；项目8由冯俊尊编写；典型工作任务和技能案例由山东济宁圣地集团有限公司张敬敏编写；"技能大师高招绝活"系列动画由山东栋梁科技设备有限公司刘铭阳、徐佳诚、丑传旭提供技术支持。本书为中国电子劳动学会2022年度"产教融合、校企合作"教育改革发展课题《产教融合背景下校企双元合作开发活页式教材路径及策略研究》（课题编号Ciel2022213）阶段性成果。本书在编写过程中参阅了大量的手册、图册、规范及技术资料等，并借用了部分图表，在此向原作者致以衷心的感谢。

由于编者水平有限，书中难免存在缺点和不足，敬请各位同行、专家和广大读者批评指正。

编　者

目 录
MU LU

项目 1

电子技术的应用

培训学习目标

　　了解集成运算放大器和线性集成直流稳压电源的应用知识；熟悉开关稳压电源的工作原理及应用常识；熟悉常用的集成门电路；掌握典型组合逻辑电路的分析与设计方法；掌握典型时序逻辑电路的分析与设计方法；掌握数字电路的设计方法和步骤。

1.1　模拟电子技术

1.1.1　集成运算放大器

　　集成运算放大器（简称集成运放或运放）是一个高电压增益、高输入阻抗和低输出阻抗的直接耦合多级放大电路。一般将其分为专用型和通用型两类，集成运算放大器接入适当的反馈电路可构成各种运算电路，主要有比例运算、加减运算和微积分运算等。由于集成运算放大器开环放大倍数很高，所以它构成的基本运算电路均为深度负反馈电路。集成运算放大器工作在线性状态时，两输入端之间满足"虚短"和"虚断"，根据这两个特点很容易分析各种运算电路。

　　1. 集成运算放大器主要参数

　　（1）开环差模电压放大倍数 A_{UD}　A_{UD} 是集成运算放大器在开环状态、输出端不接负载时的直流差模电压放大倍数。通用型集成运算放大器的 A_{UD} 一般为 $60\sim140dB$，高质量的集成运算放大器的 A_{UD} 可达 170dB 以上。

　　（2）输入失调电压 U_{IO}　为使集成运算放大器的输入电压为零时，输出电压也为零，在输入端施加的补偿电压称为失调电压 U_{IO}，其值越小越好，一般为几毫伏。

　　（3）输入失调电流 I_{IO}　输入失调电流是指当输入电压为零时，输入级两个输入端静态基极电流之差，即 $I_{IO}=|I_{IB1}-I_{IB2}|$。I_{IO} 越小越好，通常为 $0.001\sim0.1\mu A$。

　　（4）输入偏置电流 I_{IB}　当输出电压为零时，差动对管的两个静态输入电流的平均值称为输入偏置电流，即 $I_{IB}=(I_{IBN}+I_{IBP})/2$，通常 I_{IB} 为 $0.001\sim10\mu A$。其值越小越好。

　　（5）最大差模输入电压 U_{IDM}　集成运算放大器两个输入端之间所能承受的最大电压值称为最大差模输入电压。超过该值，其中一只晶体管的发射结将会出现反向击穿。

　　（6）最大共模输入电压 U_{ICM}　这里指集成运算放大器所能承受的最大共模输入电压，若实际的共模输入电压超过 U_{ICM} 值，则集成运算放大器的共模抑制比将明显下降，甚至不能正常工作。

（7）差模输入电阻 R_{ID}　R_{ID} 指集成运算放大器在开环条件下，两输入端的动态电阻。R_{ID} 越大越好，一般集成运算放大器 R_{ID} 的数量级为 $10^5 \sim 10^6 \Omega$。

（8）输出电阻 R_O　输出电阻 R_O 是指集成运算放大器在开环状态下的动态输出电阻。它表征集成运算放大器带负载的能力，R_O 越小，带负载的能力越强。R_O 的数值一般是几十欧姆至几百欧姆。

（9）共模抑制比 K_{CMR}　K_{CMR} 是集成运算放大器开环差模电压放大倍数 A_{UD} 与其共模电压放大倍数 A_{UC} 比值的绝对值，共模抑制比反映了集成运算放大器对共模信号的抑制能力，K_{CMR} 越大越好。

2. 集成运算放大器的选择

理解集成运算放大器主要性能指标的物理意义，是正确选择集成运算放大器的前提。选择时要根据以下几个方面来进行。

（1）信号源的性质　根据信号源是电压源还是电流源、信号源内阻大小、输入信号的幅值及频率的变化范围等，选择集成运算放大器的差模输入电阻 r_{id}，$-3dB$ 带宽或单位增益带宽、转换速率 SR 等性能指标参数。

（2）负载的性质　根据负载电阻的大小，确定所需集成运算放大器的输出电压和输出电流的幅值。对于电容性负载和电感性负载，还要考虑它们对频率参数的影响。

（3）精度要求　对模拟信号的处理，如放大、运算等，人们会提出精度要求；对电压比较，人们会提出响应时间、灵敏度要求。根据这些要求选择集成运算放大器的开环差模电压放大倍数、输入失调电压、输入失调电流以及转换速率等参数指标。

（4）环境条件　根据环境温度的变化范围，可正确选择集成运算放大器的输入失调电压及输入失调电流的温漂等参数；根据所能提供的电源选择集成运算放大器的电源电压；根据对能耗有无限制，选择集成运算放大器的功耗等。

根据分析、查阅手册等手段，选择出某一型号的集成运算放大器。从性能价格比方面考虑，应尽量采用通用型集成运算放大器，只有在通用型集成运算放大器不能满足应用要求时才采用专用型集成运算放大器。

3. 集成运算放大器的使用

（1）集成运算放大器性能的扩展　利用外加电路的方法可使集成运放的某些性能得到扩展和改善。

1）提高输入电阻。在集成运算放大器的输入端加一个由场效应晶体管组成的差动放大电路可以提高输入电阻。如图 1-1 所示，图中 VU1、VU2 为差分对管，VU3 起恒流源作用，RP 用以调节平衡，调整 R_3 可得到 VU3 的零温漂工作点。这种电路的输入电阻可达 $10^3 \sim 10^5 M\Omega$。

2）提高带负载能力。通用型集成运算放大器的带负载能力较弱，其允许功耗只有几十毫瓦，最大输出电流约为 10mA。当负载需要较大的电流和电压变化范围时，就要在它的输出端附加具有扩大功能的电路。

① 扩大输出电流。如图 1-2 所示，在集成运算放大器的输出端加一级互补对称放大电路来扩大输出电流。

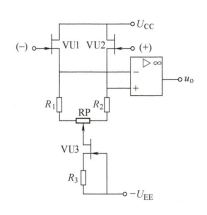

图1-1 提高输入电阻

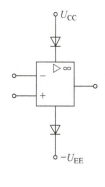

图1-2 扩大输出电流的方法

② 同时扩大输出电压和输出电流。如图1-3所示,在集成运算放大器的正负电源接线端与外加正负电源之间接入晶体管 VT1 和 VT2,目的是提高晶体管 VT3、VT4 的基极电流,进而提高输出电流。由于 VT3、VT4 分别接±30V 电源,所以负载 R_L 两端电压变化将接近±30V,这样输出电压和电流都得到扩大,因此,这种电路可输出较大功率。

(2) 集成运算放大器的保护 电源极性接反或电压过高、输出端对地短路或接到另一电源造成电流过大、输出信号过大等都可能造成集成运算放大器的损坏。所以必须有必要的保护措施。

1) 电源接反保护。如图1-4所示,在电源回路中加了两个二极管,可防止电流反向,防止电源接反所引起的故障。

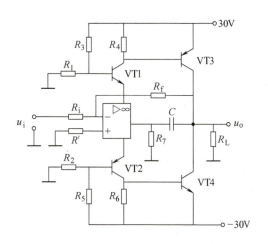

图1-3 同时扩大输出电压和输出电流

图1-4 电源接反保护电路

2) 输入保护。集成运算放大器常因为输入电压过高造成输入级损坏,也可能造成输入管的不平衡,从而使各项性能变差,因此必须外加输入保护措施,图1-5所示为二极管和电阻构成输入保护电路的两种常用方法。

3) 输出保护。集成运算放大器最常见的输出过载有输出端短路或输出端接错电源使输出管击穿,虽然多数器件内部均有限流保护电路,但为可靠起见,仍需外接保护电路。

如图1-6a所示,用稳压二极管跨接在输出端和反相输入端之间来限制输出电压。图1-6b所示为稳压二极管接在输出端和地之间,使输出电压限制在一定范围。

4

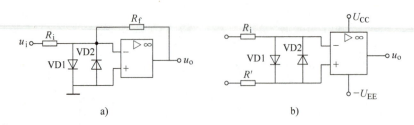

图 1-5 输入保护电路

a）方法一 b）方法二

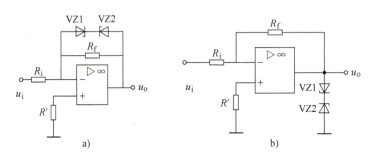

图 1-6 输出保护电路

a）方法一 b）方法二

4. 集成运算放大器的典型应用

集成运算放大器的通用性和灵活性都很强，只要改变输入电路或反馈支路的形式及参数，就可以得到输出信号与输入信号之间多种不同的关系。

（1）比例积分调节器 图 1-7 所示为比例积分调节器，其输入电压与输出电压之间的关系为

$$u_o = -\frac{R_1}{R_0}u_i + \frac{-1}{R_0C_1}\int u_i dt \tag{1-1}$$

在零初始和阶跃输入状态下，输出电压-时间特性曲线如图 1-8 所示。由式（1-1）和特性曲线表明，比例积分调节器的输出由"比例"和"积分"两部分组成，比例部分迅速产生调节作用，积分部分最终消除静态偏差。当突加 u_i 时，在初始瞬间电容 C_1 相当于短路，反馈回路中，只有电阻 R_1，相当于放大倍数为 $A_U = -R_1/R_0$ 的比例调节器，可以立即起到调节作用。此后，随着电容 C_1 被充电，u_o 线性增长，直到稳态。稳态时，同积分调节器一样，C_1 相当于开路，极大的开环放大倍数使系统基本上达到无静差。

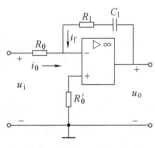

图 1-7 比例积分调节器

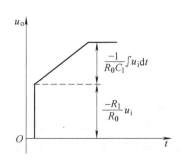

图 1-8 阶跃输入时输出电压-时间特性曲线

由此可知，采用比例积分调节器的自动调速系统，既能获得较高的静态精度，又具有较高的动态响应，因而得到了广泛应用。

（2）电压比较器　电压比较器是把一个输入电压和另一个输入电压（或给定电压）相比较的电路。图1-9a为基本电路，集成运算放大器处于开环状态下，输出电压u_o只有两种可能的状态，即$\pm U_{OM}$。电路的传输特性如图1-9b所示。当输入信号$u_i < U_R$时，$u_o = +U_{OM}$；当输入信号$u_i > U_R$时，$u_o = -U_{OM}$。它表示u_i在参考电压U_R附近有微小的增加时，输出电压将从正饱和值$+U_{OM}$突变到负饱和值$-U_{OM}$。

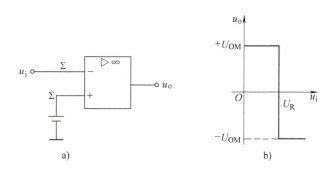

图1-9　电压比较器

a）基本电路　b）传输特性

如果参考电压$U_R = 0$，则输入电压u_i每次过零时，输出就要产生突变，这种电压比较器称为过零比较器。其电路如图1-10a所示，传输特性如图1-10b所示。显然，当输入信号为正弦波时，每过零一次，比较器的输出端将产生一次电压跳变，其正、负向幅度均受电源电压的限制。输出电压波形如图1-10c所示，是具有正、负向极性的方波。

由此可以看出，电压比较器是将集成运算放大器的反相输入端和同相输入端所接输入电压进行比较的电路。$u_i = U_R$是集成运算放大器工作状态转换的临界点，若$U_R = 0$，则其传输特性对原点是对称的；若$U_R \neq 0$，它的传输特性对原点是不对称的。

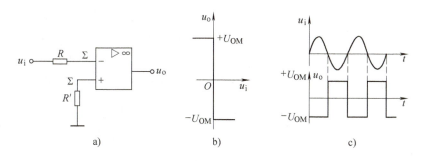

图1-10　过零比较器

a）电路　b）传输特性　c）输出电压波形

常用的电压比较器有三种：过零比较器、单限比较器（$U_R \neq 0$）和迟滞比较器。

如果在过零比较器或单限比较器电路中引入正反馈，这时比较器的输入-输出特性曲线具有迟滞回线形状，这种比较器称为迟滞比较器。

如图 1-11a 所示，由电阻 R_F 和 R_f 构成正反馈电路，反馈信号作用于同相输入端，反馈电压为 $u_i = \dfrac{R_f}{R_f+R_F}u_o$。而 $V_+ = u_f = \dfrac{R_f}{R_f+R_F}u_o$，而 $u_o = U_{OM}$，要使输出电压 u_o 变为 $-U_{OM}$，则反相输入端 u_i 应大于 $V_+ = \dfrac{R_f}{R_f+R_F}U_{OM}$，反之 $u_o = -U_{OM}$，要使输出电压 u_o 变为 U_{OM}，则反相输入端 u_i 必须小于 $V_+ = \dfrac{R_f}{R_f+R_F}$ $(-U_{OM})$。由此可得迟滞比较器的传输特性曲线，如图 1-11b 所示。

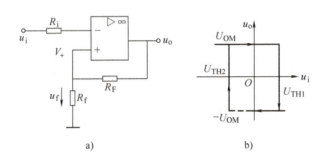

a)   b)

图 1-11　下行迟滞比较器

a）电路　b）传输特性

在图 1-11b 中，$U_{TH1} = \dfrac{R_f}{R_f+R_F}U_{OM}$ 称为上阈值电压，即 $u_i > U_{TH1}$ 后，u_o 从 $+U_{OM}$ 变为 $-U_{OM}$。

$U_{TH2} = \dfrac{R_f}{R_f+R_F}$ $(-U_{OM})$ 称为下阈值电压，即 $u_i < U_{TH1}$ 后，u_o 从 $-U_{OM}$ 变为 $+U_{OM}$。

图 1-11a 所示的电路中，进行比较的信号 u_i 作用在反相输入端，其传输特性称为下行特性，所以这个电路又称为下行迟滞比较器。如果进行比较的输入信号作用在同相输入端，反相输入端直接接地或经 E_R 接地，如图 1-12a 所示，这个比较器就具有上行特性，称为上行迟滞比较器。

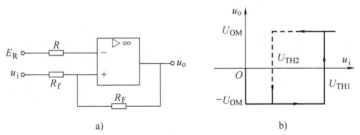

a)   b)

图 1-12　上行迟滞比较器

a）电路　b）传输特性

1.1.2　线性集成稳压电源

线性集成稳压电源中，三端集成稳压器因具有外围元器件少、使用方便、性能稳定等优点而被广泛应用。

1. 三端固定输出集成稳压器

三端固定输出集成稳压器有 CW7800 系列（正电压）和 CW7900 系列（负电压），输出电压由型号中的后两位数字代表，有 5V、6V、8V、12V、15V、18V、24V 等。其额定输出电流以 78 或 79 后面所加字母来区分。L 表示 0.1A，M 表示 0.5A，无字母表示 1.5A，如 CW7805 表示输出电压为 5V，输出额定电流为 1.5A。

CW7800 和 CW7900 系列三端固定输出集成稳压器的外形及引脚排列如图 1-13 所示。

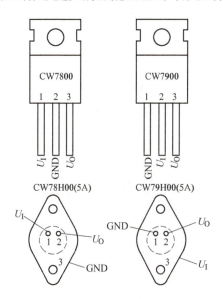

图 1-13　三端固定输出集成稳压器的外形及引脚排列

（1）内部电路结构　CW7800 系列三端固定输出集成稳压器内部组成框图如图 1-14 所示。电路除具有输出稳定电压作用外，还具有过电流、过电压和过热保护功能。

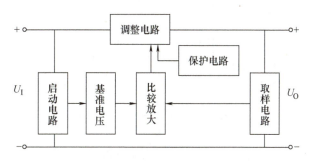

图 1-14　CW7800 系列三端固定输出集成稳压器内部组成框图

（2）三端固定输出集成稳压器的应用

1）基本应用电路。图 1-15 所示为 CW7800 系列三端固定输出集成稳压器基本应用电路。为使电路正常工作，要求输入电压 U_I 比输出电压大 2.5～3V。输入端电容 C_1 具有防止自激振荡和抑制电源高频脉冲干扰的作用。VD 是保护二极管，防止输入端短路时 C_3 所储存的电荷通过稳压器放电而损坏器件。电容 C_2、C_3 用以改善负载的瞬态响应，同时也可以起到消振作用。

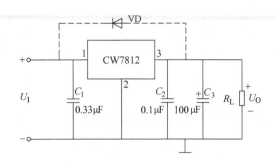

图 1-15　CW7800 系列三端固定输出集成稳压器基本应用电路

2）输出正、负电压的稳压电路。图 1-16 所示为用 CW7800 和 CW7900 系列三端固定输出集成稳压器构成的能输出正、负电压的稳压电路。

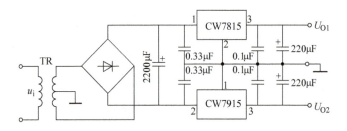

图 1-16　输出正、负电压的稳压电路

3）恒流源电路。三端固定输出集成稳压器输出端串联合适的电阻，就可构成输出恒定电流的电源，如图 1-17 所示。

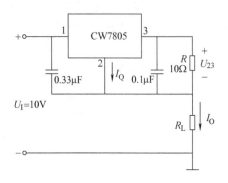

图 1-17　恒流源电路

2. 三端可调输出集成稳压器

集成电路加少量外部元器件即可组成输出电压可调的稳压电路。常用的型号有 CW117/CW217/CW317 系列（正电压），CW137/CW237/CW337 系列（负电压）。CW117 和 CW137 的外形和引脚排列如图 1-18a 所示。CW117 的内部组成框图如图 1-18b 所示。

三端可调输出集成稳压器基本应用电路如图 1-19 所示。输出电压计算公式为

$$U_O \approx 1.25\left(1 + \frac{R_2}{R_1}\right) U_I \tag{1-2}$$

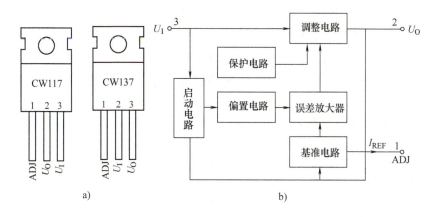

图 1-18　三端可调输出集成稳压器

a) CW117 和 CW137 的外形和引脚排列　b) CW117 的内部组成框图

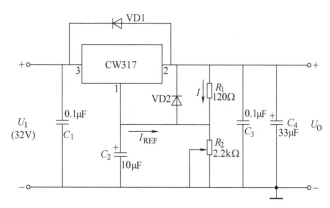

图 1-19　三端可调输出集成稳压器基本应用电路

1.1.3　开关稳压电源

1. 开关稳压电源的特点和分类

（1）开关稳压电源的特点

1）效率高。开关稳压电源的调整管工作在开关状态，截止期间无电流，不消耗功率，饱和导通时，因为饱和压降低，所以功耗低，电源效率高，可达80%~90%。

2）体积小、质量小。由于效率高，且可以不用降压变压器而直接引入电网电压，所以开关稳压电源体积小、质量小。

3）稳压范围宽。开关稳压电源的输出电压是由脉冲波形的占空比来调节的，受输入电压幅度变化的影响小，所以稳压范围宽，并允许电网电压有较大的波动。

4）纹波和噪声较大。开关稳压电源的调整管工作于开关状态，电源纹波系数较大，交变电压和电流通过开关器件，会产生尖峰干扰和谐波干扰。

5）电路比较复杂。由于开关稳压电源本身的结构特点，所以电路比较复杂。但随着电路集成化的应用，外围电路已明显简化。

（2）开关稳压电源的分类　开关稳压电源的种类很多，分类方法也各不相同，常见的分类方法有以下几种：

1）按调整管与负载之间的连接方式分为串联型开关稳压电源、并联型开关稳压电源。

2）按开关器件的励磁方式分为自励式开关稳压电源和他励式开关稳压电源。自励式开关稳压电源，由调整管和脉冲变压器构成正反馈电路，形成自激振荡来控制调整管。他励式开关稳压电源，由附加振荡器产生的驱动信号来控制调整管。控制调整管的驱动信号有电压型和电流型两种。

3）按稳压控制方式分为脉冲宽度调制（PWM）方式，即周期恒定，改变脉冲宽度；脉冲频率调制（PFM）方式，即导通脉冲宽度恒定，改变脉冲频率；混合调制方式，即脉冲宽度和脉冲频率同时改变。PWM、PFM方式统称时间比率控制方式，也叫作占空比控制。

2. 开关稳压电源的工作原理

（1）串联型开关稳压电源　串联型开关稳压电源电路组成框图，如图1-20所示。

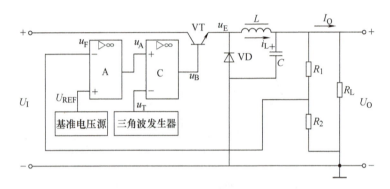

图1-20　串联型开关稳压电源电路组成框图

图1-20中，VT为调整管，它与负载R_L串联；VD为续流二极管，L为储能电感，C为滤波电容；R_1和R_2组成取样电路、A为误差放大器，C为电压比较器，它们与基准电压源、三角波发生器组成调整管的控制电路。误差放大器对来自输出端的取样电压u_F与基准电压U_{REF}的差值进行放大，其输出电压u_A送到电压比较器C的同相输入端。三角波发生器产生一个频率固定的三角波电压u_T，它决定了电源的开关频率。u_T送至电压比较器C的反相输入端并与u_A进行比较，当$u_A>u_T$时，电压比较器C输出电压u_B为高电平；当$u_A<u_T$时，电压比较器C输出电压u_B为低电平。u_B用来控制调整管VT的导通和截止。u_A、u_T、u_B的波形如图1-21a、b所示。

电压比较器C输出电压，u_B为高电平时，调整管VT饱和导通，若忽略饱和压降，则$u_E≈U_1$，二极管VD承受反向电压而截止，u_E通过电感L向R_L提供负载电流。

由于电感自感电动势的作用，电感中的电流i_L随时间线性增长，L同时存储能量，当$i_L>I_O$后继续上升，电容C开始被充电，u_0略有增大。电压比较器C输出电压，u_B为低电平时，调整管VT截止，$u_E≈0$。因电感L产生相反的自感电动势，使二极管VD导通，于是电感中储存的能量通过VD向负载释放，使负载R_L中继续有电流通过，所以将VD称为续流二极管，这时i_L随时间线性下降，当$i_L<I_O$后，电容C又开始放电，u_0略有下降。u_E、i_L、u_0波形如图1-21c、d、e所示。图1-21中，I_O、U_O为稳压电路输出电流、电压的平均值。由此可见，虽然调整管工作在开关状态，但由于二极管VD的续流作用和L、C的滤波作用，仍可获得平

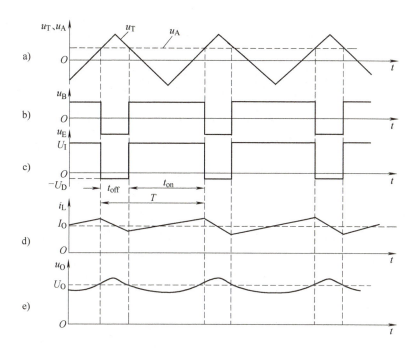

图 1-21　串联型开关稳压电源的电压、电流波形

a) u_A、u_T 波形　b) u_B 波形　c) u_E 波形　d) i_L 波形　e) u_O 波形

稳的直流电压。

开关调整管的导通时间为 t_{on}，截止时间为 t_{off}，开关的转换周期为 T，$T=t_{on}+t_{off}$，它取决于三角波电压 u_T 的频率。如果忽略滤波电感的直流压降、调整管的饱和压降以及二极管的导通压降，输出电压的平均值为

$$U_O \approx \frac{U_I}{T}t_{on} = DU_I \tag{1-3}$$

式中，$D=t_{on}/T$ 为脉冲波形的占空比。

U_O 正比于脉冲占空比 D，调节 D 就可以改变输出电压的大小。

根据以上分析可知，在闭环情况下，电路能根据输出电压的大小自动调节调整管的导通和关断时间，维持输出电压的稳定。当输出电压 U_O 上升时，取样电压 u_F 上升，误差放大器的输出电压 u_A 下降，调整管的导通时间 t_{on} 减小，占空比 D 减小，使输出电压减小，恢复到原大小。反之，U_O 下降，u_F 下降，u_A 上升，调整管的导通时间 t_{on} 增加，占空比 D 增大，使输出电压增大，恢复到原大小，从而实现了稳压的目的。必须指出，当 $u_F=U_{REF}$ 时，$u_A=0$，脉冲占空比 $D=50\%$，此时稳压电路的输出电压 U_O 等于预定的标称值，所以，稳压电源取样电路的分压比可根据 $u_F=U_{REF}$ 求得。

（2）并联型开关稳压电源　并联型开关稳压电源如图 1-22a 所示。图 1-22a 中，VT 为调整管，它与负载 R_L 并联，VD 为续流二极管，L 为滤波电感，C 为滤波电容，R_1、R_2 为取样电阻，控制电路的组成与串联型开关稳压电源相同。当控制电路输出电压 u_B 为高电平时，VT 饱和导通，其集电极电位近似为零，使 VD 反偏而截止，输入电压 U_I 通过电流 i_L 使电感 L 储能，同时电容 C 对负载放电，以供给负载电流，如图 1-22b 所示。当控制电路输出电压 u_B 为

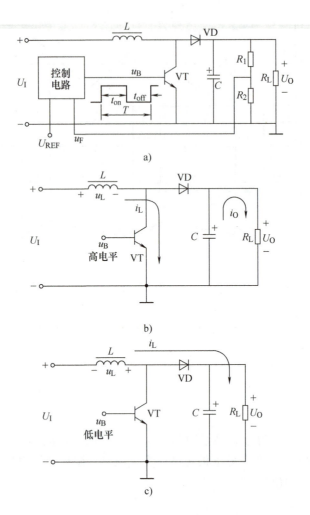

图 1-22 并联型开关稳压电源
a）电路原理 b）VT 导通 c）VT 截止

低电平时，VT 截止，由于电感 L 中电流不能突变，这时在 L 两端产生自感电压 u_L 并通过 VD 向电容 C 充电，以补充电容放电时所消耗的能量，同时向负载供电，电流方向如图 1-22c 所示。此后 u_B 再为高电平或低电平，VT 随之再次导通或截止，重复上述过程。因此，在输出端可获得稳定且大于 U_I 的直流电压输出。可以证明，并联型开关稳压电源的输出电压 U_O 为

$$U_O \approx \left(1 + \frac{t_{on}}{t_{off}}\right) U_I \tag{1-4}$$

式中，t_{on}、t_{off} 分别为调整管导通和截止的时间。

由式（1-4）可见，并联型开关稳压电源的输出电压总是大于输入电压，且 t_{on} 越长，电感 L 中储存的能量越多，在 t_{off} 期间内向负载提供的能量越多，输出电压比输入电压大得也越多。

3. 集成开关稳压电源的应用特点

目前开关稳压电源多已集成化，常用的有两种方式：一种是单片的脉冲宽度调制器和外接开关功率管组成开关稳压电源，其应用比较灵活，但电路较复杂；另一种是脉冲宽度调制

器和开关功率管集成在同一芯片上，组成单片集成开关稳压电源，其电路集成度高，使用方便。开关管的控制方法有电压控制和电流控制两种。

电流控制是一种新型的开关控制方式，它有两路反馈信号，一路是电压输出反馈信号，另一路是电感或开关变压器绕组电流的反馈信号，如图1-23所示。

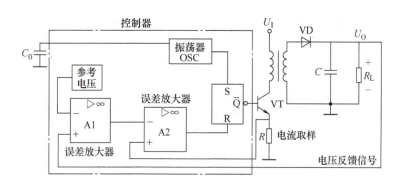

图 1-23　电流控制的工作原理

这种方式通过对输出电压和电流的双重控制达到稳压输出的目的。当负载要求输出较多的功率（较大的电流）时，控制器可以控制电感或开关变压器输出较大的电流。当负载突然发生变化时，由于电流和电压的反馈，控制电路可以立即做出反应，使输出电压保持在设定的输出电压值上。所以，电流控制具有更好的控制特性和更平稳的电压输出，同时也具有良好的过载控制能力，可以保证不会因过载而损坏开关稳压电源。常用的电流控制型控制器有MC34023、UC3842、UC3845等。

UC3842是一种高性能固定频率的电流控制型控制器，具有电压调整率和负载调整率高、频响特性好、稳定幅度大、过电流限制特性好、支持过电压保护和欠电压锁定等特点，其内部结构如图1-24所示。

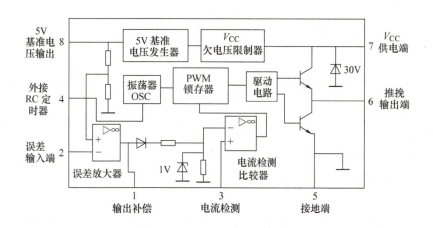

图 1-24　电流控制型控制器 UC3842 的内部结构

14

1.2 数字电子技术

1.2.1 集成门电路

集成门电路按其内部器件的不同可以分为两大类：一类为双极型晶体管集成门电路（TTL电路）；另一类为单极型集成门电路（MOS 管组成的电路）。

1. TTL 集成门电路

（1）TTL 与非门

1）TTL 与非门的工作原理。CT74S 肖特基系列 TTL 与非门的电路结构如图 1-25a 所示，它由输入级、中间级、输出级三部分组成。

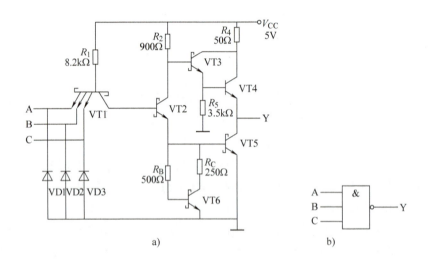

图 1-25 TTL 与非门

a）电路结构 b）逻辑符号

① 输入级：由多发射极晶体管 VT1 和电阻 R_1 组成，多发射极晶体管的三个发射结为三个 PN 结。其作用是对输入变量 A、B、C 实现逻辑与运算，所以它相当于一个与门。

② 中间级：由 VT2、R_2 和 VT6、R_B、R_C 组成，VT2 集电极和发射极同时输出两个逻辑电平相反的信号，用以驱动 VT3 和 VT5。

③ 输出级：由 VT3～VT5 和 R_4、R_5 组成，它采用了达林顿结构，VT3 和 VT4 组成复合管降低了输出高电平时的输出电阻，提高了带负载能力。

TTL 与非门的逻辑符号如图 1-25b 所示，逻辑表达式为

$$Y = \overline{ABC}$$

对图 1-25a 所示电路，如高电平用 1 表示，低电平用 0 表示，则可列出 TTL 与非门真值表，见表 1-1。

表 1-1 TTL 与非门真值表

输入			输出
A	B	C	Y
0	0	0	1
0	0	1	1
0	1	0	1
0	1	1	1
1	0	0	1
1	0	1	1
1	1	0	1
1	1	1	0

2）TTL 与非门的工作速度。为了提高工作速度，图 1-25a 所示电路采用了抗饱和晶体管和有源泄放电路。晶体管饱和越深，工作速度越慢。因此，应使电路工作在浅饱和状态，电路采用的抗饱和晶体管如图 1-26 所示。

（2）集电极开路与非门

1）集电极开路与非门的工作原理。集电极开路与非门能使门电路输出的电压高于电路的高电平电压值，并使其输出端可以并联以实现逻辑与功能，即线与（一般的 TTL 门电路不能线与）。

集电极开路与非门的电路结构如图 1-27a 所示，逻辑符号如图 1-27b 所示，逻辑表达式为

$$Y = \overline{ABC}$$

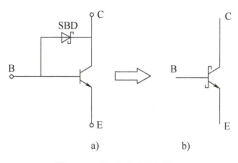

图 1-26 抗饱和晶体管
a）电路结构 b）图形符号

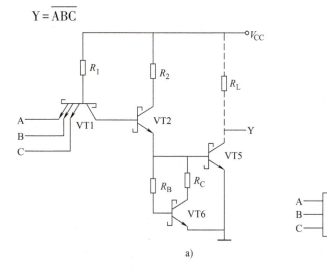

图 1-27 集电极开路与非门
a）电路结构 b）逻辑符号

2）集电极开路与非门的应用。集电极开路与非门可以实现线与，如图 1-28 所示，逻辑表达式为 $Y = \overline{AB} \cdot \overline{CD}$；可以驱动显示器，如图 1-29 所示；可以实现电平转换，如图 1-30 所示。

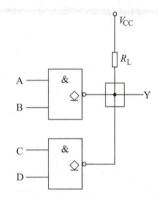

图 1-28　集电极开路与非门实现线与

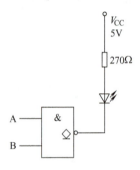

图 1-29　集电极开路与非驱动显示器
（图中以发光二极管代表）

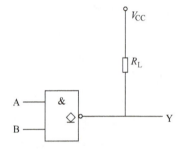

图 1-30　集电极开路与非门实现电平转换

（3）与或非门　与或非门电路结构如图 1-31a 所示，逻辑符号如图 1-31b 所示，逻辑表达式为

$$Y = \overline{ABC+DEF}$$

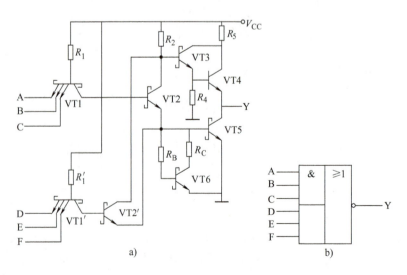

图 1-31　与或非门
a）电路结构　b）逻辑符号

（4）三态输出门　三态输出门是指不仅可输出高电平、低电平两个状态，而且还可输出高阻状态的门电路。图 1-32 所示为三态输出与非门，$\overline{EN}$ 为控制端。

当 $\overline{EN}=0$ 时，G 输出 P = 1，VD 截止，输出 $Y=\overline{AB}$，三态门处于工作状态。$\overline{EN}$ 为低电平有效。

当 $\overline{EN}=1$ 时，G 输出 P = 0，VD 导通，输出高阻状态。

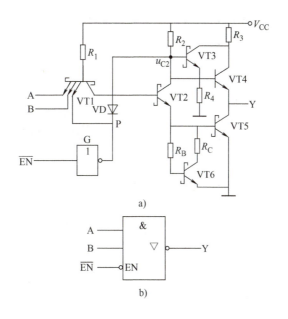

图 1-32　三态输出与非门

a）电路结构　b）逻辑符号

2. CMOS 集成门电路

和 TTL 集成门电路相比，CMOS 集成门电路的突出特点是微功耗和高抗干扰能力。

（1）CMOS 非门　CMOS 非门由两个场效应晶体管组成互补工作状态，如图 1-33 所示。其逻辑表达式为

$$Y=\overline{A}$$

（2）CMOS 与非门　如图 1-34 所示，两个串联的增强型 NMOS 管 VF3 和 VF4 为驱动管，两个并联的增强型 PMOS 管 VF1 和 VF2 为负载管，组成 CMOS 与非门，其逻辑表达式为

$$Y=\overline{AB}$$

（3）CMOS 或非门　如图 1-35 所示，两个并联的增强型 NMOS 管 VF3 和 VF4 为驱动管，两个串联的增强型 PMOS 管 VF1 和 VF2 为负载管，组成 CMOS 或非门，其逻辑表达式为

$$Y=\overline{A+B}$$

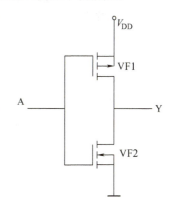

图 1-33　CMOS 非门

18

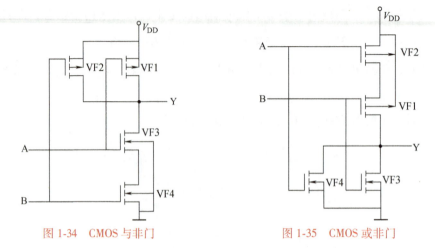

图 1-34 CMOS 与非门　　　　图 1-35 CMOS 或非门

（4）CMOS 传输门　将两个参数对称一致的增强型 NMOS 管 VF1 和 PMOS 管 VF2 并联可构成 CMOS 传输门，如图 1-36 所示。

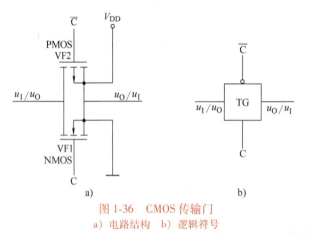

图 1-36 CMOS 传输门
a）电路结构　b）逻辑符号

（5）CMOS 三态输出门　图 1-37a 所示为低电平控制的 CMOS 三态输出门电路结构，图 1-37b 所示为逻辑符号。

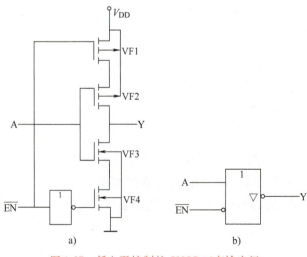

图 1-37 低电平控制的 CMOS 三态输出门
a）电路结构　b）逻辑符号

当 $\overline{EN}=0$ 时，VF2 和 VF4 导通，VF3 和 VF1 组成的 CMOS 非门工作，所以 $Y=\overline{A}$。

当 $\overline{EN}=1$ 时，VF2 和 VF4 同时截止，输出 Y 对地和对电源 V_{DD} 都呈高阻状态。

（6）CMOS 异或门　图1-38a 所示为 CMOS 异或门电路结构，图1-38b 为逻辑符号。

当输入 A=B=0 或 A=B=1 时，即输入信号相同，输出 Y=0；当输入仅 A=1 或 B=1 时，即输入信号不同，输出 Y=1。其真值表见表1-2。

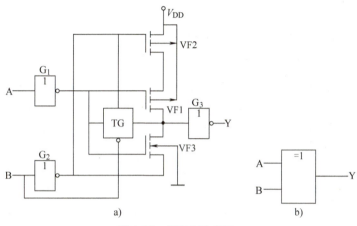

图1-38　CMOS 异或门

a）电路结构　b）逻辑符号

表1-2　CMOS 异或门真值表

输入		输出
A	B	Y
0	0	0
0	1	1
1	0	1
1	1	0

3. 复合门电路

表1-3 是基本门电路和常用复合门电路的逻辑符号、逻辑表达式及逻辑功能说明。

表1-3　基本门电路和常用复合门电路

名称	逻辑符号	逻辑表达式	逻辑功能说明
与门	A&B—Y	$Y=A\cdot B$	有0出0，全1出1
或门	A≥1 B—Y	$Y=A+B$	有1出1，全0出0
非门	A—1—Y	$Y=\overline{A}$	入0出1，入1出0
与非门	A&B—Y	$Y=\overline{A\cdot B}$	有0出1，全1出0

（续）

名称	逻辑符号	逻辑表达式	逻辑功能说明
或非门	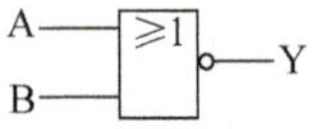 A、B 输入，≥1，Y 输出	$Y = \overline{A+B}$	有 1 出 0，全 0 出 1
异或门	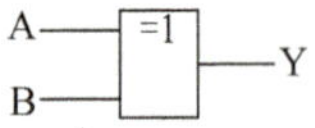 A、B 输入，=1，Y 输出	$Y = A\overline{B} + \overline{A}B$	入同出 0，入异出 1
同或门	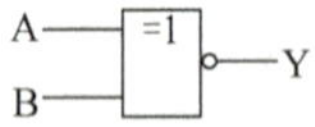 A、B 输入，=1，Y 输出	$Y = AB + \overline{A}\,\overline{B}$	入异出 0，入同出 1
三态门	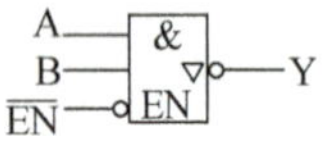 A、B、$\overline{EN}$ 输入，&，EN，Y 输出	$\overline{EN} = 0$ 时，$Y = \overline{A \cdot B}$	$\overline{EN} = 0$ 时，同与非门功能
	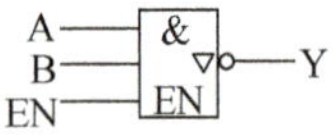 A、B、EN 输入，&，EN，Y 输出	$EN = 1$ 时，$Y = \overline{A \cdot B}$	$EN = 1$ 时，同与非门功能
集电极开路与非门	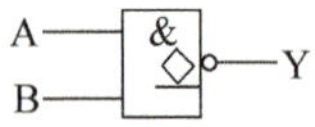 A、B 输入，&，Y 输出	$Y = \overline{A \cdot B}$ 能实现线与功能	同与非门功能

1.2.2 组合逻辑电路

逻辑电路在任何时刻的输出状态只取决于这一时刻的输入状态，而与电路的原来状态无关，则该电路称为组合逻辑电路。

1. 组合逻辑电路的分析方法

（1）分析步骤

1）根据给定的逻辑电路写出输出逻辑表达式。一般先从输入端向输出端逐级写出各个门电路输出对其输入的逻辑表达式，从而写出整个逻辑电路的输出对输入变量的逻辑表达式。必要时，可进行化简。

2）列出逻辑函数的真值表。将输入变量的状态以自然二进制数顺序的各种取值组合代入输出逻辑表达式，求出相应的输出状态，并填入表格中，即得真值表。

3）根据真值表和逻辑表达式对逻辑电路进行分析，最后确定其功能。

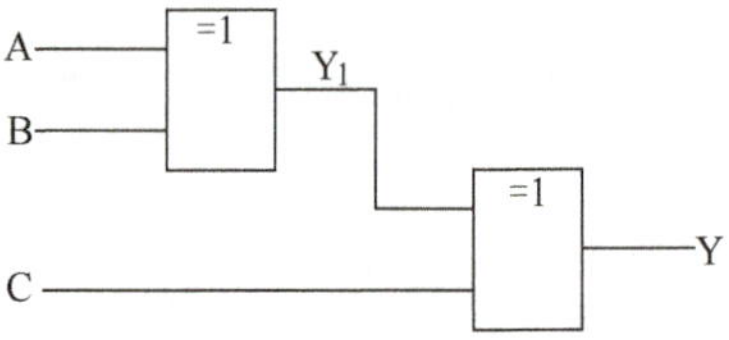

（2）分析举例　分析图 1-39 所示逻辑电路的功能。

1）写出输出逻辑表达式，有

$$Y_1 = A \oplus B$$
$$Y = Y_1 \oplus C$$
$$Y = A \oplus B \oplus C$$
$$Y = \overline{A}\,\overline{B}C + \overline{A}B\,\overline{C} + A\,\overline{B}\,\overline{C} + ABC \tag{1-5}$$

图 1-39　待分析组合逻辑电路

2）列出逻辑函数的真值表。将输入 A、B、C 取值的各种组合代入式（1-5）中，求出输出 Y 的值，由此列出真值表，见表 1-4。

表 1-4　图 1-39 所示逻辑电路真值表

输入			输出
A	B	C	Y
0	0	0	0
0	0	1	1
0	1	0	1
0	1	1	0
1	0	0	1
1	0	1	0
1	1	0	0
1	1	1	1

3）分析逻辑功能。由表 1-4 可知：在输入 A、B、C 三个变量中，有奇数个 1 时，输出 Y 为 1，否则 Y 为 0，由此可知，图 1-39 所示为三位奇校验电路。

2. 组合逻辑电路的设计方法

（1）设计步骤　组合逻辑电路的设计，应以电路简单、所用器件最少为目标，其设计步骤为：

1）分析设计要求，列出真值表。

2）根据真值表写出输出逻辑表达式。

3）对输出逻辑表达式进行化简。

4）根据最简输出逻辑表达式画出逻辑电路。

（2）设计举例　设计一个 A、B、C 三人表决逻辑电路。当表决某个提案时，多数人同意，提案通过，同时 A 具有否决权。用与非门实现。

1）分析设计要求，列出真值表，见表 1-5。设 A、B、C 同意提案用 1 表示，不同意用 0 表示，Y 为表决结果。提案通过为 1，不通过为 0。

表 1-5　三人表决逻辑电路真值表

输入			输出
A	B	C	Y
0	0	0	0
0	0	1	0
0	1	0	0
0	1	1	0
1	0	0	0
1	0	1	1
1	1	0	1
1	1	1	1

2）将输出逻辑表达式化简，变换为与非表达式。由图 1-40 所示的三人表决逻辑电路卡诺图进行化简，可得

$$Y = AC + AB$$

将其变换为与非表达式，即

$$Y = \overline{\overline{AC + AB}} = \overline{\overline{AC} \cdot \overline{AB}} \tag{1-6}$$

3）根据输出逻辑表达式画出三人表决逻辑电路图，如图 1-41 所示。

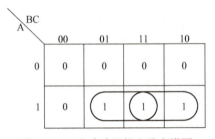

图 1-40　三人表决逻辑电路卡诺图

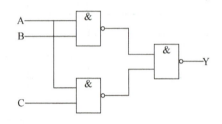

图 1-41　三人表决逻辑电路图

3. 组合逻辑电路中的竞争冒险现象

（1）竞争冒险现象及其产生的原因　信号通过导线和门电路时，都存在一定的时间延迟，信号发生变化时也有一定的上升时间和下降时间。因此，同一个门电路的一组输入信号，通过不同数目的其他门电路，经过不同长度的导线传输，到达该门电路输入端的时间会有先有后，这种现象称为竞争。

门电路因输入端的竞争而导致输出产生不应有的尖峰干扰脉冲（又称为过渡干扰脉冲）的现象，称为冒险。图 1-42 所示为产生正尖峰干扰脉冲冒险的实例。

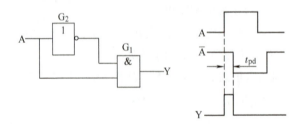

图 1-42　正尖峰干扰脉冲冒险

（2）冒险的判别　在组合逻辑电路中，是否冒险，可通过逻辑表达式来判别。如果根据组合逻辑电路写出的输出逻辑表达在一定条件下可简化成下列两种形式时，则该组合逻辑电路存在冒险现象，即

$$Y = A \cdot \overline{A} \tag{1-7}$$

$$Y = A + \overline{A} \tag{1-8}$$

例如，逻辑表达式 $Y = (A+B)(\overline{B}+C)$，在 $A = C = 0$ 时，$Y = B\overline{B}$。若直接根据这个逻辑表达式组成逻辑电路，则可能出现冒险。

（3）消除冒险的方法

1）增加多余项。例如：$Y = A\overline{B} + BC$，当 $A = 1$，$C = 1$ 时，存在着竞争冒险。根据逻辑代数的基本公式，增加一项 AC，函数式不变，却消除了竞争冒险，即 $Y = A\overline{B} + BC + AC$。

2）加封锁脉冲。在输入信号产生竞争冒险时间内，引入一个脉冲将可能产生尖峰干扰脉冲的门封锁住。封锁脉冲应在输入信号转换前到来，转换后消失。

3）加选通脉冲。对输入可能产生尖峰干扰脉冲的门电路增加一个接选通信号的输入端，只有在输入信号转换完成并稳定后，才引入选通脉冲将它打开，此时才允许有输出。

4）接入滤波电容。如果逻辑电路在较慢速度下工作，可以在输出端并联一电容器。由于尖峰干扰脉冲的宽度一般都很窄，因此用电容即可吸收掉尖峰干扰脉冲。

5）修改逻辑设计。

4. 典型中规模组合逻辑器件

在多路数据传输中，经常需要将其中一路挑选出来进行传输，这就要用到数据选择器了。人们通常用地址输入端来完成挑选数据的任务。如一个4选1数据选择器，应有两个地址输入端，它共有 $2^2 = 4$ 种不同的组合，每一种组合可选择对应的一路输入数据来输出。同理，对一个8选1的数据选择器，应有3个地址输入端。其余类推。

CC14539 由两个相同的 4 选 1 数据选择器组成。$D_3 \sim D_0$ 为数据输入端，A_1、A_0 为共用地址信号输入端，$1\overline{ST}$、$2\overline{ST}$ 分别为两个数据选择器的使能端，低电平有效，Y 为数据输出端。CC14539 的逻辑功能示意图如图 1-43 所示。

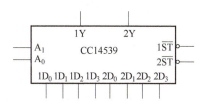

图 1-43　CC14539 的逻辑功能示意图

输出逻辑表达式为

$$Y = (\overline{A_1}\,\overline{A_0}D_0 + \overline{A_1}A_0D_1 + A_1\overline{A_0}D_2 + A_1A_0D_3)\overline{ST} \tag{1-9}$$

当 $\overline{ST} = 1$ 时，输出 Y = 0，数据选择器不工作；当 $\overline{ST} = 0$ 时，数据选择器工作，则有

$$Y = \overline{A_1}\,\overline{A_0}D_0 + \overline{A_1}A_0D_1 + A_1\overline{A_0}D_2 + A_1A_0D_3 \tag{1-10}$$

数据选择器可以很方便地实现逻辑函数，CC14539 就可以实现一个 1 位的全加器，还可以构成多路数据选择器。

1.2.3 时序逻辑电路

与组合逻辑电路不同，时序逻辑电路在任何一个时刻的输出状态不仅取决于当时的输入信号，而且还取决于电路原来的状态。根据电路状态转换情况的不同，时序逻辑电路分为同步时序逻辑电路和异步时序逻辑电路两大类，此处只介绍同步时序逻辑电路。

1. 同步时序逻辑电路的分析方法

（1）分析步骤

1）写出同步时序逻辑电路输出、驱动及状态方程。也就是写出同步时序逻辑电路的输出逻辑表达式（即输出方程）、各触发器的输入逻辑表达式（即驱动方程）和同步时序逻辑电路的状态方程。

2）列出状态转换真值表。将同步时序逻辑电路现态的各种取值代入状态方程和输出方程中进行计算，求出相应的次态和输出，从而列出状态转换真值表。

3）说明逻辑功能。根据状态转换真值表来说明同步时序逻辑电路的逻辑功能。

4）画出状态转换图和时序图。

（2）分析举例　分析图1-44所示同步时序逻辑电路的逻辑功能，并画出状态转换图和时序图。

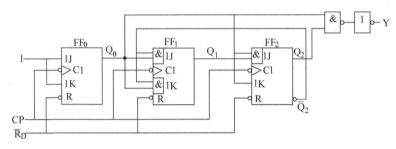

图1-44　待分析同步时序逻辑电路

1）写出同步时序逻辑电路的输出、驱动及状态方程，有输出方程为

$$Y = Q_2^n Q_0^n \tag{1-11}$$

驱动方程为

$$\begin{cases} J_0 = 1, \ K_0 = 1 \\ J_1 = \overline{Q_2^n Q_0^n}, \ K_1 = \overline{Q_2^n Q_0^n} \\ J_2 = Q_1^n Q_0^n, \ K_2 = Q_0^n \end{cases} \tag{1-12}$$

将驱动方程代入JK触发器的特性方程 $Q^{n+1} = J\overline{Q^n} + \overline{K}Q^n$，得到同步时序逻辑电路的状态方程为

$$\begin{cases} Q_0^{n+1} = \overline{Q_0^n} \\ Q_1^{n+1} = \overline{Q_2^n Q_0^n} \ \overline{Q_1^n} + \overline{\overline{Q_2^n Q_0^n}} Q_1^n \\ Q_2^{n+1} = Q_1^n Q_0^n \ \overline{Q_2^n} + \overline{Q_0^n} Q_2^n \end{cases} \tag{1-13}$$

2）列出状态转换真值表。该同步时序逻辑电路的现态为 $Q_2^n Q_1^n Q_0^n = 000$，代入式（1-11）和式（1-13）中进行计算后得 $Y = 0$ 和 $Q_2^{n+1} Q_1^{n+1} Q_0^{n+1} = 001$，然后再将001当作现态代入式（1-13），得 $Q_2^{n+1} Q_1^{n+1} Q_0^{n+1} = 010$，依此类推。可求得状态转换真值表，见表1-6。

表1-6　状态转换真值表

现态			次态			输出
Q_2^n	Q_1^n	Q_0^n	Q_2^{n+1}	Q_1^{n+1}	Q_0^{n+1}	Y
0	0	0	0	0	1	0
0	0	1	0	1	0	0
0	1	0	0	1	1	0
0	1	1	0	0	0	0
1	0	0	1	0	1	0
1	0	1	0	0	0	1

3）说明逻辑功能。由表 1-6 可看出，图 1-44 所示电路在输入第六个计数脉冲 CP 后返回原来的状态，同时输出端 Y 输出一个进位脉冲。因此，该电路为同步六进制计数器。

4）画出状态转换图和时序图。根据表 1-6 可画出图 1-45 所示的状态转换图和时序图，图中圆圈内的数值表示电路一个状态，箭头表示状态转换方向，箭头线上方标注的 X/Y 为转换条件，X 处为转换前输入变量的取值，Y 处为输出值，由于本例没有输入变量，故 X 处未标上数值。

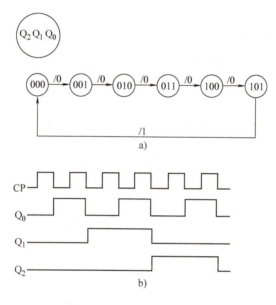

图 1-45　状态转换图和时序图
a）状态转换图　b）时序图

2. 同步时序逻辑电路的设计方法

同步时序逻辑电路的设计方法和分析方法正好相反，根据给定逻辑功能的要求，设计同步时序逻辑电路。设计的关键是根据设计要求确定状态转换的规律和求出驱动方程。

（1）设计步骤

1）根据设计要求，设定状态，画出状态转换图。

2）进行状态化简，即合并重复状态。在保证满足逻辑功能要求的前提下，获得最简单的电路结构。

3）状态分配，列出状态转换编码表。根据 n 位二进制代码可以表示 2^n 来对电路状态进行编码，一般采用自然二进制数编码，触发器的数目 n 可按 $2^n \geq N > 2^{n-1}$ 确定，N 为状态数。

4）选择触发器的类型，求出状态方程、驱动方程和输出方程。

5）画出最简逻辑电路图。

6）检查电路有无自启动能力。

（2）设计举例　设计一个序列脉冲为 10100 的序列脉冲发生器。

1）根据设计要求可推断出该电路应有 5 个状态，它们分别用 S_0、S_1、S_2、S_3、S_4 表示。输入第一个时钟 CP 时，状态由 S_0 转到 S_1，输出 $Y=1$；输入第二个 CP 时，状态由 S_1 转到 S_2，输出 $Y=0$；依此类推。由此可画出图 1-46 所示的序列脉冲状态转换图。

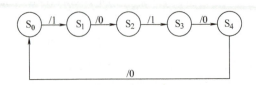

图 1-46　序列脉冲状态转换图

2）状态分配，列出状态转换编码表。根据 $2^n \geq N > 2^{n-1}$ 可知，在 N=5 时，n=3，即采用 3 位二进制代码。该序列脉冲发生器采用自然二进制加法计数编码，即 $S_0=000$、$S_1=001$、$S_2=010$、$S_3=011$、$S_4=100$，见表 1-7。

表 1-7　状态转换编码表

状态转换顺序	现态			次态			输出
	Q_2^n	Q_1^n	Q_0^n	Q_2^{n+1}	Q_1^{n+1}	Q_0^{n+1}	Y
S_0	0	0	0	0	0	1	1
S_1	0	0	1	0	1	0	0
S_2	0	1	0	0	1	1	1
S_3	0	1	1	1	0	0	0
S_4	1	0	0	0	0	0	0

3）选择触发器类型，求输出方程、状态方程和驱动方程。选用 JK 触发器，其特性方程为 $Q^{n+1}=J\overline{Q^n}+\overline{K}Q^n$。根据表 1-7 可画出图 1-47 所示的各触发器状态和输出逻辑表达式的卡诺图，由此可得：

输出方程为

$$Y=\overline{Q_2^n}\ \overline{Q_0^n} \tag{1-14}$$

状态方程为

$$\begin{cases} Q_0^{n+1}=\overline{Q_2^n}\ \overline{Q_0^n}+\overline{1}Q_0^n \\ Q_1^{n+1}=Q_0^n\ \overline{Q_1^n}+\overline{Q_0^n}Q_1^n \\ Q_2^{n+1}=Q_0^nQ_1^n\ \overline{Q_2^n}+\overline{1}Q_2^n \end{cases} \tag{1-15}$$

驱动方程为

$$\begin{cases} J_0=\overline{Q_2^n},\ K_0=1 \\ J_1=Q_0^n,\ K_1=Q_0^n \\ J_2=Q_0^nQ_1^n,\ K_2=1 \end{cases} \tag{1-16}$$

4）由式（1-14）和式（1-16）可画出图 1-48 所示的产生序列脉冲为 10100 的序列脉冲发生器。

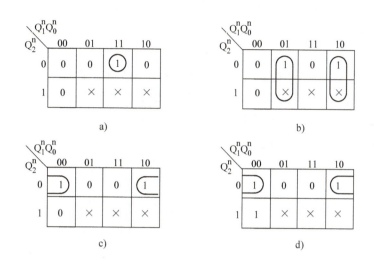

图 1-47   各触发器状态和输出逻辑表达式的卡诺图

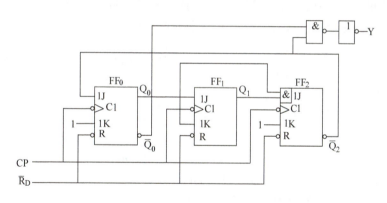

图 1-48   序列脉冲为 10100 的序列脉冲发生器

5）最后检查电路有无自启动能力。将三个无效状态 101、110、111 代入状态方程中进行计算，分别得到的 010、011、000 都为有效状态，因此该电路能够自启动。

1.2.4   数字电路设计方法、步骤与应用设计实例

综合前面的组合逻辑电路和时序逻辑电路的设计方法，不难得到数字电路的设计方法和步骤。

1. 设计方法和步骤

（1）明确数字电路总体方案   根据设计的任务和要求，先画出数字电路的工作原理框图。

（2）把总体方案分割成若干独立的功能块   把数字电路工作原理框图中的每一个方框再分割成若干独立的功能块。对于每一个功能块即可按照组合逻辑电路和时序逻辑电路的设计方法来设计。

（3）将各功能块组装成数字电路   把功能块连接起来构成数字电路的过程，是数字电路设计的最后一个步骤，这里要强调的是各功能块之间的配合和协调一致问题。具体地讲，各功能块的输入、输出应符合正常工作的要求。

2. 抢21电子玩具电路应用设计实例

（1）设计要求

1）接通电源后指示灯立即亮。

2）比赛开始时，参赛双方应轮流按动两个按钮，规定每次最少按1次，最多按3次，并使两个参赛者所按的次数累计起来，显示器应随时显示累计的数值，谁先抢到21谁就得胜。当显示器显示21时，电子玩具应立即发出鸣叫声。

3）鸣叫电路可根据自己的兴趣设计。

4）要有复位功能。

（2）总体方案设计

1）计数电路：要求能累计21个脉冲，故可采用二进制加法计数电路。

2）代码变换电路：由于计数电路输出的是二进制代码，而译码显示需要的是8421BCD码，因此必须要采用数码变换电路。

3）译码及显示电路：因双方所抢的每次结果均要显示出来，所以必须将代码转换成8421BCD码，然后经七段显示译码器译码后，再去驱动显示器件。

4）计数脉冲源：计数脉冲由按钮产生。因此，要设置防抖功能。

5）门控电路：在计数电路未计到21时，禁止鸣叫信号输出；而计到21时，允许鸣叫信号输出。因此需通过一个门控电路来控制。

6）鸣叫电路：鸣叫信号电路可用一个低频信号来控制两个不同频率的音频信号电路。

由以上分析，可得图1-49所示的抢21电子玩具框图。

（3）各独立功能部件的设计

1）计数电路的设计。图1-50所示为二进制异步加法计数器构成的计数电路。采用由D触发器接成的T触发器。

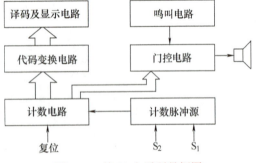

图1-49　抢21电子玩具框图

图1-50中S为电源总开关，合上时形成上电自动复位，SB为手动复位按钮。

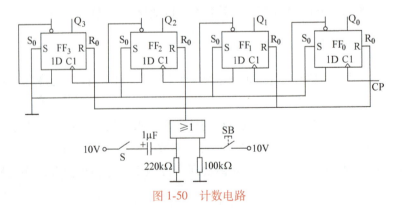

图1-50　计数电路

2）计数脉冲源的设计。在开关S1和开关S2的基础上又增加了一个基本RS触发器，是为了防止开关发生抖动，这便构成了计数脉冲源，如图1-51所示。

3）代码变换电路的设计。采用全加器进行代码变换，若累计的二进制数小于或等于 9 时，电路结果无须修正，它是 8421BCD 的有效状态。而累计的二进制数大于 9（即二进制数为 1010～1111）时，它不是 8421BCD 的有效状态，需要修正的方法是加上 0110，即变成 8421BCD 的有效状态。

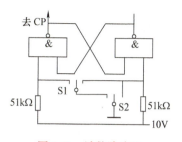

图 1-51　计数脉冲源

二进制数 1010～1111 修正的条件为 $Q_3Q_1 + Q_3Q_2$，电路如图 1-52 所示。

4）译码及显示电路的设计。用两个七段显示译码器与代码变换电路相连即可，如图 1-54 所示。

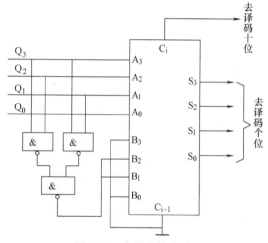

图 1-52　代码变换电路

5）鸣叫电路的设计。鸣叫电路发出"滴、嘟、滴、嘟……"的声音，如图 1-53 所示。

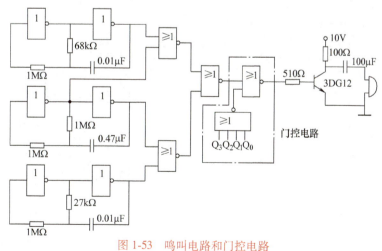

图 1-53　鸣叫电路和门控电路

6）门控电路的设计。它直接由 $Q_3 \sim Q_0$ 来控制。当 $Q_3 \sim Q_0$ 为 1111 时允许鸣叫输出，否则禁止鸣叫输出。

（4）电路设计组装　把上述的实现各子功能的电路拼接起来，就组成了抢 21 电子玩具电路，如图 1-54 所示。

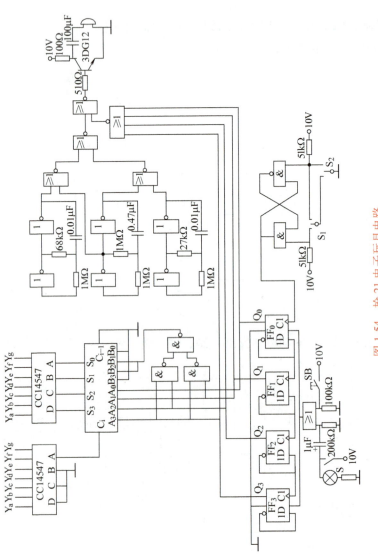

图 1-54 抢 21 电子玩具电路

复习思考题

1. 集成运算放大器在应用上有哪些特点？
2. 比例积分调节器的工作原理是什么？
3. 线性集成稳压电源在应用上有哪些特点？
4. 开关稳压电源和线性集成稳压电源相比有什么优点？
5. 使用 TTL 电路和 CMOS 电路时应注意哪些问题？
6. 组合逻辑电路和时序逻辑电路的设计方法和步骤各是什么？

项目 **2**

电力电子技术的应用

培训学习目标

    熟悉功率晶体管、门极关断晶闸管、场效应晶体管和绝缘栅双极晶体管的主要特点；熟悉三相半波可控整流电路的组成、工作原理和波形分析；掌握正弦波触发电路的组成及控制方式；熟悉三相桥式可控整流电路的组成、工作原理和波形分析；掌握三相全控桥式整流主电路与锯齿波同步触发电路的安装与调试；掌握逆变电路的基本原理和典型应用。

2.1　电力电子器件

2.1.1　功率晶体管

    功率晶体管（GTR）是一种高反压晶体管，具有自关断能力，并且具有开关时间短、饱和压降低和安全工作区域宽等优点。因此，它被广泛用于交、直流电动机调速和中频电源等电力装置中。

    1. 功率晶体管的结构

    功率晶体管主要作为开关使用，工作在高电压、大电流的场合，一般为模块化设计，内部为二级或三级达林顿结构，如图 2-1 所示。

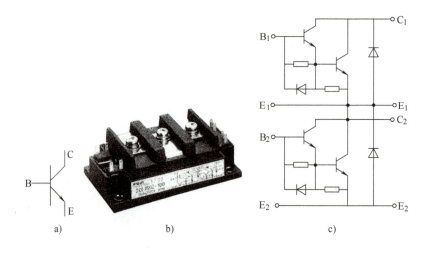

图 2-1　功率晶体管模块

a）图形符号　b）模块外形　c）等效电路

2. 功率晶体管的主要参数

（1）开路阻断电压 U_{CEO}　基极开路时，集电极-发射极间能承受的电压值即开路阻断电压。

（2）集电极最大持续电流 I_{CM}　当基极正向偏置时，集电极能流入的最大电流即集电极最大持续电流。

（3）电流增益 h_{FE}　集电极电流与基极电流的比值称为电流增益，也叫电流放大倍数或电流传输比。

（4）开通时间 t_{on}　当基极电流为正向阶跃信号 I_{B1} 时，经过延迟时间 t_d 后，基极-发射极电压 U_{BE} 才上升到饱和值 U_{BES}，同时集电极-发射极电压 U_{CE} 从 100% 下降到 90%。此后，U_{CE} 迅速下降到 10%，集电极电流 I_C 上升到 90% 所经过的时间，即上升时间 t_r。开通时间 t_{on} 是延迟时间 t_d 与上升时间 t_r 之和，如图 2-2 所示。

（5）关断时间 t_{off}　从反向注入基极电流开始，到 U_{CE} 上升到 10% 所经过的时间为存储时间 t_s。此后，U_{CE} 继续上升到 90%，I_C 下降到 10% 所经过的时间，即下降时间 t_f。关断时间 t_{off} 是存储时间 t_s 和下降时间 t_f 之和，如图 2-2 所示。

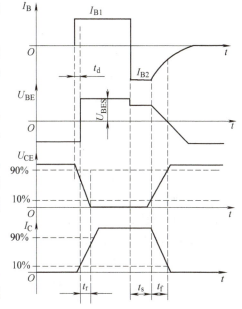

图 2-2　功率晶体管的主要参数

2.1.2　门极关断晶闸管

普通晶闸管通过门极只能控制开通而不能控制关断，属于半控型器件。而门极关断（GTO）晶闸管是在门极加负脉冲电流就能关断的全控型器件。它的基本结构和伏安特性与普通晶闸管相同。

1. GTO 晶闸管的伏安特性

如图 2-3b 所示，曲线①表示阳极电流 $I_A = 0$ 时的特性，U_{GR} 为门极反向击穿电压。对于曲线②、③有 $I_{A1} < I_{A2}$，现以曲线②为例加以说明。当负信号加在已导通的 GTO 晶闸管门极时，先要克服门极-阴极 PN 结上的正向压降，而后门极负电压逐渐增加，负电流不断增大，伏安特性曲线由第一象限进入第三象限。A 点为临界导通状态，是由导通转化到关断的转折点。此后，门极负电压继续增加，门极所加负电压应小于门极结的反向击穿电压 U_{GR}（ $U_{GR} \approx 10 \sim 15\text{V}$）。

2. GTO 晶闸管的主要参数

（1）电流关断增益 G_{off}　指可被关断的最大阳极电流 I_{ATO}（峰值）与门极峰值电流 I_{GM} 之比，通常 G_{off} 为 4~5。

（2）最大可关断阳极电流 I_{ATO}　指由门极可靠关断为决定条件的最大阳极电流。

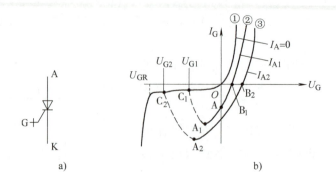

图 2-3　GTO 晶闸管的图形符号及伏安特性

a）图形符号　b）伏安特性

3. GTO 晶闸管的主要优点

GTO 晶闸管和普通晶闸管相比具有如下优点：

1）用门极负脉冲电流关断方式代替主电路换流，关断所需能量小。

2）GTO 晶闸管只需提供足够幅度、宽度的门极关断信号就能保证可靠关断，因此电路可靠性高。

3）有较高的开关速度，GTO 晶闸管的工作频率可达 35kHz。

2.1.3　场效应晶体管

场效应晶体管（MOSFET）是一种单极型的电压控制器件，具有驱动功率小、工作速度高、无二次击穿问题、安全工作区域宽等特点。它的基本结构及图形符号如图 2-4 所示。

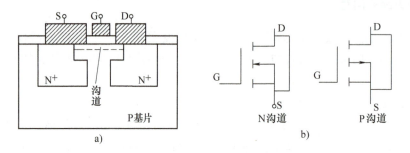

图 2-4　场效应晶体管

a）基本结构　b）图形符号

1. MOSFET 的工作原理

在栅极 G 电压为零（$U_{GS}=0$）时，即使在漏极 D 和源极 S 之间施加电压也不会造成 P 基片内载流子的移动，也就是说，此时 MOSFET 处于关断状态。但是，在保持漏极 D 和源极 S 间施加正向电压的前提下，如果在栅极 G 上施加正向电压（$U_{GS}>0$），就有漏极电流 I_D，则 MOSFET 开始导通。若在栅极上加反向电压（$U_{GS}<0$），则没有电流 I_D 流过，MOSFET 处于关断状态。为了克服 MOSFET 功率小的弱点，可改进其结构，成为 VDMOSFET。

2. MOSFET 的主要参数

（1）通态电阻 R_{on}　它决定了器件的通态损耗，是影响最大输出功率的重要参数。

（2）漏-源击穿电压 U_{DSB}　它决定了 MOSFET 的最高工作电压，且随着温度的升高而增大。

（3）栅-源击穿电压 $V_{(BR)GS}$　它是为了防止绝缘层因栅源电压过高发生介质击穿而设定的参数，极限值一般定为 ±20V。

（4）开启电压 U_{GST}　它是开始出现导电沟道时的栅源电压。

（5）最大漏极电流 I_{DM}　它表示 MOSFET 的电流容量。

（6）开通时间 t_{on} 和关断时间 t_{off}　因 MOSFET 依靠多数载流子导电，不存在存储效应，没有反向恢复过程，所以这两个时间均较短，工作频率可超过 100kHz。

2.1.4　绝缘栅双极晶体管

绝缘栅双极晶体管（IGBT）综合了 GTR 和 MOSFET 的优点，具有良好的特性，已逐渐取代了原来的 GTR 和 GTO 器件，成为中大功率电力电子设备的主要器件。

IGBT 是三端器件，如图 2-5 所示，它具有栅极 G、集电极 C 和发射极 E，由 N 沟道 VDMOSFET 与 GTR 组成达林顿结构，相当于一个由 VDMOSFET 驱动的厚基区 PNP 型 GTR。

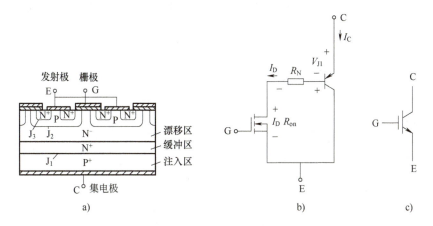

图 2-5　绝缘栅双极晶体管

a）内部结构断面示意图　b）简化等效电路　c）图形符号

1. IGBT 的工作原理

IGBT 的工作原理与 MOSFET 基本相同，是一种场控器件。其开通和关断是由栅极和发射极间的电压 U_{GE} 决定的。U_{GE} 为正且大于开启电压 $U_{GE(th)}$ 时，MOSFET 内形成导电沟道，并为 GTR 提供基极电流进而使 IGBT 导通。

当栅极与发射极间施加反向电压或不加电压时，MOSFET 内的导电沟道消失，晶体管的基极电流被切断，使得 IGBT 关断。电导调制效应使得电阻 R_N 减小，这样高耐压的 IGBT 也具有很小的通态压降。

2. IGBT 的主要参数

（1）最大集射极间电压 U_{CES}　它由器件内部的 PNP 型 GTR 所能承受的击穿电压所确定。

（2）最大集电极电流　它包括额定直流电流 I_C 和 1ms 脉宽最大电流 I_{CP}。

（3）最大集电极功耗 P_{CM}　它是在正常工作温度下允许的最大耗散功率。

3. IGBT 的特性和参数特点

1）开关速度高，开关损耗小。

2）在相同电压和电流的情况下，IGBT 的安全工作区比 GTR 大，而且具有耐脉冲电流冲击的能力。

3）通态压降比 VDMOSFET 低，特别是在电流较大的区域。

4）输入阻抗高，其输入特性与 MOSFET 类似。

5）与 MOSFET 和 GTR 相比，IGBT 的耐压和电流通过能力还可以进一步提高，同时保持开关频率高的特点。

2.2　晶闸管整流电路

2.2.1　三相半波可控整流电路

1. 三相半波可控整流电路的接线方法

三相半波可控整流电路有两种接线方法：一种是共阴极接法，另一种是共阳极接法，如图 2-6 所示。

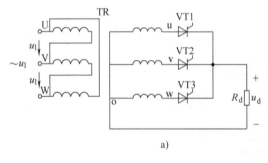

a)

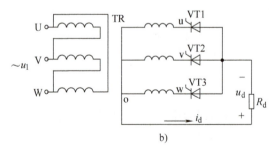

b)

图 2-6　三相半波可控整流电路
a）共阴极接法　b）共阳极接法

2. 接电阻性负载时的波形

（1）电阻性负载两端的电压波形　三相半波可控整流电路接电阻性负载 R_d 时，R_d 两端的电压波形如图 2-7 所示。负载 R_d 上的电压 u_d 由三相电源轮换供给，其波形是三相电源波形的正向包络线。

（2）晶闸管两端的电压波形　该波形由三部分组成，同样如图 2-7 所示。

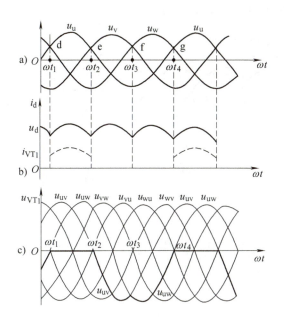

图 2-7　三相半波可控整流电路波形分析（$\alpha=0°$电阻性负载）

a）输入电压波形　b）负载电压波形　c）晶闸管电压波形

1）VT1 在 $\omega t_1 \sim \omega t_2$ 期间 u 相导通，u_{VT1} 仅是管压降，与横轴重合。

2）$\omega t_2 \sim \omega t_3$ 期间 v 相导通，电压经 VT2 加到 VT1 的阴极，VT1 承受反向电压而关断，承受的电压为线电压 u_{uv}。

3）$\omega t_3 \sim \omega t_4$ 期间 w 相导通，电压经 VT3 加到 VT1 的阴极，VT1 承受反向电压而关断，承受的电压为线电压 u_{uw}。

说明：

1）ωt_1、ωt_2、ωt_3 和 ωt_4 称为自然换相点，距相电压波形原点 30°，触发延迟角 α 是以对应的自然换相点为起始点，往右计算，如图 2-8 所示。

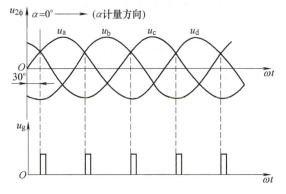

图 2-8　$\alpha=0°$时 u_g 信号位置

2）对于电阻性负载，负载上的电压波形与电流波形相同。

① $\alpha \leqslant 30°$时，电路中的电流连续，此时晶闸管阻断时承受反向线电压。

② $\alpha > 30°$时，电路中的电流断续，此时晶闸管阻断时承受反向相电压，如图2-9所示。

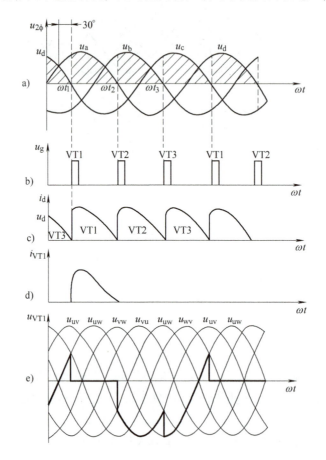

图2-9　$\alpha = 30°$三相半波可控整流电路波形（电阻性负载）
a) u_d波形　b) u_g波形　c) i_d波形　d) i_{VT1}波形　e) u_{VT1}波形

3. 接电感性负载时的波形

三相半波可控整流电路接电感性负载，如图2-10所示。

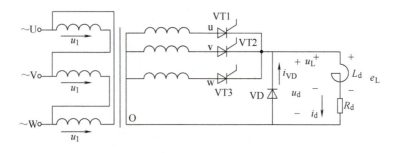

图2-10　三相半波可控整流电路（接电感性负载）

1）当$\alpha \leqslant 30°$，接电感性负载时电压、电流的波形分析和参数计算与接电阻性负载时的相同。

2）当 $\alpha = 30°$，电压、电流的波形如图 2-11 所示。

3）接大电感性负载时，移相范围为 90°。

4）晶闸管两端的电压波形如图 2-11d 所示。

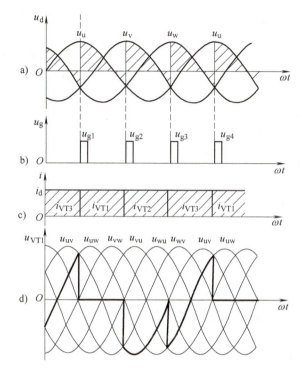

图 2-11　$\alpha = 30°$三相半波可控整流电路波形（电感性负载）

a）u_d 波形　b）u_g 波形　c）i_d 波形　d）u_{VT1} 波形

5）当电路加接续流二极管时，u_d 的波形如同接电阻性负载，i_d 的波形如同接大电感性负载。

① 当 $\alpha \leqslant 30°$，续流二极管承受反压，电路情况与不接续流二极管时相同。

② 当 $\alpha > 30°$，续流二极管一周内续流三次，电路输出电流、电压波形如图 2-12 所示。

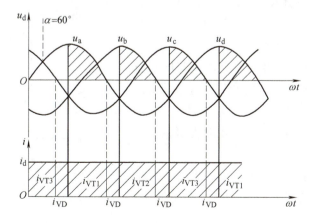

图 2-12　大电感性负载接续流二极管时的波形

4. 正弦波触发电路

（1）电路组成　正弦波触发电路由同步与移相、脉冲形成与整形及脉冲功放与输出等基本环节组成，如图 2-13 所示。

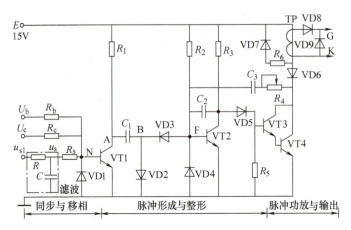

图 2-13　同步电压为正弦波的触发电路

（2）同步电压信号　触发脉冲必须与晶闸管的阳极电压同步，脉冲移相范围必须满足电路要求。因此控制电压应使脉冲在要求范围内移相，同步电压应使脉冲与电源电压同步，保证每一个周期内触发延迟角恒定，以得到稳定的直流电压，为了使电路在给定范围内工作，必须保证触发脉冲能在相应的范围内进行移相，同步电压信号 u_{s1} 来自同步变压器的二次绕组，经电阻 R 和电容 C 所组成的滤波电路来消除交流电压畸变干扰对移相的影响，电路的波形如图 2-14 所示。

（3）控制脉冲电压信号

1）控制电压 U_c 的引入是为了使触发脉冲与相对应的晶闸管阴极做相位移，即改变 U_c 的大小和极性，使 α 在 $0° \sim 180°$ 范围变化。

2）由于负载的不同以及主电路电压与同步电压相位的不同，其触发脉冲的初始位置也不同，因此电路引入偏移直流固定电压 U_b。一旦 U_b 确定后，可通过改变控制电压 U_c 来实现触发延迟角 α 的变化。

3）脉冲宽度的调整。由晶体管 VT2 和 VT3 构成单稳态电路，从而获得前沿陡、宽度可调的方波脉冲。

4）抗干扰措施：电容 C_2 具有微分负反馈作用，可提高抗干扰能力；VD6 可防止由于稳

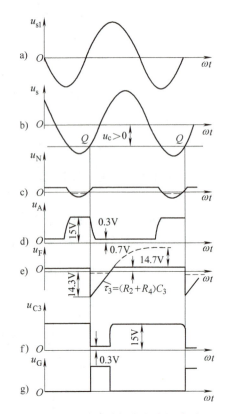

图 2-14　正弦波触发电路的波形

a）u_{s1} 波形　b）u_s 波形　c）u_N 波形　d）u_A 波形
e）u_F 波形　f）u_{C3} 波形　g）u_G 波形

压电源电压沿减小方向波动时，原来已充电的电容 C_3 经 R_4、电源 TP、R_2 和晶体管 VT2 的发射极、基极放电而引起该管截止，造成误输出触发脉冲；VD1 与 VD4 对 VT1 与 VT2 基极所输入的反压限幅，以免 VT1 与 VT2 损坏。

2.2.2　三相全控桥式整流电路

1. 三相全控桥式整流电路的结构组成

三相全控桥式整流电路，实质上是共阴极（VT1、VT3、VT5）与共阳极（VT2、VT4、VT6）两组三相半波可控整流电路串联而成的，如图 2-15 所示。

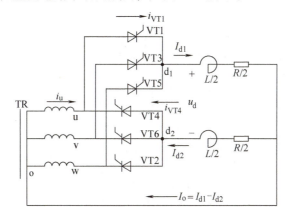

图 2-15　三相全控桥式整流电路

2. 三相全控桥式整流电路的工作原理及特点

（1）晶闸管的导通要求及顺序

1）三相全控桥式整流电路在任何时刻都必须有两个晶闸管导通，才能形成导电回路，其中一个晶闸管是共阴极晶闸管中的，另一个是共阳极晶闸管中的。

2）在三相全控桥式整流电路中，晶闸管导通顺序是：VT6、VT1→VT1、VT2→VT2、VT3→VT3、VT4→VT4、VT5→VT5、VT6→VT6、VT1。

（2）相位差　在三相全控桥式整流电路中，共阴极晶闸管 VT1、VT3、VT5 的触发脉冲之间的相位差应为 120°。

1）同相两晶闸管触发脉冲相位差 180°。由于共阴极晶闸管是在正半周触发，共阳极晶闸管是负半周触发，因此接在同一相两个晶闸管的触发脉冲的相位差是 180°。

2）触发脉冲应位于自然换相点。三相全控桥式整流电路中，其触发脉冲应在自然换相点发出，自然换相点即相电压的交点。脉冲发生在如图 2-16 所示的 ωt_1、ωt_2、ωt_3 等交点处。

（3）宽脉冲与双窄脉冲　为了保证整流装置能可靠工作（共阴极和共阳极晶闸管中应各有一个晶闸管导通），或者在电流断续后能再次导通，必须对应导通的一对晶闸管同时有触发脉冲。为此，可采取两种办法：一种是宽脉冲触发，每个脉冲的宽度大于 60°（必须小于 120°），可取 80°～100°；另一种是双脉冲触发，在触发某一编号晶闸管时，同时给前一编号晶闸管补发一个脉冲，使共阴极与共阳极晶闸管中的两个应导通的晶闸管上都有触发脉冲，相当于用两个窄脉冲等效地代替大于 60°的宽脉冲，如图 2-16 所示。目前较多采用双窄脉冲触发。

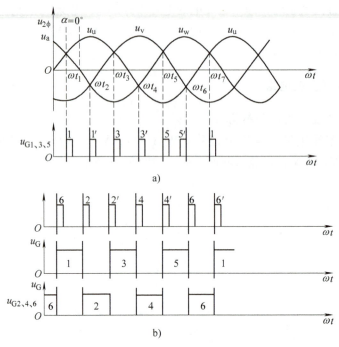

图 2-16　三相全控桥式整流电路的触发脉冲
a）双窄脉冲　b）宽脉冲

（4）整流输出波形与晶闸管承受电压

1）$\alpha = 0°$时，三相全控桥式整流电路的波形，如图 2-17a、b 所示。

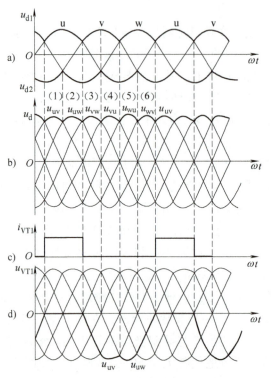

图 2-17　$\alpha = 0°$时三相全控桥式整流电路的波形
a）u_{d1}波形　b）u_{d2}波形　c）i_{VT1}波形　d）u_{VT1}波形

① 整流电压为线电压，整流输出的电压应该是两相电压相减后的波形，实际上就是线电压，其中 u_{uv}、u_{uw}、u_{vw}、u_{vu}、u_{wu}、u_{wv} 均为线电压的一部分，是各线电压的包络线。相电压的交点与线电压的交点在同一角度位置上，故线电压的交点同样是自然换相点，如图 2-17b 所示。同时也可看出，整流电压在一个周期内脉动 6 次，脉冲频率为 6×50Hz＝300Hz，比三相半波整流时大一倍。

② 晶闸管承受的电流和电压波形如图 2-17c、d 所示，只要负载波形是连续的，晶闸管上的电压波形总是由三部分组成。例如对 VT1 来说，由导通段（其波形与坐标轴重合）u_{uv} 和 u_{uw} 三段组成。$\alpha=0°$ 时，晶闸管无正向电压。

2）当 α 变化时，对于电感性负载，晶闸管所承受的正向电压与 $\sin\alpha$ 成正比。

① $\alpha=30°$ 时，波形如图 2-18 所示。

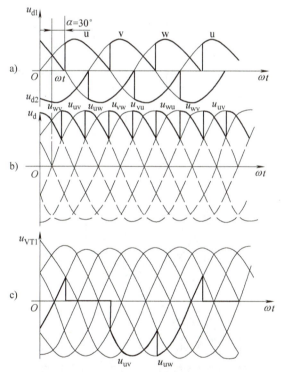

图 2-18　$\alpha=30°$ 时三相全控桥式整流电路的波形
a）u_{d1}、u_{d2} 波形　b）u_d 波形　c）u_{VT1} 波形

② $\alpha=60°$ 时，波形如图 2-19 所示。

③ $\alpha=90°$ 时，接电感性负载，输出电压波形如图 2-20a、b 所示。此时波形的正负两部分相等，电压平均值为零。晶闸管 VT1 两端的电压波形如图 2-20c 所示。

④ 对电阻性负载，当 $\alpha\leqslant60°$ 时，由于电压波形连续，因此电流也连续。每个晶闸管导通 120°。整流电压波形与接电感性负载时相同。$\alpha>60°$ 时，由于线电压过零变负，晶闸管即阻断，输出电压为零，电流波形不再连续，不像接电感性负载那样出现负电压。图 2-21 所示为接电阻性负载且 $\alpha=90°$ 时的电压波形。一周期中每个晶闸管分两次导通。α 增大至 120° 时，整流输出电压波形将全为零，其平均值也为零，可见接电阻性负载时，三相全控桥式整流电路最大的移相范围是 120°。

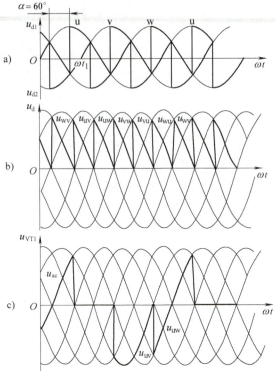

图 2-19　α＝60°时三相全控桥式整流电路的波形

a）u_{d1}、u_{d2}波形　b）u_d波形　c）u_{VT1}波形

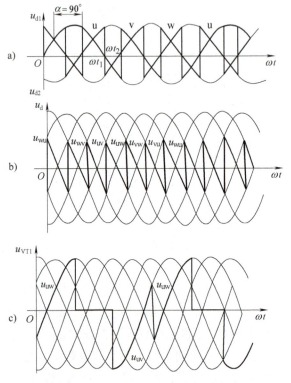

图 2-20　α＝90°时三相全控桥式整流电路的波形（电感性负载）

a）u_{d1}、u_{d2}波形　b）u_d波形　c）u_{VT1}波形

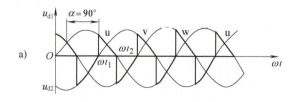

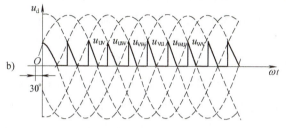

图 2-21　$\alpha = 90°$ 时三相全控桥式整流电路的波形（电阻性负载）

a）u_{d1}、u_{d2} 波形　b）u_d 波形

3. 锯齿波触发电路

锯齿波触发电路由同步电压（锯齿波）产生与移相、脉冲形成与放大、强触发与输出、双窄脉冲产生四个基本环节组成，如图 2-22 所示。

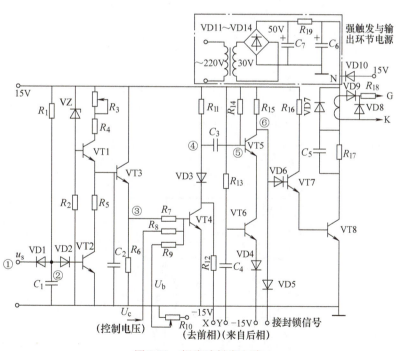

图 2-22　锯齿波触发电路

（1）同步电压（锯齿波）产生与移相环节　VT1、VZ、R_3 和 R_4 组成恒流源电路，由该电路产生锯齿波，调节 R_3 可改变锯齿波的斜率。适当选择 R_1 和 C_1 的数值，可取得底宽为 240° 的锯齿波。VT3 是射极跟随器，具有较强的带负载能力。①～③点的电压波形如图 2-23 所示。当 $u_{b4} < 0.7V$ 时，晶体管 VT4 截止，VT5、VT6 饱和导通，VT7、VT8 处于截止状态，

电路无脉冲输出，此时电容 C_3 呈右负左正状态，电路处于"稳态"。

（2）脉冲形成与放大环节 当 $u_{b4} \geq 0.7V$ 时，VT4 导通，④点电位下降，⑤点电位也突降，VT5 因反偏而截止，⑥点电位突跳上升，于是 VT7、VT8 饱和导通，电路通过脉冲变压器二次绕组输出触发脉冲，这种状态是暂时的，称"暂态"。此时电容 C_3 被反向充电，力图反充到右正左负，电压达 14V。⑤点电位随着 C_3 被反向充电逐渐上升，VT5、VT6 又导通，⑥点电位又突降，VT7、VT8 又截止，输出脉冲终止，电路又恢复到"稳态"。由此可见，电路的暂态时间也即输出触发脉冲的时间（或称为脉宽）。暂态时间长短，由 C_3 反向充电回路的时间常数决定。

（3）强触发与输出环节 图 2-22 中右上方是强触发与输出环节。它以单相桥式整流电路作为电源，C_7 两端获得 50V 的强触发电源，晶体管 VT8 导通前，N 点电位为 50V，当 VT8 导通时，N 点电位迅速下降到 14.3V 时，二极管 VD10 导通，N 点电位钳制在 14.3V，N 点的 u_N 波形如图 2-23 所示，当 VT8 由导通变为截止时，N 点电位又上升到 50V，准备下一次强触发。电容 C_5 是为提高强触发脉冲前沿陡度而附加的。

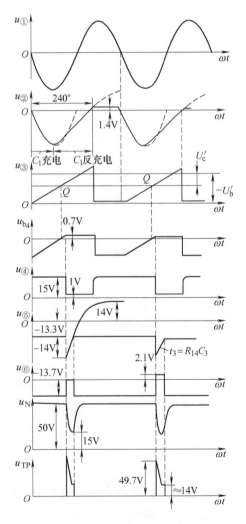

图 2-23 锯齿波触发电路波形

（4）双窄脉冲产生环节　该环节的电路可在一周内发出间隔 60° 的两个窄脉冲。两个晶体管 VT5、VT6 构成一个或门。当 VT5、VT6 都导通时，⑥点电位 -13.7V，使 VT7、VT8 截止，没有脉冲输出。但不论 VT5、VT6 哪一个截止，都会使⑥点电位变正，使 VT7、VT8 导通，有脉冲输出。第一个脉冲由本相触发单元的集电极所对应的触发延迟角 α 使 VT4 导通，VT5 截止，于是 VT8 输出脉冲，隔 60° 的第三个脉冲由滞后 60° 相位的后一相触发单元在产生脉冲时刻将其信号引至本相触发单元 VT6 的基极，使 VT6 截止，于是 VT8 又导通，第二次输出脉冲，因而得到间隔 60° 的双脉冲。VD3 与 R_{12} 是为了防止双窄脉冲信号的相互干扰而设置的。

4. 三相全控桥式整流电路的安装接线与调试

如图 2-24 所示，接通各直流电源及同步电压，选定其中一个触发器，当电位器 RP1~RP3 顺时针旋转时，相应的锯齿波斜率应上升，直流偏移电压 U_b 的绝对值应增加，控制电压 U_c 也应增加。

（1）用双踪示波器检查波形

1）同时观察①点与②点的波形，进一步加深对 C_1 和 R_1 作用的理解。

2）同时观察②点与③点的波形，知道锯齿波的底宽决定于电路中何种元器件的哪些参数。

3）观察④~⑧点及脉冲变压器的输出电压 u_G 的波形，记录各波形的幅度与宽度，知道 u_G 的幅度和宽度与电路中哪些参数有关。

（2）电阻性负载的测试

1）按图 2-24 所示电路进行接线。

2）测定交流电源的相序。

3）确定主变压器与同步变压器的极性，并让它们构成 △/Ⅴ 联结。1CF~6CF 触发极的同步电压连接方法见表 2-1。

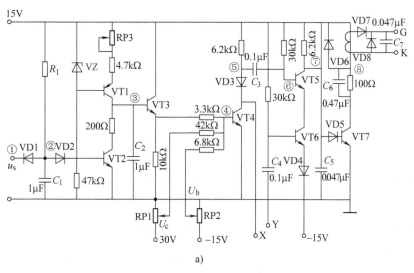

图 2-24　三相全控桥式整流电路完全形态

a）锯齿波同步触发电路

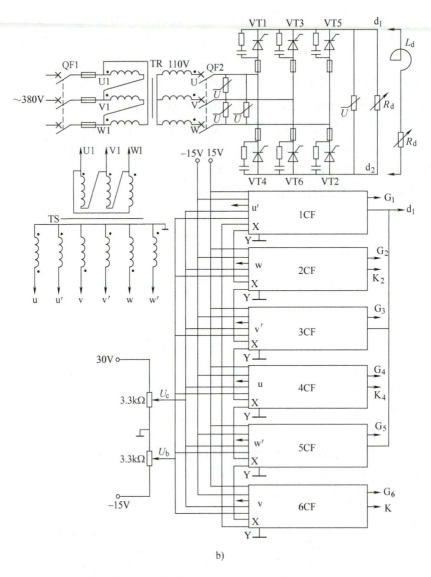

图 2-24 三相全控桥式整流电路完全形态（续）

b）主电路

表 2-1 触发极同步电压连接方法

组别	共阴极			共阳极		
晶闸管	VT1	VT3	VT5	VT4	VT6	VT2
晶闸管所接的相	U	V	W	U	V	W
同步电压	u'	v'	w'	u'	v'	w'

4）调整各触发器锯齿波斜率电位器 RP3，用双踪示波器依次测量相邻的两个触发器的锯齿波电压波形间隔应为 60°，斜率要求基本一致，波形如图 2-25 所示。

5）观察各触发器的输出触发脉冲，如果 X、Y 端不连接，输出触发脉冲为单窄脉冲，如图 2-26a 所示；X、Y 端连接后，输出触发脉冲为双窄脉冲，如图 2-26b 所示。

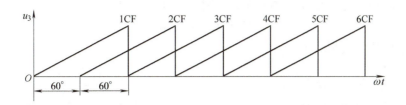

图 2-25　锯齿波电压波形

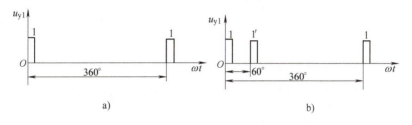

图 2-26　1CF 输出触发脉冲的波形

a) 单窄脉冲　b) 双窄脉冲

6) 调节偏移直流电压 U_b, 触发电路正常后, 调节电位器 RP1, 调节到 $U_c=0$ 时, 调节电位器 RP1, 使初始脉冲应对 $\alpha=120°$ 处。

7) 仔细检查电路, 待确认无误后, 合上 QF2, 调节电位器 RP1, 观察 α 从 120° 向 0° 变化时 u_d 的波形。画出 $\alpha=0°$、30°、60°、90° 时 u_d、u_{VT1} 的波形; 并记录 U_c、U_d 变化时 u_{VT1} 的波形。

8) 去掉与晶闸管 VT1 相串联的熔断器, 观察并记录 u_d、u_{VT1} 的波形。

9) 人为改变三相电源的相序, 观察并记录 $\alpha=90°$ 时 u_d 的波形, 分析原因。恢复三相电源的相序, 对调主变压器二次侧相位, 观察 u_d 波形是否正常。

（3）电阻电感性负载的测试

1) 断开 QF2, 换上电阻电感负载, 然后将电位器 RP1 调到 $U_c=0$, 调节电位器 RP2, 使触发脉冲初始位置在 $\alpha=90°$ 处。

2) 改变 U_c 大小, 观察并记录 $\alpha=30°$、60°、90° 及 u_d、i_d、u_{VT1} 等波形。

3) 改变 R_d 的数值, 观察 i_d 波形脉动情况及 $\alpha=90°$ 时 u_d 的波形。

2.3　逆　变　电　路

2.3.1　有源逆变电路

全控整流电路既可以工作于整流状态, 也可以工作于有源逆变状态。

1. 有源逆变电路的工作原理

以三相半波电路为例来讨论它在有源逆变状态下工作的情况。

（1）整流工作状态（$0°<\alpha<90°$）　如图 2-27a 所示, 当触发延迟角 α 在 0°～90° 范围内, 按三相半波可控整流的触发脉冲安排原则, 依次触发晶闸管, 可得如图 2-27a 所示的电压、电

流波形。此时 $U_d > E$，电能由交流侧输向直流侧，U_d 的表达式为

$$U_d = 1.17U_2\cos\alpha \tag{2-1}$$

式中，U_2 为变压器二次相电压。

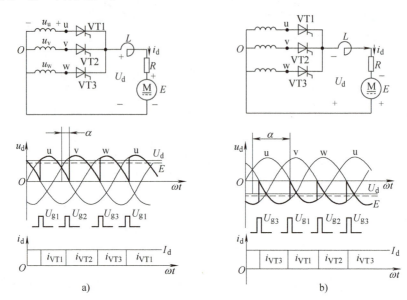

图 2-27　三相半波电路的工作状态

a）整流工作状态　b）有源逆变工作状态

（2）有源逆变工作状态（$90° < \alpha < 180°$）　如图 2-27b 所示，设电动机反电动势 E 极性已反接，同时使可控电路的触发延迟角 α 进入（$90° \sim 180°$）范围内，此时输出平均电压 U_d 为负，即其极性与整流状态相反。当 E 稍大于 U_d 时，就有与整流状态同样方向的电流流通，交流电源工作在负半周（或大部分时间在负半周），因而吸收电能，而电动机反电动势 E 输出电能，形成能量反向传送，实现了有源逆变工作状态。

因为 $\alpha > 90°$，U_d 为负值，把有源逆变状态工作时的控制角用 β 来表示，β 又称为逆变角。规定逆变角 β 以触发延迟角 $\alpha = 180°$ 作为计时发起始点，此时的 $\beta = 0°$。两者之间的关系是 $\alpha + \beta = 180°$ 或 $\beta = 180° - \alpha$。

有源逆变状态工作时，输出电压平均值的计算公式也可改写为

$$U_d = 1.17U_2\cos(180° - \beta) = -1.17U_2\cos\beta \tag{2-2}$$

当三相全控桥式整流电路处于有源逆变工作状态（$\beta = 60°$）时，其电路和电压波形如图 2-28 所示。

此时有

$$U_d = 1.35U_{2l}\cos\alpha = -1.35U_{2l}\cos\beta \tag{2-3}$$

式中，U_{2l} 为变压器二次侧交流线电压。

2. 实现有源逆变的条件

1）要有一个提供逆变能量的直流电源。

2）要有一个能反馈直流电能至交流电网的全控电路，全控电路的触发延迟角应大于 $90°$。

3）为了保证在电源电压负半周及其数值大于 E 时，仍能使晶闸管导通保持电流连续，应

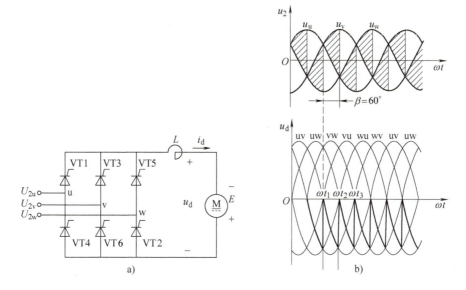

图 2-28　三相全控桥式整流电路 $\beta=60°$ 时的电路和电压波形

a）电路　b）波形

选取适当的 L 值。

3. 逆变失败的原因及措施

逆变运行时，一旦发生换相失败，外接的直流电源就会通过晶闸管形成短路，或者使输出平均电压和直流电动势变成顺向串联，由于逆变电路内阻很小，所以会形成很大的短路电流，这种情况称为逆变失败。

逆变失败的原因有：

1）触发电路的工作不可靠，如脉冲丢失、延迟等。

2）晶闸管发生故障。

3）交流电源发生异常现象。

4）换相的余量角不足。

为了保证逆变电路的正常工作，必须选用可靠的触发器，正确选择晶闸管的参数。减小电路中电压和电流的变化率的影响，以免发生误导通，逆变角 β 不能等于零，而且不能太小，必须限制在某一允许的最小角度内。

2.3.2　无源逆变电路

将直流电变换成交流电（DC/AC），并把交流电输出接负载，称之为（无源）逆变。

逆变器常用的几种换流方式有：负载谐振式换流、强迫换流、全控型开关器件换流。

在交-直-交流变频器中，由于负载一般都是电感性的，它和电源之间要有无功功率流动。因此，在中间的直流回路中，需要有储存（或释放）能量的元件，根据对无功功率处理方式的不同，逆变器可以分为电压型与电流型两种。电压型逆变器在直流侧并联大容量的滤波电容，从直流输出端看，电源具有低阻抗的特性，逆变器的直流电源可看成一个恒压源，输出的交流电压为矩形波，而输出的交流电流由于负载阻抗的作用而接近正弦波，如图 2-29 所示。

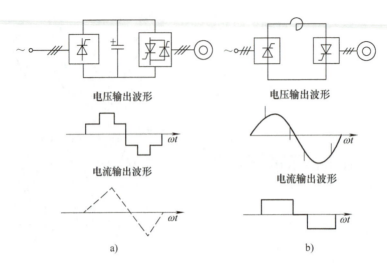

图 2-29　逆变器

a）电压型　b）电流型

1. 电压型逆变器的特点及典型电路

电压型逆变器供电的电动机如果工作在再生制动状态下，因直流侧电压的方向不易改变，而要改变电流的方向，把电能反馈到电网，就需要再加大反并联的整流器。它适用于不经常起动、制动和反转的场合。

图 2-30 所示为三相串联电感式电压型逆变器电路。其中，C_0 为直流滤波电容，VT1 ~ VT6 为主晶闸管，$L_1 \sim L_6$ 为换相电感，$C_1 \sim C_6$ 为换相电容，VD1 ~ VD6 为反馈二极管，它属于 180° 导通型，每个晶闸管在接电阻性负载时每周期中导通 180°，相邻序号的晶闸管两个触发脉冲的间隔为 60°，换相在同一桥臂之间进行。每一周期每相都有一个管子导通，为保证接大电感负载时也能可靠换相，触发脉冲宽度大于 90°，一般为 120°。

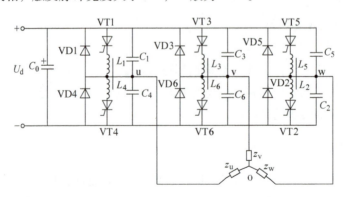

图 2-30　三相串联电感式电压型逆变器电路

电压型逆变器具有如下特点：

1）主晶闸管承受的电压变化率的值较低。

2）主晶闸管除承担负载电流外，还承担换相电流，适用于中功率负载。

3）当换相参数一定且负载电流一定时，晶闸管承受反压的时间随直流电压 U_d 降低而减小，所以适用于调压范围不太大的场合。

2. 电流型逆变器的特点及典型电路

电流型逆变器的特点是：

1）逆变器的直流电源输入侧采用大电感作为滤波元件，直流电流波形比较平直。

2）无须设置与逆变桥反并联的反馈二极管桥，电路简单。

3）逆变器依靠换相电容和交流电动机漏感的谐振来换相，适用于单机运行。

4）适用于经常要求起动、制动与反转的拖动系统。

当逆变器配合相序可逆的触发脉冲时，电流型逆变器可以方便地工作于四个象限。其四种工作状态如图 2-31 所示。

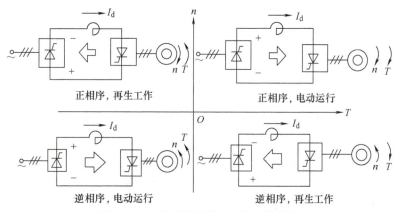

图 2-31　电流型逆变器的四种工作状态

常用的串联二极管式电流型逆变器如图 2-32 所示。图中 VT1～VT6 构成晶闸管逆变桥，$C_1～C_6$ 为换相电容，VD1～VD6 为隔离二极管，它们将换相电容与负载隔离，使电容两端的电压不随负载电压的变化而变化，更不会让电容通过负载放电，保证了换相能力。该逆变器为 120° 导通型。

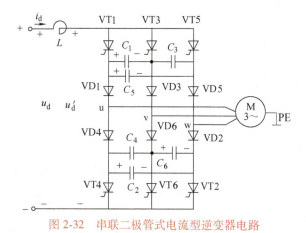

图 2-32　串联二极管式电流型逆变器电路

2.3.3　中高频电源

1. 中高频电源装置

（1）工作原理　中高频电源装置是一种利用晶闸管将 50Hz 工频交流电变换成中高频交流

电的设备，主要应用于感应加热及熔炼，并逐渐取代中频发电机组，它是一种静止的变频设备。交-直-交流中高频电源结构框图如图 2-33 所示。

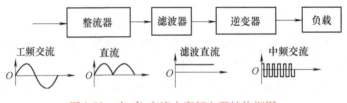

图 2-33　交-直-交流中高频电源结构框图

KGP 系列中频电源装置电路如图 2-34（见文后插页）所示。该装置通过三相桥式全控整流电路，直接将三相交流电整流为可调直流电，经直流电抗器滤波后供给单相桥式并联逆变器，由逆变器将直流电逆变为中频交流电供给负载。

（2）电路组成　该装置由整流器、滤波器、逆变器、负载以及控制电路组成。

2. 电路分析

（1）整流主电路　整流主电路为三相全控桥式整流电路，采用同步电压为锯齿波的触发电路。

（2）逆变主电路　此装置采用单相桥式并联逆变器。当对角桥的两组晶闸管 VT71、VT72（VT91、VT92）导通时，VT81、VT82（VT101、VT102）关断，电流从一个方向流入负载，当晶闸管 VT81、VT82（VT101、VT102）导通时，VT71、VT72（VT91、VT92）关断，电流从相反方向流入负载，即上述各对晶闸管互相轮换导通和关断，就将直流电变换成了交流电，轮换导通的频率决定了输出交流电的频率。

（3）逆变触发电路

1）自动频率控制：要使逆变器正常工作，必须在逆变输出电压超前 ϕ 的时刻产生触发脉冲，保证导通的晶闸管受反压关断。逆变器的触发还必须自动调频控制，以适应负载剧烈变化引起负载回路谐振频率偏离逆变工作频率，使逆变器触发频率受负载回路控制。该装置采用了自励控制方式，并按照定时控制原则，保证在逆变电压、频率变化时，触发脉冲引前触发时间 t_f 基本不变。所谓引前触发时间，就是指负载电流超前负载电压的时间。

2）信号检测与引前触发时间 t_f 的调节：从中频电压互感器 TV2 与中频电流互感器 TA5 检得的信号，经电位器 RP12、R_{11} 等与电阻 R_{U2} 后合成，在逆变触发电路的 α_1、α_2 端得到触发信号 u_s，如图 2-35 所示。当 RP12 阻值增大，则引前触发时间 t_f 增长；反之 t_f 缩短，调节 RP12 可以方便地调节 t_f 值。

3）脉冲形成电路：u_s 加在脉冲形成电路输入端，在 u_s 信号过零时刻双稳态电路发生翻转，如图 2-36 所示。晶体管 VT3、VT4 起正负限幅作用，把 u_s 的正弦波削成梯形波，防止满功率中频输出时，过大的合成信号损坏晶体管 VT3、VT4。当双稳态触发器输出端上跳时，逆变触发器发出脉冲，使逆变桥对角的晶闸管触发，实现换相。

这种电路由于逆变触发信号受负载回路电压、电流的控制，使逆变工作频率始终跟随负载回路的谐振频率，保持最佳工作状态。

4）启动触发环节：本装置采用直流辅助电源（3DY），由 350V 交流经单相桥式整流电路对启动电容 C_{st} 预先充电，然后逆变桥加上直流电压 U_d，延时一段时间触发启动环节 8CF 中的

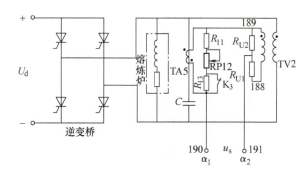

图 2-35　信号检测电路

晶闸管 VT12，脉冲变压器 TI11 送出脉冲，使与 C_{st} 串联的晶闸管 VT11 触发导通，充电电容对电感性负载放电，产生衰减振荡的正弦电压和电流。这个衰减电压和电流在中频电压互感器 TV2 与中频电流互感器 TA5 中检出并合成信号 u_s，触发逆变桥的晶闸管，使装置由他励转入自励工作。由于启动时电压、电流信号弱，电压 U_d 较低，换流时间延长，所以引前触发时间 t_f 应大一些，待逆变成功，u_s 信号增强后，通过触头 K3 短接 R_{13}，使电路产生的电压信号减小，恢复 t_f 到正常值。

5）他励信号源（IGC）：本装置设有他励信号源，只要将开关 SA1、SA2、SA3、SA4 拨向"检查"，他励信号就会送入，即可检查逆变触发电路工作是否正常。

3. 保护措施

（1）直流电路过电压保护　VD1～VD8 由八组硅堆组成，当直流侧过电压时，VD1～VD8 击穿，因此，此种接法同时兼有抑制直流侧过电压的作用。

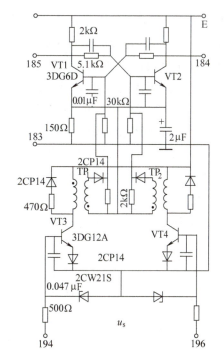

图 2-36　脉冲形成电路

（2）交流短路保护　对于交流相间短路保护，由 FU1～FU6 六只快速熔断器起主要作用。串联在三相桥进线端的三只空心互感器起到限制短路电流上升速率过大与瞬时短路电流峰值的作用，同时对逆变中频分量带给交流电网的影响也起到抑制作用。

（3）逆变过电流、过电压保护　本装置采用脉冲快速后移的方法作为逆变侧过电流与过电压保护，如图 2-37 所示。其中，过电流信号取自三只电流互感器 TA1～TA3；过电压信号取自中频电压互感器 TV1。调节电位器 RP1 可改变过电流整定值，调节电位器 RP2 可改变过电压整定值。

（4）电压、电流截止环节　图 2-34 中的 1JF、2JF 部分起到电压、电流截止作用。过电流信号由交流侧二级电流互感器 TA6～TA8 二次侧取出，当电流超过整定值时，使整流触发延迟

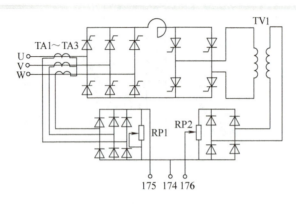

图 2-37　过电流、过电压信号取出电路

角 α 增大，从而达到限流目的；当中频电压超过整定值时，由电压互感器二次侧取得信号输入截止电路，使整流电路的触发延迟角 α 增大，限制中频电压上升。

4. 通电调试步骤

1）在主电路不带电的情况下，对继电器部分的动作程序进行模拟试验。短接水压继电器触头，按程序操作面板上的操作按钮，观察继电器的动作和延时是否正确。

2）检查同步变压器的相序、相位与图样是否相符。

3）检查整流触发系统。先插入电源板，检查稳压电源的电压值；再插入偏移电源板、整流触发板和保护板，观察相应的指示灯状态；然后用示波器直接观察整流晶闸管上的触发脉冲，要求脉冲信号为正极性，脉宽 t_k 约等于周期 T 与截止时间的比值，脉冲幅度大于 4V，如图 2-38 所示。用双踪示波器检查 $U_{g1} \sim U_{g6}$，应依次相差 60°，如图 2-39 所示。

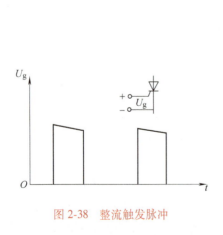

图 2-38　整流触发脉冲

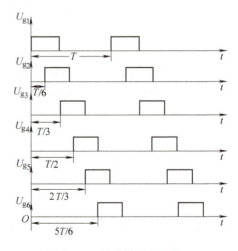

图 2-39　触发脉冲的相位

六路脉冲的波形及相位关系都正常后，再用双踪示波器的一个通道观察触发脉冲，另一个通道观察对应的同步信号或锯齿波。调节操作面板上的给定电压电位器，使脉冲移相从 α = 60° 开始，且移相范围要大于 90°，并人为触发过电压或过电流保护小晶闸管，脉冲移相要大

于 120°（不能超过 150°），以防整流桥逆变"颠覆"而失败。

若触发延迟角 α 的移相范围不能满足时，可首先调节偏移电压，如仍然达不到要求，则需要调节锯齿波的大小及给定电压上下的分压值，三者应配合调节。

4）整流电流试验。将整流桥与逆变桥母线铜排断开，用 3 个 220V 电炉丝串联作为直流负载，按正常操作程序开机，调节触发延迟角 α，逐渐升高主电路电压，观察直流输出波形，如图 2-40 所示。

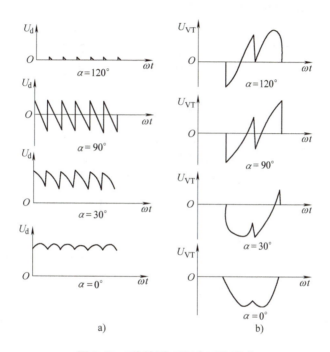

图 2-40　不同触发延迟角下的波形
a）U_d 波形　b）U_VT 波形

5）整流中功率及大功率试验。改变负载功率，进一步考验晶闸管的性能，并整定好过电流保护的动作值，锁紧定值电位器。

6）逆变触发系统试验。首先插入稳压电源板，调节稳压输出值；再插入逆变脉冲形成和触发板，输入他励信号，用示波器观察。

① 对于逆变桥各晶闸管的脉冲，U_g 幅度值应大于 4V，同时注意脉冲前沿应小于 2μs，脉宽为 10~500μs。

② 观察逆变桥对角线脉冲是否重叠。

③ 观察逆变桥相邻两组脉冲相位差是否在 180°位置上，若有偏差，应更换脉冲形成板。

7）启动环节的检查。用万用表直流 1000V 档测 C_st 正常充电电压，该电压应在 500V 左右。

8）整机启动运行。开启冷却水，水压应符合规定值；将自动调频置于自励位置，触发延迟角 α 置于 60°~70°启动。启动成功后，能听到中频噪声，且各表有相应的指示。调节触发延迟角 α，升高中频输出电压到额定值的 1/2，观察逆变桥输出端中频电压的波形，检查每只晶闸管的电压波形，检查两只串联晶闸管的均压情况。

整定过电流、过电压保护动作值，以过电流保护为例说明如下：在 $I_d = 150A$ 时，用直流电压表测量过电流保护电位器上的信号分压值，调节此电位器，使分压值逐渐升高，直到保护动作，记录此电压值。过电压保护整定方法与过电流整定方法相同。

保护动作值整定后，可继续升高功率至额定值，此时进一步检查晶闸管的电压波形，并调节限流、限压在额定范围内。

5. 中频电源常见故障分析与处理

中频电源常见故障分析与处理方法见表2-2。

表 2-2　中频电源常见故障分析与处理方法

序号	故障现象	可能原因	处理方法
1	运行中主开关跳闸	1）过载 2）开关故障 3）接地故障	1）降低负载 2）更换开关 3）消除接地点
2	运行中直流环节的快速熔断器熔断	1）过载 2）晶闸管损坏 3）接地故障	1）降低负载 2）更换晶闸管 3）消除接地点
3	运行中逆变换流失败	1）晶闸管或二极管损坏 2）脉冲丢失或紊乱 3）负载短路	1）更换晶闸管或二极管 2）检查线路或更换功能板 3）消除短路
4	运行中换流失败	1）短路 2）接地故障 3）脉冲丢失或紊乱	1）消除短路 2）消除接地点 3）查明原因并纠正

复习思考题

1. 功率晶体管和门极关断晶闸管各有什么特点？两者有什么区别？
2. 三相半波整流电路和三相全控桥式整流电路的应用特点各是什么？
3. 锯齿波触发电路的工作原理是什么？
4. 什么是有源逆变？有源逆变常用在什么地方？
5. 有源逆变必备的条件是什么？逆变失败的原因有哪些？
6. 中频电源的基本原理是什么？

项目 3

机械设备电气控制电路的安装与维修

培训学习目标

　　熟悉 X62W 型万能铣床、T68 型镗床、15/3t 桥式起重机和 B2012A 型龙门刨床的外形和结构，了解电气控制电路的工作原理；掌握电气控制电路常见电气故障的分析与检修方法。

3.1　X62W 型万能铣床电气控制电路

　　万能铣床是一种通用的多用途机床，它可以用圆柱铣刀、圆片铣刀、角度铣刀、成形铣刀及面铣刀等刀具对各种零件进行平面、斜面、螺旋面及成形表面的加工，还可以加装万能铣头、分度头和圆工作台等附件来扩大加工范围。现以 X62W 型万能铣床为例进行说明。该铣床的型号意义如下：

　　X62W 型万能铣床的外形如图 3-1 所示，它主要由机座、床身、工作台、横梁、刀杆、横溜板和升降台等部分组成。箱式床身固定在机座上，它是机床的主体部分，用来安装和连接机床的其他部件，床身内装有主轴的传动机构和变速操纵机构。床身的顶部有水平导轨，装有带一个或两个刀杆的横梁，刀杆用来支撑铣刀心轴的一端，心轴的另一端固定在主轴上，并由主轴带动旋转。横梁可沿水平导轨移动，以便调整铣刀的位置。床身的前侧面装有垂直导轨，升降台可沿导轨上下移动。在升降台上面的水平导轨上，装有可在平行于主轴轴线方向移动（横向移动，即前后移动）的横溜板，横溜板上部有可以转动的回转

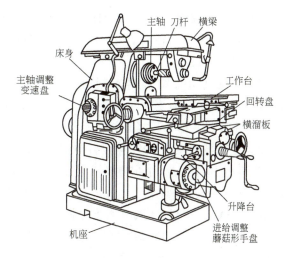

图 3-1　X62W 型万能铣床的外形

盘。工作台装在回转盘的导轨上，可以做垂直于轴线方向的移动（纵向移动，即左右移动），工作台上有固定工件的 T 形槽。因此，固定于工作台上的工件可做上下、左右及前后 3 个方向的移动，便于工作调整和加工时进给方向的选择。

此外，横溜板可绕垂直轴线左右旋转 45°，因此工作台还能在倾斜方向进给，以加工螺旋槽。该铣床还可以安装圆工作台以扩大铣削范围。

从上述分析可知，X62W 型万能铣床有 3 种运动，即主运动、进给运动和辅助运动。主轴带动铣刀的运动称为主运动；加工中工作台带动工件的移动或圆工作台的旋转运动称为进给运动；工作台带着工件在 3 个方向的快速移动属于辅助运动。

不管是卧式铣床还是立式铣床，它们在结构上大体相同，差别在于铣头的放置方向和刀具的形状不同，而工作台的进给方式、主轴的变速原理等都是一样的，电气控制电路也大致相同。

3.1.1　X62W 型万能铣床电气控制电路分析

X62W 型万能铣床的电气控制电路如图 3-2 所示。

1. 主电路

主电路中共有 3 台电动机。M1 是主轴电动机，M2 是工作台进给电动机，M3 是冷却泵电动机。

对 M1 的要求是通过转换开关 SA3 与接触器 KM1 来进行正、反转控制；具有瞬时冲动和制动控制；通过机械机构进行变速。对 M2 的要求是能进行正、反转控制、快慢速控制和限位控制，并通过机械机构使工作台能做上下、左右、前后 6 个方向的变向。对 M3 的要求是只进行正转控制。

2. 控制电路

（1）主轴电动机 M1 的控制　控制电路中的 SB1 和 SB2 是两地控制的起动按钮，SB5 和 SB6 是两地控制的停止按钮。KM1 是主轴电动机 M1 的起动接触器。YC1 是主轴制动用的电磁离合器。SQ1 是主轴变速冲动行程开关。主轴电动机是通过弹性联轴器和变速机构的齿轮传动链来传动的，可使主轴获得 18 级不同的转速（30~1500r/min）。

1）主轴电动机 M1 的起动：起动前先合上电源开关 QS1，再把主轴换向转换开关 SA3 扳到主轴所需的旋转方向，然后按下起动按钮 SB1（或 SB2），接触器 KM1 的线圈获电吸合，KM1 主触头闭合，主轴电动机 M1 起动。同时接触器 KM1 的辅助常开触头闭合，为工作台进给电路提供了电源。

2）主轴电动机 M1 的停车制动：当需要主轴电动机 M1 停转时，按停止按钮 SB5-1（或 SB6-1），接触器 KM1 线圈断电释放，主轴电动机 M1 断电后惯性运转。由于按钮 SB5-2（或 SB6-2）常开触头闭合，接通电磁离合器 YC1，主轴电动机 M1 制动停转。

3）主轴换刀控制：M1 停转后并不处于制动状态，主轴仍可自由转动。在主轴更换铣刀时，为避免主轴转动，造成更换困难，应将主轴制动。方法是将转换开关 SA1 扳向换刀位置，这时常开触头 SA1-1 闭合，电磁离合器 YC1 线圈得电，主轴处于制动状态以方便换刀；同时常闭触头 SA1-2 断开，切断了控制电路，铣床无法运行，保证了人身安全。

4）主轴变速时的冲动控制：主轴变速时的冲动控制，是利用变速手柄与主轴冲动行程开关 SQ1 通过机械上的联动机构进行的。变速前，应先停止主轴旋转。

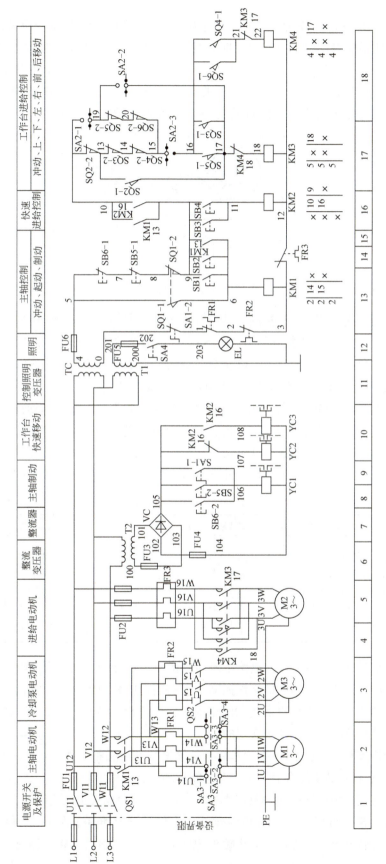

图 3-2　X62W 型万能铣床的电气控制电路

变速时，如图 3-3 所示，先把变速手柄向下压，然后拉到前面，转动变速盘，选择所需要的转速，再把变速手柄以连续较快的速度推回原来的位置；当变速手柄推向原来位置时，其弹簧杆瞬时压合行程开关 SQ1，使 SQ1-2 断开，SQ1-1 闭合，接触器 KM1 线圈瞬时获电吸合，使主轴电动机 M1 瞬时起动，以利于变速后的齿轮啮合，行程开关 SQ1 即刻复原，接触器 KM1 又断电释放，主轴电动机 M1 断电停转，主轴的变速冲动操作结束。

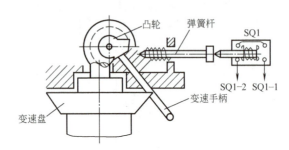

图 3-3　主轴变速时的冲动控制示意图

（2）工作台进给电动机 M2 的控制　转换开关 SA2 是控制工作台运动的，当需要工作台运动时，转换开关 SA2 扳到"接通"位置，SA2 的触头 SA2-1 断开，SA2-2 闭合，SA2-3 断开。若不需要工作台运动，转换开关 SA2 扳到"断开"位置，SA2 的触头 SA2-1 闭合，SA2-2 断开，SA2-3 闭合，以保证工作台在 6 个方向的进给运动。

1）工作台的上、下和前、后运动的控制：工作台的上下（升降）运动和前后（横向）运动完全是由"工作台升降与横向操纵手柄"来控制的。此操纵手柄有两个，分别装在工作台的左侧前方和后方，操纵手柄的联动机构与行程开关 SQ3 和 SQ4 相连接，行程开关装在工作台的左侧。此手柄有五个位置，工作台升降与横向操纵手柄位置的指示情况见表 3-1。

表 3-1　工作台升降与横向操纵手柄位置的指示情况

手柄位置	工作台运动方向	离合器接通的丝杠	行程开关动作	接触器动作	电动机运转
向上	向上进给或快速向上	垂直丝杠	SQ4	KM4	M2 反转
向下	向下进给或快速向下	垂直丝杠	SQ3	KM3	M2 正转
中间	升降或横向进给停止	—	—	—	—
向前	向前进给或快速向前	横向丝杠	SQ3	KM3	M2 正转
向后	向后进给或快速向后	横向丝杠	SQ4	KM4	M2 反转

这 5 个位置是联锁的，各方向的进给不能同时接通。当升降台运动到上限或下限位置时，床身导轨旁的挡铁和工作台底座上的挡铁撞动十字手柄，使其回到中间位置，行程开关动作，升降台便停止运动，从而实现垂直运动的终端保护。工作台的横向运动的终端保护也是利用装在工作台上的挡铁撞动十字手柄来实现的。

当主轴电动机 M1 的接触器 KM1 动作后，其辅助常开触头把工作台进给运动控制电路的电源接通，所以只有在 KM1 闭合后，工作台才能运动。

① 工作台向上运动的控制：在 KM1 闭合后，需要工作台向上进给运动时，将手柄扳至向上位置，其联动机构一方面接通垂直传动丝杠，为传动做好准备；另一方面它使行程开关 SQ4 运动，其常闭触头 SQ4-2 断开，常开触头 SQ4-1 闭合，接触器 KM4 线圈获电吸合，KM4

主触头闭合，电动机 M2 反转，工作台向上运动。

② 工作台向后运动的控制：当操纵手柄扳至向后位置时，由联锁机构拨动垂直传动丝杠，使它脱开而停止转动，同时将横向传动丝杠接通进行传动，使工作台向后运动。工作台向后运动也由 SQ4 和 KM4 控制，其电气工作原理同向上运动。

③ 工作台向下运动的控制：当操纵手柄扳至向下位置时，其联动机构一方面使垂直传动丝杠接通，为垂直丝杠的传动做准备；另一方面压合行程开关 SQ3，使其常闭触头 SQ3-2 断开，常开触头 SQ3-1 闭合，接触器 KM3 线圈获电吸合，KM3 主触头闭合，电动机 M2 正转，工作台向下运动。

④ 工作台向前运动的控制：工作台向前运动也由行程开关 SQ3 及接触器 KM3 控制，其电气控制原理与工作台向下运动的控制相同，只是将手柄扳至向前位置时，通过机械联锁机构，将垂直丝杠脱开并将横向传动丝杠接通，使工作台向前运动。

2）工作台左右（纵向）运动的控制：工作台左右运动同样是用工作台进给电动机 M2 来拖动的，由"工作台纵向操纵手柄"来控制。此手柄也是复式的，一个安装在工作台机座的顶面中央部位，另一个安装在工作机座的左下方。手柄有三个位置：向右、向左、中间位置。当手柄扳到向右或向左运动位置时，手柄的联动机构压下行程开关 SQ5 或 SQ6，使接触器 KM3 或 KM4 动作来控制电动机 M2 的正、反转。如手柄扳到中间位置时，纵向传动丝杠的离合器脱开，行程开关 SQ5-1 或 SQ6-1 断开，电动机 M2 断电，工作台停止运动。

工作台左右运动的行程可通过调整安装工作台两端的挡铁位置来控制，当工作台纵向运动到极限位置时，挡铁撞动纵向操纵手柄，使它回到中间位置，工作台停止运动，从而实现纵向运动的终端保护。

3）工作台进给变速时的冲动控制：在改变工作台进给速度时，为了使齿轮易于啮合，也需要进给电动机 M2 瞬时冲动一下。变速时先将蘑菇形手盘向外拉出并转动手柄，变速盘也跟着转动，把所需进给速度的标尺数字对准箭头，然后再把蘑菇形手盘用力向外拉到极限位置并随即退回原位；就在把蘑菇形手盘用力向外拉到极限位置瞬间，其连杆机构瞬时压合行程开关 SQ2，使 SQ2-2 断开、SQ2-1 闭合，接触器 KM3 线圈获电吸合，进给电动机 M2 正转，因为瞬时接通，故进给电动机 M2 也只是瞬时接通而瞬时冲动一下，从而保证变速齿轮易于啮合。当手盘推回原位后，行程开关 SQ2 复位，接触器 KM3 线圈断电释放，进给电动机 M2 瞬时冲动结束。

4）工作台的快速移动控制：工作台的快速移动也是由进给电动机 M2 来拖动的，在纵向、横向和垂直 6 个方向上都是可以实现快速移动控制。动作过程如下：先将主轴电动机 M1 起动，将进给操纵手柄扳到需要的位置，工作台按照选定的速度和方向做进给移动时，再按下快速移动按钮 SB3（或 SB4），使接触器 KM2 线圈获电闭合，KM2 常闭触头断开，电磁离合器 YC2 失电，将齿轮传动链与进给丝杠分离；KM2 两对常开触头闭合，一对使电磁离合器 YC3 得电，将电动机 M2 与进给丝杠直接搭合；另一对使接触器 KM3 或 KM4 得电动作，电动机 M2 得电正转或反转，带动工作台按选定方向做快速移动。当松开快速移动按钮 SB3（或 SB4）时，快速移动停止。

（3）冷却泵电动机 M3 的控制　在主轴电动机 M1 起动后，将转换开关 QS2 闭合，冷却泵电动机 M3 起动，从而将冷却液输送到机床切削部分。

3. 照明电路

机床照明电路由变压器 T1 供给 24V 安全电压，并由开关 SA4 控制。

3.1.2　X62W 型万能铣床常见电气故障的分析与检修

1. 主轴电动机 M1 不能起动

发生这种故障时，首先检查各开关是否处于正常工作位置，然后检查三相电源、熔断器、热继电器的常闭触头、两地起动停止按钮以及接触器 KM1 的工作情况，看有无设备损坏、接线脱落、接触不良、线圈断路等现象。另外，还应检查主轴冲动行程开关 SQ1，因为由于开关位置移动甚至撞坏，或常闭触头 SQ1-2 接触不良而引起线路的故障也较常见。

2. 工作台各个方向都不能进给

工作台的进给运动是通过进给电动机 M2 的正反转配合机械传动来实现的。若各个方向都不能进给，多是因为进给电动机 M2 不能起动所引起的。检修故障时，首先检查工作台的控制开关 SA2 是否在"断开"位置。若没问题，接着检查控制主轴电动机的接触器 KM1 是否已吸合动作。因为只有接触器 KM1 吸合后，控制进给电动机 M2 的接触器 KM3、KM4 才能得电。如果接触器 KM1 不能得电，则表明控制回路电源有故障，可检测控制变压器 TC 的一、二次绕组和电源电压是否正常，熔断器是否熔断。

待电压正常，接触器 KM1 吸合，主轴旋转后，若各个方向仍无进给运动，可扳动进给手柄至各个运动方向，观察其相关的接触器是否吸合。若吸合，则表明故障发生在主电路和进给电动机上，常见的故障有接触器主触头接触不良、主触头脱落、机械卡死、电动机接线脱落和电动机绕组断路等。除此以外，由于经常扳动操作手柄及行程开关受到冲击，可能使行程开关 SQ3、SQ4、SQ5、SQ6 的位置发生变动或被撞坏，使电路处于断开状态，且 SQ2-2 在复位时不能闭合接通或接触不良，也会使工作台没有进给。

3. 工作台能向左、右进给，不能向前、后、上、下进给

工作台各个方向的行程开关是相互联锁的，使之同一时刻只有一个方向的运动。因此这种故障的原因可能是控制左右进给的行程开关 SQ5 或 SQ6 由于经常被压合，导致螺钉松动、开关移位、触头接触不良、开关机构卡住等，使线路断开或开关不能复位闭合，电路 19-20 或 15-20 断开。这样当操作工作台向前、后、上、下运动时，行程开关 SQ3-2 或 SQ4-2 也被压开，切断了进给接触器 KM3、KM4 的通路，造成工作台只能左、右运动，而不能前、后、上、下运动。

检修故障时，用万用表欧姆挡测量 SQ5-2 或 SQ6-2 的接触导通情况，查找故障部位，修理或更换行程开关后，就可排除故障。

注意：在测量 SQ5-2 或 SQ6-2 的接通情况时，应操纵前后上下进给手柄，使 SQ3-2 或 SQ4-2 断开，否则通过 11-10-13-14-15-20-19 的导通，会误显示 SQ5-2 或 SQ6-2 接触良好。

4. 工作台能向前、后、上、下进给，不能向左、右进给

出现这种故障的原因及排除方法可参照故障 3 的说明进行分析，不过故障处可能是行程开关的常闭触头 SQ3-2 或 SQ4-2。

5. 变速时不能冲动控制

这种故障多数是由于冲动位置行程开关 SQ1 或 SQ2 经常受到频繁冲击，使行程开关位置

改变，甚至底座被撞坏或接触不良，使线路断开，从而造成主轴电动机 M1 或进给电动机 M2 不能瞬时点动。出现这种故障时，应修理或更换行程开关，并调整好行程开关的动作距离，即可恢复冲动控制。

6. 工作台不能快速移动，主轴制动失灵

这种故障往往是电磁离合器工作不正常所致。首先应检查接线有无松脱，整流变压器 T2、熔断器 FU3 和 FU6 的工作是否正常，整流器中的 4 个整流二极管是否损坏。若有二极管损坏，将导致输出直流电压偏低、吸力不够。其次，电磁离合器线圈是用环氧树脂黏合在电磁离合器套筒内的，散热条件差，易发热而烧毁。另外，由于离合器的动摩擦片和静摩擦片经常摩擦，因此它们是易损件，检修时也不可忽视这些问题。

3.2　T68 型卧式镗床电气控制电路

镗床是一种精密加工的机床，主要用于加工精确的孔和孔间距离要求较为精确的零件。它可分为卧式镗床、立式镗床、坐标镗床和专用镗床等，工业生产中使用较广泛的是卧式镗床。现以常用的 T68 型卧式镗床为例进行说明。该镗床型号意义如下：

图 3-4 所示为 T68 型卧式镗床的外形。

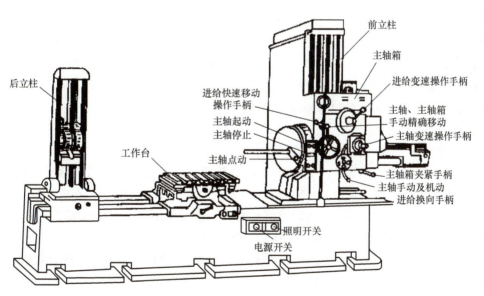

图 3-4　T68 型卧式镗床的外形

3.2.1　T68 型卧式镗床电气控制电路分析

T68 型卧式镗床的电气控制电路如图 3-5 所示。该电路分为主电路、控制电路和照明电路等。

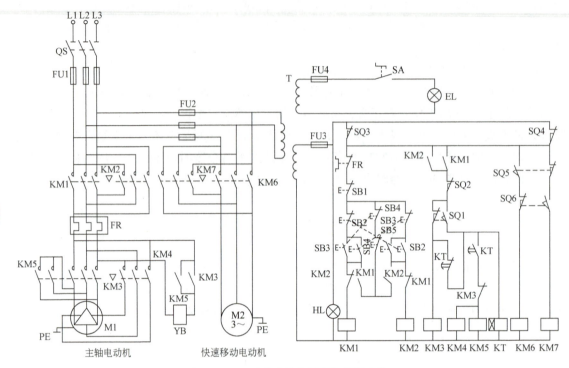

图 3-5　T68 型卧式镗床的电气控制电路

1. 主电路

M1 为主轴电动机，通过不同的传动链带动镗轴和平旋盘转动，并带动平旋盘、镗轴、工作台做进给运动。主轴电动机 M1 是双速电动机，它的正反转由接触器 KM1 和 KM2 控制，接触器 KM3、KM4 和 KM5 做△-ΥΥ变速切换。当 KM3 主触头闭合时，定子绕组为△联结，M1 低速运转；当 KM4 和 KM5 主触头闭合时，定子绕组为ΥΥ联结，M1 高速运转。M2 为快速移动电动机，它的正反转由接触器 KM6 和 KM7 控制。

2. 控制电路

（1）主轴电动机 M1 的正反转和点动控制

1）按下正转起动按钮 SB4，接触器 KM1 线圈通电，常开触头闭合自锁，主触头闭合，M1 起动正转。

2）按下反转起动按钮 SB2，其常闭触头断开，常开触头闭合，KM1 线圈断电，接触器 KM2 线圈通电，常开触头闭合自锁，主触头闭合，M1 起动反转。

3）当按下 SB3 时，常开触头闭合，线圈通电。同时常闭触头断开，切断自锁电路，此时 M1 仍正转或反转。放开按钮后线圈断电，即停转。

（2）主轴电动机 M1 的低速和高速控制

1）将主轴变速操作手柄扳向低速挡，按下正转起动按钮 SB4，KM1 线圈通电，其常开触头闭合自锁，主触头闭合，为 M1 起动做好准备。同时，KM1 常开触头闭合，KM3 线圈通电，KM3 常开触头闭合，使 YB 线圈通电，松开制动轮，KM3 触头闭合，将绕组接成△联结，M1 低速运转。此时，KM3 的常闭触头断开，闭锁 KM4 和 KM5。

2）将主轴变速操作手柄扳向高速挡，压合行程开关 SQ1，其常闭触头断开，常开触头闭合。按下正转按钮 SB4，KM1 线圈通电，常开触头闭合自锁，主触头闭合。为 M1 起动做好准备。同时，KM1 常开触头闭合，时间继电器 KT 线圈通电，其常开触头闭合，KM3 线圈通电，M1 绕组接成△联结并低速起动。经过一段时间，KT 的常闭触头延时断开，KM3 线圈通电，主触头断开。此时 KM3 常闭触头闭合，KT 的常开触头延时闭合，KM4、KM5 线圈通电，YB 线圈通电，松开制动轮。同时，KM4、KM5 主触头闭合，M1 绕组接成丫丫联结，电动机高速运转。

主轴电动机反转时的低速和高速控制。将主轴变速操作手柄扳向低速挡，按下反转起动按钮 SB2，其控制过程与正转相同。

（3）主轴电动机 M1 的停止和制动控制　按下停止按钮 SB1，使 KM1 或 KM2 线圈通电，主触头断开，电动机断电。与此同时，制动电磁铁 YB 线圈也断电，在弹簧的作用下对电动机进行制动，便很快停转。

（4）主轴电动机 M1 的变速冲动控制　变速冲动是指在 M1 变速时，不用按停止按钮 SB1 就可以直接进行变速控制。主轴变速时，将主轴变速操作手柄拉出（此时与其有机械联系的行程开关 SQ2 压合，常闭触头断开），或线圈断电，使主轴电动机断电。这时转动变速盘，选好速度，再将主轴变速操作手柄推回，SQ2 复位，电动机重新起动工作。进给变速的操作控制与主轴变速相同，只需拉出进给变速操作手柄，选好进给速度，再将进给变速操作手柄推回即可。

（5）快速移动电动机 M2 的控制　镗床各部件的快速移动由快速移动操作手柄控制。扳动快速移动操作手柄（此时行程开关 SQ5 或 SQ6 压合）。使接触器 KM6 或 KM7 线圈通电，M2 正转或反转，带动各部件快速移动。

（6）安全保护联锁　电路中有两个行程开关 SQ3 和 SQ4。其中，SQ3 与主轴及平旋盘进给操作手柄相连，当操作手柄扳到“进给”位置时，SQ3 的常闭触头断开；SQ4 与工作台和主轴箱进给操作手柄相连，当操作手柄扳到“进给”位置时，SQ4 的常闭触头断开。因此，如果任一手柄处于“进给”位置，M1 和 M2 都可以起动，当工作台或主轴箱在进给时，再把主轴及平旋盘扳到“进给”位置，M1 将自动停止，M2 也无法起动，从而达到联锁保护。

3. 照明电路

照明电路由降压变压器 T 供给 36V 安全电压。HL 为指示灯，EL 为照明灯，由开关 SA 控制。

3.2.2　T68 型卧式镗床常见电气故障的分析与检修

（1）主轴电动机 M1 不能低速起动或仅能单方向低速运转　熔断器 FU1、FU2 或 FU3 熔体熔断，热继电器 FR 动作后未复位，停止按钮触头接触不良等原因，均能造成 M1 不能起动。变速操作盘未置于低速位置，使 SQ1 常闭触头未闭合，主轴变速操作手柄拉出未推回，使 SQ2 常闭触头断开，主轴及平旋盘进给操作手柄误置于“进给”位置，使 SQ3 常闭触头断开，或者各手柄位置正确。但压合的 SQ1、SQ2、SQ3 中有个别触头接触不良，以及 KM1、KM2 常开触头闭合时接触不良等，都能使 KM3 线圈不能通电，造成 M1 不能低速起动。另外，主电路中有一相熔断，KM3 主触头接触不良，制动电磁铁故障而不能松开制动轮等，也会造成 M1 不能低速起动。

M1 仅能向一个方向低速运转，通常是由于控制正反转的 SB2 或 SB3 及 KM1 或 KM2 的主触头接触不良，以及线圈断开、连接导线松脱等原因造成的。

上述故障，只要分别采用更换、调整的方法即可修复。

（2）主轴能低速起动但不能高速运转　时间继电器 KT 和行程开关 SQ1 的故障，会造成主轴电动机 M1 不能切换到高速运转。时间继电器线圈开路，推动装置偏移，推杆被卡阻或松裂损坏而不能推动开关，会使常闭触头不能延时断开，常开触头不能延时闭合。此外，变速操作盘置于"高速"位置但 SQ1 触头接触不良等，都会造成 KM4、KM5 接触器线圈不能通电，使主轴电动机不能从低速状态自动转换到高速状态。

对上述故障的排除方法是：修复故障的时间继电器 KT 或行程开关 SQ1，更换损坏的部件且调整推动装置的位置。

（3）进给部件不能快速移动　快速移动由快速移动电动机 M2、接触器 KM6、KM7 和行程开关 SQ5、SQ6 实现。当进给部件不能快速移动时，应检查行程开关的触头是否良好，KM6、KM7 的主触头接触是否良好，另外还要检查机械机构是否正常。

若行程开关 SQ5、SQ6 或 KM6、KM7 的主触头接触不良，则应修复触头或更换新件；若是机械机构的问题，则应进行机械调整予以解决。

3.3　15/3t 桥式起重机电气控制电路

桥式起重机是一种用来起吊和放下重物，使重物在短距离内水平移动的起重机械。常见的有 5t、10t 单钩起重机及 15/3t、20/5t 等双钩起重机。现以常用的 15/3t 桥式起重机为例进行说明。

15/3t 桥式起重机由主钩（15t）、副钩（3t）、大车和小车四部分组成。其外形如图 3-6 所示。

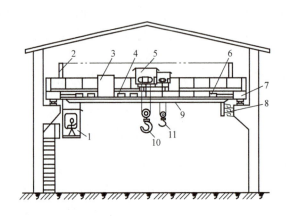

图 3-6　15/3t 桥式起重机的外形

1—驾驶室　2—辅助滑触线架　3—交流磁力控制屏　4—电阻箱　5—小车　6—大车拖动电动机

7—端梁　8—三相主滑触线　9—大车　10—主钩　11—副钩

大车的轨道敷设在沿车间两侧的柱子上，大车可在轨道上沿车间纵向移动；大车上有小轨道，供小车横向移动；主钩和副钩都在小车上。桥式起重机的电源为 380V。由于桥式起重机工作时是经常移动的，因此要采用可移动的电源线供电，一种是采用软电缆供电，软电缆可随大车、小车的移动而伸缩，但这仅适用于小型起重机；常用的方法是采用滑触线和电刷供电。电源由三根主滑触线通过电刷引入驾驶室内的保护控制盘上，三根主滑触线沿着平行于大车轨道的方向敷设在车间厂房的一侧。提升机构、小车上的电动机和交流电磁制动器的电源是由架设在大车上的辅助滑触线来供给的；转子电阻也是通过辅助滑触线与电动机连接的。滑触线通常用圆钢、角钢、V形钢或工字钢轨制成。

3.3.1　控制器简介

1. 凸轮控制器

凸轮控制器是利用凸轮来操作动触头动作的控制器，它主要用于功率不大于30kW的中小型绕线转子异步电动机电路中，借助其触头系统直接控制电动机的起动、停止、调速、反转和制动。

常用的凸轮控制器有KTJ1、KTJ15、KT10、KT12、KT14等系列，如图3-7所示。

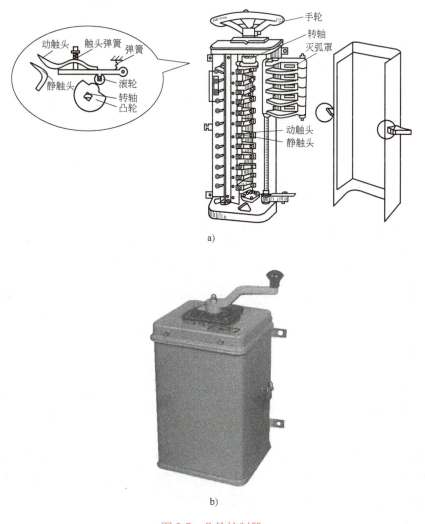

图 3-7　凸轮控制器

a）凸轮控制器的结构　b）KT14系列凸轮控制器的外形

（1）凸轮控制器型号　KT 系列凸轮控制器的意义如下：

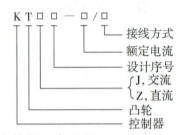

（2）常用凸轮控制器的技术数据　常用的 KTJ1 和 KT14 系列凸轮控制器的技术数据见表 3-2、表 3-3。

表 3-2　KTJ1 系列凸轮控制器技术数据

型号	额定电流/A	工作位置数		控制器额定功率/kW		通电持续率在40%以下的工作电流/A	操作频率/（次/h）
		向前（上升）	向后（下降）	220V	380V		
KTJ1—50/1	50	5	5	16	16	75	600
KTJ1—50/2		5	5	—	—	75	
KTJ1—50/3		1	1	11	11	75	
KTJ1—50/4		5	5	11	11	75	
KTJ1—50/5		5	5	2×11	2×11	75	
KTJ1—50/6		5	5	11	11	75	
KTJ1—80/1	80	6	6	22	30	120	
KTJ1—80/2		6	6	22	30	120	
KTJ1—80/5		5	5	2×7.5	2×7.5	120	
KTJ1—150/1	150	7	7	60	100	225	

表 3-3　KT14 系列凸轮控制器技术数据

型号	额定电压/V	额定电流/A	工作位置数		触头数	在通电持续率为25%时所能控制的电动机最大功率/kW	操作频率/（次/h）
			向前（上升）	向后（下降）			
KT14—25J/1	380	25	5	5	12	11	600
KT14—25J/2			5	5	17	2×5.5	
KT14—25J/3			1	1	7	5.5	
KT14—60J/1		60	5	5	12	30	
KT14—60J/2			5	5	17	2×11	
KT14—60J/4			5	5	13	2	

2. 主令控制器

主令控制器主要适用于交流 50Hz，电压不大于 380V 及直流不大于 220V 的电路中，用于频繁地按顺序操纵多个控制回路和转换控制电路，多用作起重机磁力控制屏等各类型电子驱动装置的遥控。常见主令控制器的外形如图 3-8 所示。

3. 控制器的使用与维护

1）起动操作时，手轮转动不能太快，应逐级起动，防止电动机的冲击电流超过过电流继

图 3-8　常见主令控制器的外形

电器的整定值。

2）控制器停止使用时，应将手轮准确地停在零位。

3）控制器要保持清洁，经常清除导电金属粉尘；转动部分应定期加以润滑。

4）控制器应根据所控设备上的交流（直流）电动机的起动、调速、换向的技术要求和额定电流来选择。

4. 凸轮控制器的常见故障与处理方法（见表 3-4）

表 3-4　凸轮控制器的常见故障与处理方法

故障现象	产生原因	处理方法
主电路主触头间短路	1）灭弧罩破裂 2）触头间绝缘损坏 3）手轮转动过快	1）更换灭弧罩 2）更换凸轮控制器 3）降低手轮转动速度
触头熔焊	1）触头弹簧脱落或断裂 2）触头脱落或磨光	1）更换触头弹簧 2）更换触头
操作时有卡轧现象及噪声	1）滚动轴承损坏 2）异物嵌入凸轮或触头	1）更换轴承 2）清除异物

3.3.2　15/3t 桥式起重机电气控制电路分析

15/3t 桥式起重机电气控制电路如图 3-9（见文后插页）所示。

1. 电气设备及保护装置

15/3t 桥式起重机大车两侧的主动轮分别由两台规格相同的电动机 M3 和 M4 拖动，用一台凸轮控制器 QM3 控制，两台电动机的定子绕组并联在同一电源上；YB3 和 YB4 为交流电磁制动器；行程开关 SQ5 和 SQ6 用于大车前后两个方向的终端保护。

主钩由一台电动机 M5 拖动，用一台主令控制器 SA 和一台磁力控制屏控制，YB5 和 YB6 为交流电磁制动器，提升限位开关为 SQ9。

副钩用一台电动机 M1 拖动，由一台凸轮控制器 QM1 来控制，YB1 为交流电磁制动器，SQ4 为副钩提升的限位开关。

总电源由断路器 QF1 控制，整个起重机电路和各控制电路均用熔断器作为短路保护，起重机的导轨应当可靠地接零。在起重机上，每台电动机均由各自的过电流继电器作为分路过载保护，过电流继电器是双线圈式的，其中任一线圈的电流超过允许值时，都能使继电器动作，断开常闭触头，切断电动机电源；过电流继电器的整定值整定在被保护的电动机额定电流的 2.25～2.5 倍，总电流过载保护的过电流继电器 KUC 串联在公用线的一相中，它线圈中的电流将是流过所有电动机定子电流的和，它的整定值不应超过全部电动机额定电流总和的 1.5 倍。

为了保障维修人员的安全，在驾驶室舱口门盖及横梁栏杆门上分别装有安全行程开关 SQ1、SQ2、SQ3，其常开触头与过电流继电器的常闭触头串联，若有人由驾驶室舱口或从大车轨道跨入桥架时，安全行程开关将随门的开启而断开触头，使主接触器 KM1 因线圈断电而释放，切断电源；同时主钩电路的接触器也因控制电源断电而全部释放，这样起重机的全部电动机都不能起动运行，保证了人身的安全。

起重机还设置了零位联锁，所有控制器的手柄都必须扳回零位后，按起动按钮 SB1，起重机才能起动运行；联锁的目的是为了防止电动机在电阻切除的情况下直接起动，否则会产生很大的冲击电流而造成事故。

在驾驶室的保护控制盘上安装有一个单刀紧急开关 SA2，其串联在主接触器 KM1 的线圈电路中，通常是合上的；当发生紧急情况时，操作员可立即拉开此开关，切断电源以防事故扩大。

断路器、熔断器、主接触器 KM1 以及过电流继电器都安装在保护控制盘上；保护控制盘、凸轮控制器及主令控制器均安装在驾驶室内，便于司机操纵；电动机转子的串联电阻及磁力控制屏则安装在大车桥架上。

供给起重机的三相交流电源（380V）由电刷从滑触线（导电轨）引接到驾驶室的保护控制盘上，再从保护控制盘引出两相电源送至凸轮控制器、主令控制器、磁力控制屏及各台电动机。另外一相称为电源的公用相，直接从保护控制盘接到各电动机的定子绕组接线端上。

安装在小车上的电动机、交流电磁制动器和行程开关的电源都是从滑触线上引接的。

2. 电气控制电路分析

（1）主接触器 KM1 的控制　在起重机投入运行前，应当将所有凸轮控制器的手柄扳到"零位"，则凸轮控制器 QM1、QM2 和 QM3 在主接触器 KM1 控制电路（7-9 区）的常闭触头都处于闭合状态，然后按下保护控制盘上的起动按钮 SB1，KM1 线圈得电吸合，KM1 主触头闭合，使各电动机三相电源进线通电；同时，接触器 KM1 的常开辅助触头（7 区）闭合自锁，主接触器 KM1 线圈便从另一条通路得电。但由于各凸轮控制器的手柄都扳在零位，只有 L1 相电源送入电动机定子，L2 和 L3 两相电源没有送到电动机定子绕组，故电动机还不会运转，必须通过凸轮控制器控制电动机运转。

（2）凸轮控制器的控制　15/3t 桥式起重机的大车、小车和副钩都是由凸轮控制器控制的。

现以小车为例来分析凸轮控制器 QM2 的工作情况。起重机投入运行前，把小车凸轮控制器的手柄扳到"零位"，此时大车和副钩的凸轮控制器也都放在"零位"，然后按下起动按钮 SB1，主接触器 KM1 线圈得电吸合，KM1 主触头闭合，总电源被接通。当手柄扳到向前位置的任一档时，凸轮控制器 QM2 的主触头闭合，分别将 V4、2M3 和 W4、2M1 接通，电动机 M2 正转，小车向前移动；反之将手柄扳到向后位置时，凸轮控制器 QM2 的主触头闭合，分别将 V4、2M1 和 W4、2M3 接通，电动机 M2 反转，小车向后移动。

当将凸轮控制器 QM2 的手柄扳到第一档时，5 对常开触头（4 区）全部断开，小车电动机 M2 的转子绕组串联全部电阻，此时电动机转速较慢；当凸轮控制器 QM2 的手柄扳到第二档时，最下面一对常开触头闭合，切除一段电阻，电动机 M2 加速。这样，凸轮控制器手柄从一档循序转到下一档的过程中，触头逐个闭合，依次切除转子电路中的起动电阻，直至电动机 M2 达到额定的转速下运转。

大车的凸轮控制器的工作情况与小车的基本类似。但由于大车的一台凸轮控制器 QM 同时控制 M3 和 M4 两台电动机，因此多了 5 对常开触头，以供切除第二台电动机转子绕组的串联电阻用。

副钩的凸轮控制器 QM1 的工作情况与 QM2 相似，但由于副钩带有负载，并考虑到负载的重力作用，在下降负载时，应把手柄逐级扳到"下降"的最后一档，然后根据速度要求逐级退回升速，以免引起快速下降造成事故。

当运转中的电动机需反方向运转时，应将凸轮控制器的手柄先扳回到"零位"，并略微停顿一下，再作反向操作，以减小反向时的冲击电流，同时也使传动机构获得较平稳的反向过程。

（3）主令控制器的控制　由于主钩电动机 M5 的功率较大，应使其在转子电阻对称的情况下工作，使三相转子电流平衡，故采用了主令控制器 SA 来控制。

15/3t 桥式起重机控制主钩升降的主令控制器有 12 副触头（SA1~SA12），可以控制 12 条回路。

主钩上升时，主令控制器 SA 的动作与凸轮控制器的动作基本类似，但它是通过接触器来控制的。当接触器 KM2 和 KM4 线圈得电吸合时，主钩即上升。

主钩的下降有 6 挡位置，"C""1""2"档为制动下降位置，即使重负载低速下降，形成反接制动状态；"3""4""5"档为强力下降位置，主要用于轻负载快速下降。下面分析主令控制器的工作情况。

先合上电源开关 QS3，并将主令控制器 SA 的手柄扳到"C"位置，触头 SA1 闭合，欠电压继电器 KA 因线圈得电（18 区）而吸合，其常开触头闭合（19 区）自锁，为主钩电动机 M5 工作做好准备。

1）扳到制动下降档"C"时：主令控制器 SA 的 SA3、SA6、SA7、SA8 闭合，行程开关 SQ9 也闭合，接触器 KM2、KM9、KM10 因线圈得电而动作。由于触头 SA4 分断，故制动接触器 KM4 线圈未得电，制动器的抱闸未松开。尽管上升接触器 KM2 已得电而动作，电动机 M5 已得电并产生了提升方向的转矩，但在制动器的抱闸和负载的重力作用下，迫使电动机 M5 不能起动旋转。此时，转子电路接入 4 段起动电阻，为起动做准备。

2）扳到制动下降档"1"时：主令控制器 SA 的触头 SA3、SA4、SA6、SA7 闭合，制动接触器 KM4 线圈得电吸合，电磁制动器 YB5、YB6 的抱闸松开；同时接触器 KM2、KM9 线圈得电吸合。由于触头 SA8 断开，使接触器 KM10 因线圈断电而释放，转子电路接入 5 段电阻，同时使电动机 M5 产生的提升方向的电磁转矩减小；若此时负载足够大，则在负载重力的作用下，电动机开始反向（重物下降）运转，电磁转矩成为反接制动转矩，负载低速下降。

3）扳到制动下降档"2"时：主令控制器 SA 的触头 SA3、SA4、SA6 闭合，SA7 断开，接触器 KM9 断电释放，此时转子电阻被全部接入，使电动机向提升方向的转矩进一步减小，负载下降速度比"1"档位置时增加。这样可以根据负载情况选择第二档位置或第三档位置，作为负载合适的下降速度。

4）扳到强力下降档"3"时：主令控制器 SA 的触头 SA2、SA4、SA5、SA7、SA8 闭合，SA3 断开，把上升行程开关 SQ9 从控制回路中切除；SA6 断开，上升接触器 KM2 因线圈断电而释放；SA5 闭合，下降接触器 KM3 因线圈得电而吸合；SA7、SA8 闭合，接触器 KM9、KM10 因线圈得电而吸合，使转子电路中有 4 段电阻，制动接触器 KM4 通过 KM2 的常开触头（23 区）闭合自锁。若保证在接触器 KM2 与 KM3 的切换过程中保持通电松闸，就不会产生机械冲击。这时，负载在电动机 M5 反转矩（下降方向）的作用下开始强力下降。负载在电动机转矩作用下下降，称为强力下降。

5）扳到强力下降档"4"时：主令控制器 SA 的触头 SA2、SA4、SA5、SA7、SA8、SA9、SA10、SA11、SA12 闭合，接触器 KM5 因线圈得电而吸合，KM5 常开触头（28 区）闭合，接触器 KM6、KM7、KM8 因线圈先后得电而吸合，使它们的常开触头依次闭合，电阻被逐级切除，从而避免过大的冲击电流；最后，电动机 M5 以最高速度运转，负载加速下降。在这个位置上，下降较重负载时，负载转矩大于电磁转矩，转子转速大于同步转速，电动机成为发电制动状态。

如果要取得较低的下降速度。就需要把主令控制器扳回到制动下降档"1""2"进行反接制动下降。为了避免在转换过程中产生过高的下降速度，可用 KM8 的常开触头（31 区）自锁；同时，为了不影响提升的调速，在联锁电路中再串联一副 KM3 的常开触头（26 区）。如果没有以上的联锁装置，则当手柄扳向"零位"回转时，如果要在下降过程中停下来，或要求低速下降，一旦操作人员不小心把手柄停留在档位"3"或"4"上，那么下降速度就要增加，不仅会产生冲击电流，且可能发生事故。

在磁力控制屏电路中，串联在接触器 KM2 线圈电路中的 KM8 常闭触头（22 区）与接触器 KM2 的常开触头（21 区）并联，只有在接触器 KM8 线圈断电的情况下，接触器 KM2 线圈才能得电并自锁，这就保证了只有在转子电路中保持一定的附加电阻的前提下才能进行反接制动，以防止反接制动时造成过大的冲击电流。

3.3.3 15/3t 桥式起重机常见电气故障的分析与检修

（1）合上断路器 QF1 并按 SB1 后，主接触器 KM1 不吸合

1）线路无电压。可用万用表测试断路器 QF1 进线端电压是否正常，并查清原因，予以清除。

2）熔断器 FU1 熔断。更换熔断器 FU1 的熔体。

3）紧急开关 SA2 或安全行程开关 SQ1、SQ2、SQ3 未合上。只要合上紧急开关 SA2 或安全行程开关 SQ1、SQ2、SQ3 即可。

4）主接触器 KM1 线圈断路。可更换接触器 KM1 线圈。

5）凸轮控制器没在"零位"，则触头 QM1、QM2、QM3 断开。应将所有凸轮控制器的手柄扳到"零位"。

（2）合上断路器 QF1 并按下按钮 SB1 后，主接触器 KM1 吸合，但过电流继电器动作　这种故障的原因一般是凸轮控制器电路接地。检修时可将保护配电盘上凸轮控制器的导线都断开，然后再将 3 个凸轮控制器逐个接上，根据过电流继电器的动作确定接地的凸轮控制器，并用绝缘电阻表找出接地点。

（3）当电源接通并合上凸轮控制器后，电动机不转动

1）凸轮控制器的动触头与静触头未接触。应检查凸轮控制器的动触头与静触头，并使其接触良好。

2）电刷发生故障。检查电刷并使其接触良好。

3）电动机定子绕组或转子绕组断路。可依次检查电动机定子绕组的接线端、定子绕组和转子绕组，并修复断路处。

（4）当电源接通并合上凸轮控制器后，电动机起动运转，但不能发出额定功率，且转速降低

1）线路电压下降。检查电压下降的原因并修复。

2）制动器未完全松开。检查并调整制动器。

3）转子电路中串联的起动电阻未完全切除。检查凸轮控制器中串联起动电阻器的接线端接触是否良好，并调整接线端。

4）凸轮控制器机械卡阻。检查并排除机械卡阻。

（5）凸轮控制器在工作时动触头与静触头冒火甚至烧坏

1）控制器的动触头与静触头接触不良。应调整动触头与静触头间的压力。

2）控制器过载。减轻负载或调为较大容量的凸轮控制器。

（6）制动电磁铁响声较大

1）制动电磁铁过载。应减轻负载或调整弹簧压力。

2）铁心板面有油污。应清除油污。

（7）制动电磁铁线圈过热

1）电磁铁线圈电压与线路电压不符。应更换电磁铁线圈，如果是三相电磁铁，可将△联结改成Y联结。

2）电磁铁的牵引力过载。应调整弹簧压力或重锤位置。

3）在工作位置上，电磁铁的可动部分与静止部分有间隙。可调整电磁铁的机械部分，减小间隙。

4）制动器的工作条件与线圈工作条件不符。可更换符合工作条件的线圈。

5）电磁铁铁心歪斜或机械卡阻。应清除机械卡阻物并调整铁心位置。

3.4　B2012A 型龙门刨床电气控制系统

刨床是使用刨刀对加工工件的平面、沟槽或成形表面等进行刨削的机床。刨床主要有牛头刨床、龙门刨床和单臂刨床等。牛头刨床中由滑枕带着刀架做直线往复运动；龙门刨床由工作台带着工件通过龙门框架做直线往复运动；单臂刨床与龙门刨床的区别是前者只有一个立柱，故适用于宽度较大而又不需在整个宽度上加工的工件。现以 A 系列 B2012A 型龙门刨

床为例进行说明，该机床的型号意义如下：

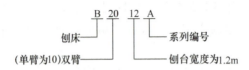

B2012A 型龙门刨床主要用来加工各种平面、斜面、槽以及大而狭长的机械零件。其运动方式较多，结构复杂，外形如图 3-10a 所示。A 系列龙门刨床电气控制系统既包括交/直流电动机、电器的继电-接触式控制，又包括多种反馈控制，属于复合控制系统。

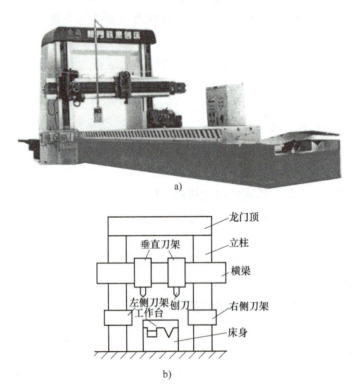

图 3-10　B2012A 型龙门刨床的外形和结构示意图

a）外形　b）结构示意图

3.4.1　生产工艺对 A 系列龙门刨床电气控制系统的要求

B2012A 型龙门刨床电气控制系统主要是控制工作台的，其生产工艺主要是刨削（或磨削）大而狭长的机械零件。控制目标是控制工作台自动往复循环运动和调速。其控制要求如下：

1. 调速范围要宽

$D = n_{max}/n_{min} = 10 \sim 30$，低速档：$6 \sim 60 \text{m/min}$，高速档：$9 \sim 90 \text{m/min}$，每档都是 10∶1，由电气控制无级调速，高低档由一级齿轮变速。刨削时最低速为 4.5m/min，磨削时最低速为 1m/min。

2. 自动循环，速度可调

切削加工时应可以慢速切入和切出，以保护工件和刀具，切削速度可调；返回换向前要自动减速制动，换向后要自动加速起动，返回速度要可调且高速，以缩短非生产时间，提高生产效率。总之，要完成图 3-11 所示的各种工况。

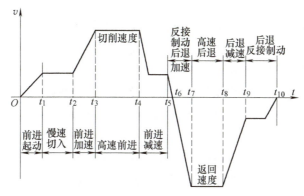

图 3-11　工作台运行速度曲线

图 3-11 中：

$O \sim t_2$ 段表示工作台起动，刨刀切入工件的阶段，为了减小刨刀刚切入工件的瞬间，刀具所受的冲击及防止工件被崩坏，此阶段速度较低。

$t_2 \sim t_4$ 段为刨削段，工作台加速至正常的刨削速度。

$t_4 \sim t_5$ 段为刨刀退出工件段，为防止边缘被崩裂，同样要求速度较低。

$t_5 \sim t_8$ 段为返回段，返回过程中，刨刀不切削工件，为节省时间，提高加工效率，返回速度应尽可能高些。

$t_8 \sim t_{10}$ 段为缓冲区。返回行程即将结束，再反向到工作速度之前，为减小对传动机械的冲击，应将速度降低，之后进入下一周期。

3. 过渡过程要快速、平稳

工作台经常处于起动、加速、减速、制动及换向的过渡过程中，稳态时间很少，必须尽量缩短过渡过程（为提高生产率）。

4. 静特性要好，静差度要小

为提高加工表面质量，必须尽量减小负载变化所引起的速度波动，一般要求静差度 $s = (n_0 - n_e)/n_0 \leqslant 5\% \sim 10\%$。同时，系统应具有"挖掘机"一样的软特性，以保护机械及电动机。其静特性如图 3-12 所示。

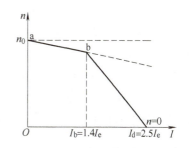

图 3-12　工作台的静特性

（1）低速区　工作台运动速度较低时，此时刨刀允许的切削力由电动机最大转矩决定。电动机确定后，即确定了低速加工时的最大切削力。因此，在低速加工区，电动机为恒转矩输出。

（2）高速区　速度较高时，此时切削力受机械结构的强度限制，允许的最大切削力与速度成反比，因此，电动机为恒功率输出。

5. 其他要求

1）进给运动（刀架）要能点动、自动快进与工进。

2）辅助运动（抬刀、放刀、横梁升降、夹紧）要可靠。

3）设置必要的过载、联锁、限位等保护环节。

3.4.2　B2012A 型龙门刨床电气控制系统组成

目前国内外龙门刨床采用的主传动系统主要有三种形式：晶闸管-直流电动机系统（SCR-M 系统）、直流发电机-直流电动机系统（G-M 系统）和感应电动机-电磁离合器系统（I-C 系统）。SCR-M 系统技术上已很成熟，但因为要实现正反转运行，使得电路复杂程度大大增加，工作可靠性降低，价格较高。G-M 系统有良好的控制性能，在刨床中大量采用，但其设备庞大，价格昂贵且效率不高。I-C 系统依靠电磁离合器实现正反转，离合器磨损严重，工作稳定性欠佳且不便于调速，仅用于轻型龙门刨床。

我国现行生产的龙门刨床的主拖动方式以 G-M 系统及 SCR-M 系统为主，A 系列龙门刨床采用电机扩大机作为励磁调节器的 G-M 系统，通过调节直流电动机电压来调节输出速度，并采用两级齿轮变速箱变速的机电联合调节方法。

图 3-13 所示为 B2012A 型龙门刨床电气设备及控制系统相互关系框图。

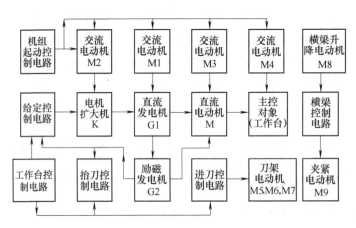

图 3-13　B2012A 型龙门刨床电气设备及控制系统相互关系框图

图 3-13 中，龙门刨床共有 13 台电机，其中 4 台直流电机：K、G1、G2、M 组成主拖动系统；9 台交流电动机辅助主拖动系统完成控制。交流电动机 M1 用来驱动直流发电机 G1 和励磁发电机 G2 旋转；交流电动机 M2 拖动电机扩大机 K 旋转；交流电动机 M3 用来给直流电动机 M 通风；交流电动机 M4 为工作台润滑。

龙门刨床的电气控制系统包括：主拖动系统的控制、工作台的控制、给定控制、刀架自动进给与抬刀控制、横梁升降的控制等。

3.4.3　B2012A 型龙门刨床电气控制电路分析

龙门刨床的电气控制电路比较复杂，首先将其分解为若干个相对独立的组成部分，如：交流电动机主电路、给定控制电路、机组起动控制电路、刀架控制电路、横梁控制电路、工作台控制电路等，然后逐个进行研究并简化，这就是"化整为零""先易后难"。因为各组成部分并非绝对独立的，它们相互之间彼此关联，因此最后还要加以整合。

B2012A 型龙门刨床电气控制电路如图 3-14 所示。

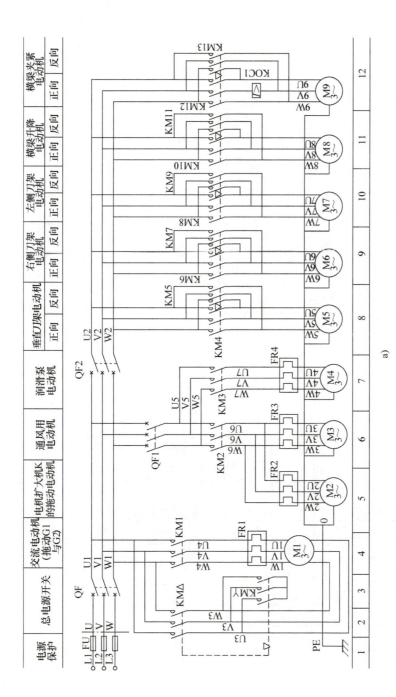

图 3-14 B2012A 型龙门刨床电气控制电路

a) 交流电动机主电路

80

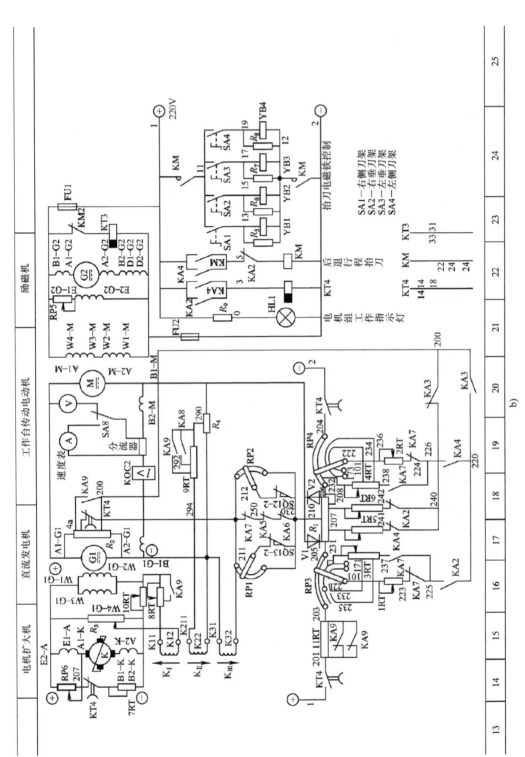

图 3-14　B2012A 型龙门刨床电气控制电路（续）

b）给定稳制电路

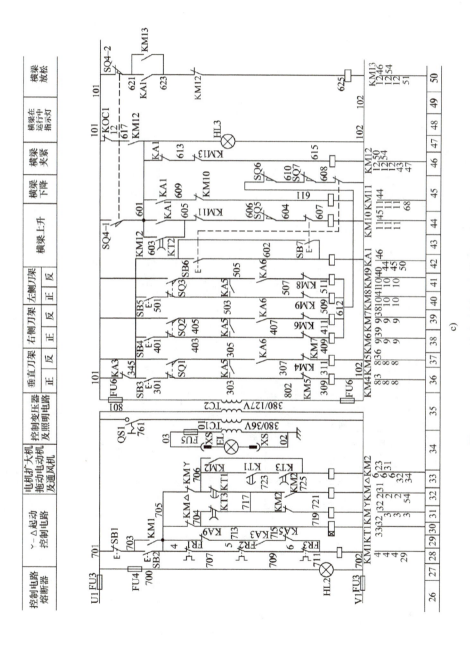

图3-14 B2012A型龙门刨床电气控制电路（续）

c）机组起动控制电路（一）

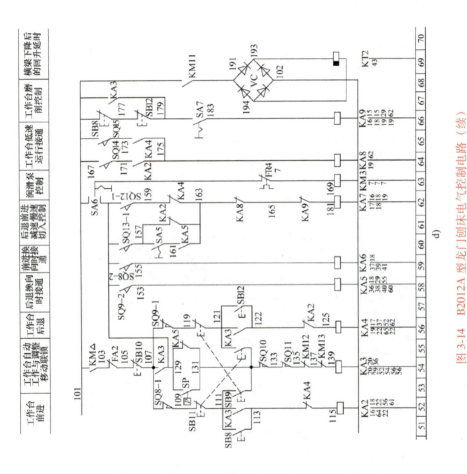

图 3-14 B2012A 型龙门刨床电气控制电路（续）

d）机组起动控制电路（二）

1. 交流电动机主电路

图 3-14a 所示为 9 台交流电动机的主电路，其中 M1 与直流发电机 G1 及励磁发电机 G2 同轴连接，并拖动 G1 和 G2 旋转；交流电动机 M2 与交磁扩大机 K 同轴连接，并拖动 K 旋转；交流电动机 M3 安装在直流电动机 M 的上面，用于通风；交流电动机 M4 安装在床身右侧，用于润滑；交流电动机 M5 安装在横梁右侧，用于垂直刀架水平进刀和垂直进刀；交流电动机 M6 和 M7 均安装在右侧立柱上，用于左右侧刀架上下运动；交流电动机 M8 安装在立柱顶上，用于横梁升降；交流电动机 M9 安装在横梁中间，用做横梁夹紧。

2. 给定控制电路

图 3-14b 所示为给定控制电路，图中 K_I、K_{II}、K_{III} 为交磁扩大机的控制绕组，分别引入给定信号和各种反馈信号。

控制绕组 K_{III}（15 区）与调速电位器 RP3（16 区）、RP4（19 区）、电阻 R_1（17 区）及 R_2（17 区）组成交磁扩大机给定信号回路，供给交磁扩大机励磁电压。当需要工作台前进时，G2 发出的直流电压就加在 RP3、R_1 和 RP4 上，并通过 RP3 的滑臂取出相对于 R_1 中点的极性为正的给定电压，经 R_2 加在控制绕组 K_{III} 上；当需要工作台后退时，通过 RP4 的滑臂取出相对于 R_1 中点的极性为负的给定电压，经 R_2 加在控制绕组 K_{III} 上。

3. 机组起动控制电路

图 3-14c、d 所示为机组起动控制电路，控制过程分析如下：

1）合上断路器 QF（2 区），QF1（6 区）电源指示灯 HL2（27 区）亮。

2）按下起动按钮 SB2（28 区），线圈 KM1、KMY 及 KT1 得电。

3）因接触器 KM1（28 区）线圈得电，KM1 常开触头（703、705）闭合，电路自锁；同时 KM1 主触头（4 区）闭合，电动机 M1 定子绕组接通三相电源。

4）由于接触器 KMY 线圈（31 区）得电，其主触头（3 区）闭合，电动机 M1 Y 联结减压起动，同轴连接的直流发电机 G1 和 G2 运转。

5）随着励磁发电机 G2 发电，若输出电压升高至 $75\%U_N$，时间继电器 KT3 线圈（23 区）得电，因 KT3 常闭触头（704、717）瞬时断开，使接触器 KMY 线圈断电，则电动机 M1 断电后惯性运转，另一方面 KMY 联锁触头（705、706）复位；同时，KT3 常开触头（723、725）瞬时闭合。

6）时间继电器 KT1 线圈（30 区）得电后，一对触头（706、717）延时（3～4s）断开；另一对触头（706、723）延时（3～4s）闭合。

7）接触器 KM2（33 区）线圈得电，其各对触头动作如下：

① KM2 主触头闭合，电动机 M2 和 M3 运行。

② KM2 的辅助常闭触头（23 区）断开，KT3 线圈断电。

③ KM2 的常闭触头断开（717、719），联锁接触器 KMY。

④ KM2 的常开触头（717、721）闭合。

8）因 KT3 线圈断电，一方面其触头（704、717）延时（1s）闭合，接触器 KM△线圈得电，KM△主触头闭合，电动机 M1 △联结运行（M1 起动完毕）；另一方面，其触头（723、725）延时（1s）断开。

9）接触器 KM△的常闭触头（704、705）断开，时间继电器 KT1 线圈断电；KM△（54

区）常开触头（101、103）闭合，为刨台起动创造条件。

由上可见，由于时间继电器 KT3 的存在，保证了只有励磁发电机 G2 正常工作时，KT3 和 KM2 才可能吸合，M1 才可能完成 Y-△ 起动。同时因 KM△ 的常开触头（54 区）接在工作台的控制电路中，保证了电动机 M 不会在没有磁场或弱磁的情况下运行。电动机 M2 起动后，拖动交磁扩大机 K 起动运转。

热继电器 FR1、FR2 和 FR3 分别作为交流电动机 M1、M2 和 M3 的过载保护。当三台电动机中任一台电动机过载时，使其相关的热继电器常闭触头断开（28 区），由于有中间继电器 KA5、KA3、KA9 触头的一条通路（29 区），接触器 KM1 线圈不会立即断电释放；只有当工作台后退换向时，中间继电器 KA5 的常闭触头断开，接触器 KM1 线圈才会断电释放，从而保证了工作台始终停止在后退终了的位置上。

4. 工作台控制电路

B2012A 型龙门刨床的工作台应能满足三种速度要求，如切削速度与冲击力为刀具所能承受时，可利用转换开关取消慢速切入环节，如图 3-15a 所示；当进行磨削加工时，可利用转换开关把慢速切入和后退减速环节取消，如图 3-15b 所示。

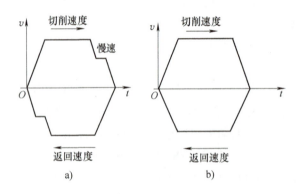

图 3-15　B2012A 型龙门刨床工作台的速度图
a）取消慢速切入环节　b）取消慢速切入和后退减速环节

如图 3-16 所示，工作台自动循环是由装在床身侧面的 6 个行程开关 SQ8、SQ9、SQ10、SQ11、SQ12、SQ13（都采用滚动-瞬动-自动复位式结构），配合工作台交流控制电路及直流部分来完成的。利用行程开关的动作控制交流继电器的通断，而交流继电器触头的通断控制直流电路，使电机扩大机的控制绕组得到了不同的反馈信号，经放大后供给直流发电机励磁绕组以强弱不同的电压；而主拖动电动机根据发电机供给的高低不同的电压，来拖动工作台实现各种工作状态。

图中挡铁 AB 和挡铁 CD 位于不同的平面内，如工作台前进到一定位置时，先是挡铁 AB 中的撞块 A 碰撞行程开关 SQ12，以发出"前进减速"的控制信号，使刀具在工作台低速下离开工件；然后撞块 B 将压下行程开关 SQ8，发出"前进停止"和"反向后退"的控制信号，工作台经过一段越位（工件离开刀具一段距离）开始后退，若此时行程开关 SQ8 失灵不起作用，工作台继续前进，则撞块致使终端保护的行程开关 SQ10 动作，发出"超程"信号，使工作台立刻停止前进。

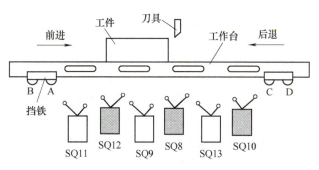

图 3-16 工作台行程开关的零位状态

在工作台后退行程中，挡铁 CD 压下行程开关 SQ13、SQ9 和终端保护行程开关 SQ11 的工作情况与上述类似。

工作台控制电路具有工作台自动循环、步进、步退、制动和调速等控制。

（1）工作台的自动循环控制　工作台的自动循环要求按慢速前进（刀具切入工件）→工作速度前进（刀具切削工件）→减速前进（刀具离开工件）→反向快速退回（迅速制动、停止并反向起动到快速退回）→减速退回（退回结束前）的程序自动控制。

1）工作台慢速前进：设工作台自动循环开始前，已返回到最初位置，即撞块 C、D 压下行程开关 SQ13 和 SQ9，使常闭触头 SQ13-2（17 区）和 SQ9-1（56 区）断开，常开触头 SQ13-1（60 区）和 SQ9-1（56 区）闭合。此时位置开关 SQ8 和 SQ12 处于未动作状态。

按下"前进"按钮 SB9（53 区），中间继电器 KA3 线圈得电，KA3 的常开触头（54 区）闭合自锁，中间继电器 KA5 线圈得电。KA3 的常开触头（52 区）闭合，中间继电器 KA2 线圈得电，KA2 在直流电路中的常开触头（22 区）闭合，使时间继电器 KT4 线圈得电吸合，KT4 的两对常开触头（14 区和 20 区）瞬时闭合，使 K$_\text{III}$ 接通直流电源。此时 KA5 常闭触头（55 区）虽已断开，但由于润滑泵电动机 M4 已起动工作，并达到一定的压力，使压力继电器的常开触头 SP（53 区）闭合，故 KA3 线圈仍得电，KA3 在直流励磁电路中的常开触头（220、200）闭合。由于转换开关 SA5（60 区）已处于接通的位置上，当 KA5 的常开触头（60 区）闭合时，中间继电器 KA7 线圈得电。此时，工作台自动工作、工作台前进及前进减速（慢速切入）的电路全部接通。

在直流电路中，中间继电器 KA2 及 KA7 的常开触头（16 区和 17 区）闭合，同时由于 KA5 和 KA7 的常闭触头（18 区）断开，使 RP1 全部电阻与 RP2 部分电阻接入控制绕组 K$_\text{III}$ 回路，电机扩大机控制绕组 K$_\text{III}$ 中便加入综合电压。此时因励磁电压降低且串入了较大的电阻，故加于电机扩大机控制绕组 K$_\text{III}$ 的给定电压较低，电机扩大机和直流发电机的输出电压也较低，直流电动机即以低速运行，使工作台在慢速下切入工件。

当工作台以工作速度前进或快速后退时，RP1 与 RP2 是被短路的。当工作台减速或换向时，RP1 与 RP2 接入控制绕组 K$_\text{III}$ 回路，调节 RP1 的手柄位置，可以调节工作台前进减速及前进换后退时的越位大小和机械冲击力度。调节 RP2 的手柄位置，可以调节后退减速及后退反前进时的越位大小和机械冲击力度。

2）工作台以工作速度前进：当刀具切入工件后，要求工作台转以正常工作速度前进，这时撞块 C、D 中的撞块 D 离开行程开关 SQ9，常闭触头 SQ9-1 恢复闭合，为工作台退回做好准备；常开触头 SQ9-2 恢复断开，使中间继电器 KA5 线圈断电释放，KA5 的常开触头（60 区）恢复断开，中间继电器 KA7 的线圈断电释放，KA7 常开触头（17 区）断开，切断了工作台慢速前进回路。接着，撞块 C 离开行程开关 SQ13，其常开触头 SQ13-1（60 区）恢复断开，常闭触头 SQ13（17 区）恢复闭合。

由于 KA5 的常闭触头（250、230）、KA7 的两对常闭触头（16 区和 18 区）恢复闭合，此时中间继电器 KA2 的常开触头（16 区）仍闭合，使工作台加速到工作速度前进。调节 RP3 手柄的位置即可调节控制绕组 $K_{Ⅲ}$ 的励磁电压，也就改变了电机扩大机、直流发电机的输出电压，从而改变了直流电动机的转速，使工作台按指定的速度前进。同样，调节 RP4 手柄的位置，可调节工作台快速后退的速度。

3）工作台减速前进：当刀具将要离开工件时，又要求工作台转为减速前进。这时撞块 A 碰撞并压下行程开关 SQ12，使常开触头 SQ12-1 闭合（62 区），中间继电器 KA7 的线圈又得电动作，工作台又减速前进。由于 SQ12-2 常闭触头断开（18 区），RP2 全部接入控制绕组 $K_{Ⅲ}$ 回路中，并接入部分 RP1，使控制绕组 $K_{Ⅲ}$ 的励磁电流减小，给定电压降低，工作台转为减速前进。这样限制了反向过程中主回路冲击电流，减小对传动机构的冲击。

4）工作台反向快速退回：当刀具已离开工件，工作台前进行程结束时，撞块 B 将行程开关 SQ8 压动，其常闭触头 SQ8-1（52 区）断开，中间继电器 KA2 线圈断电释放，常开触头 SQ8-2（59 区）闭合，中间继电器 KA6 线圈得电，KA6 的常闭触头（230、210）断开，保证 RP1 和 RP2 在工作台反向时继续串联控制绕组 $K_{Ⅲ}$。

由于控制绕组 $K_{Ⅲ}$ 的给定电压极性相反，所以电机扩大机和直流发电机的输出电压极性也相反，电动机在反接制动状态下被制动停止，然后反向起动并加速，使工作台加速退回。

当工作台加速退回时，撞块 B 离开行程开关 SQ8，它的常闭触头 SQ8-1（52 区）恢复闭合，为中间继电器 KA2 线圈得电、工作台转换正向前进做准备。SQ8-2 常开触头（59 区）恢复断开，使中间继电器 KA6 线圈断电释放，KA6 的常闭触头（18 区）恢复闭合，切除了 RP1 和 RP2，使工作台快速退回。

在工作台快速退回的同时，由于 KA4 的常开触头闭合（22 区），接触器 KM 的线圈得电吸合，KM 的两对常开触头（24 区）闭合，接通了抬刀控制电路，转换开关 SA1～SA4 分别控制抬刀电磁铁 YB1～YB4 抬刀。要使用哪一个刀架，就将相应的转换开关扳到接通的位置上，使刀架在工作台快速退回时，自动抬刀。

5）工作台转为下一循环工作：工作台后退行程结束时，撞块 D 又碰撞行程开关 SQ9，常闭触头 SQ9-1 断开（56 区），中间继电器 KA4 线圈断电释放，切断工作台后退控制电路。KA4 的常闭触头（52 区）恢复闭合，使中间继电器 KA2 线圈得电吸合，工作台前进，控制电路再次接通。控制绕组所加电压又变为正向给定电压，刀具在工作台慢速前进时再次切入工件。每完成一次循环，就重复一次上述的运行过程，实现了工作台往返自动循环工作。

（2）工作台的步进和步退　有时为了调整机床，需要工作台步进或步退移动。这时与工作台联锁的中间继电器 KA3 未动作，KA3 的常开触头（20 区）断开了工作台自动循环工作时控制绕组 $K_{Ⅲ}$ 的励磁电路，工作台便可进行步进和步退控制了。

工作台步进控制即工作台点动前进控制。按下步进按钮 SB8，中间继电器 KA2 线圈得电，KA2 的常开触头（22 区）闭合，使时间继电器 KT4 线圈得电，KT4 的两对常开触头（14 区及 20 区）瞬时闭合，控制绕组 $K_{Ⅲ}$ 加入给定电压，此时 KA2 的常闭触头（18 区）是断开的。工作台便步进，由于中间继电器 KA3 不吸合，故 KA2 不能自锁，松开按钮 SB8，工作台便停止。工作台步进、步退控制电路如图 3-17 所示。

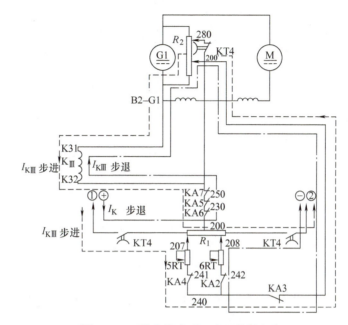

图 3-17　工作台的步进、步退控制电路

此时控制绕组 $K_{Ⅲ}$ 的给定电压较低，加之有限流电阻 5RT 或 6RT（调节 5RT 或 6RT 的阻值即可调节工作台"步进"或"步退"的速度）的限制，所以工作台"步进"或"步退"的速度并不高，这样的速度对于调整机床是合适的。

需要工作台的步退控制时，按动步退按钮 SB12（57 区），工作情况与步进相似，读者可自行分析。

（3）主拖动自动调整系统　电机扩大机具有较大的放大系数，采用电压负反馈、电流正反馈、电流截止负反馈和桥形稳定环节来调节直流发电机 G1 的励磁，从而调整直流电动机的转速和性能。

控制绕组 $K_{Ⅲ}$ 与电阻 R_2 组成电压负反馈电路，如图 3-18 所示。电阻 R_2 与直流发电机 G1 的电枢并联，从 R_2 的一段电阻上取出电压负反馈信号 U_{FB} 和电机扩大机给定信号 U_g，以相反的极性串联而加在控制绕组 $K_{Ⅲ}$ 上，这个电压负反馈信号用于提高直流电动机 M 机械特性的硬度及加速直流电动机的起动、反向和停止的过渡过程。

控制绕组 $K_{Ⅲ}$ 中的电流为

$$I_{K_{Ⅲ}} = \frac{a_1 U_g - a_2 U_G}{R_3} \tag{3-1}$$

式中，R_3 为控制绕组 $K_{Ⅲ}$ 回路的总电阻。

控制绕组 $K_{Ⅲ}$ 中产生的磁动势为

$$F_{MK_{Ⅲ}} = \frac{a_1 U_g - a_2 U_G}{R_3} W_{K_{Ⅲ}} \tag{3-2}$$

式中，$W_{K\text{Ⅲ}}$ 为控制绕组 $K_\text{Ⅲ}$ 的匝数。

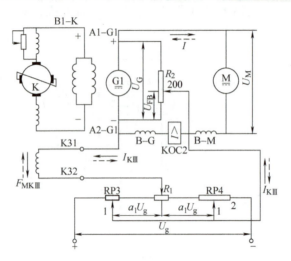

图 3-18　给定电压信号和电压负反馈电路

I—主电路电流　U_G—发电机端电压　U_g—给定信号电源电压

U_{FB}—反馈电压　a_1U_g—前进及后退工作速度的给定电压

控制绕组 $K_\text{Ⅲ}$ 与 R_1、RP1、RP2、VD1（或 VD2）及 VD2 组成电流截止负反馈电路，简化电路如图 3-19 所示。当直流发电机 G1 的换向绕组和电动机 M 的换向绕组与过电流继电器 KOC2 线圈以及 RP1、RP2 上的电压，大于电阻 R_1 上的 210～205 段或 210～206 段电压时，二极管 VD1（或 VD2）就导通，使控制绕组 $K_\text{Ⅲ}$ 有电流截止负反馈信号输入，以限制直流电动机 M 的最大电枢电流，防止过载。

控制绕组 $K_\text{Ⅱ}$ 与电阻 R_4 组成电流正反馈电路，如图 3-19 所示。当直流发电机 G1 的输出电压，经电阻 R_4 分压后形成的电流正反馈信号输入控制绕组 $K_\text{Ⅱ}$ 时，可进一步提高直流电动机机械特性的硬度，并加速起动、反向和停止的过渡过程。

控制绕组 $K_\text{Ⅰ}$ 与接在电机扩大机 K 输出端的电阻 R_3、10RT、发电机的励磁绕组和电阻 8RT 组成电桥稳定电路，如图 3-20 所示，以消除直流电动机的振荡现象。

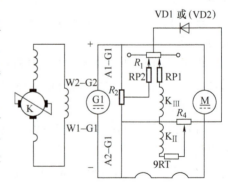

图 3-19　电流正反馈电路

（4）停车制动及自消磁电路　为了防止直流电动机因剩磁而在停车后出现"爬行"现象，以使工作台停车迅速、准确，工作台采用电压负反馈环节和欠补偿环节组成的自消磁电路，如图 3-21 所示，使电机扩大机与发电机消磁。

当工作台停车时，电机扩大机控制绕组 $K_\text{Ⅲ}$ 的励磁电压立即消失，而时间继电器 KT4 线圈断电释放，KT4 的一对常闭触头（18 区）延时闭合将发电机剩磁电压的大部分从电阻 R_2 中以电压负反馈的形式接入 $K_\text{Ⅲ}$ 控制绕组中，电机扩大机反向励磁，使交磁扩大机消磁，改变输出电压极性，从而使直流发电机 G1 也消磁。发电机 G1 的剩磁电压迅速减小，输出电压也随之减小。这时，由于机械系统的惯性，电动机的反电动势暂时不变，因此直流电动机 M 的反电动势大于直流发电机 G1 的感应电动势，电枢回路电流倒流，电动机发电制动，使工作台迅速停车。

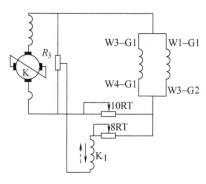

图 3-20　电桥稳定电路

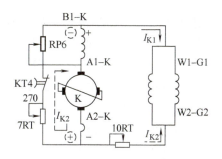

图 3-21　停车制动及自消磁电路

此时从电阻 R_4 上分压流入控制绕组 K_{II} 的电流正反馈环节，也对发电机消磁。

KT4 的另一对常闭触头（14 区）延时闭合，将电阻 7RT 并联到电机扩大机电枢两端，由于控制绕组的反向励磁，在电机扩大机电枢绕组 K_{III} 和电阻 7RT 上流过电流，这样就使电机扩大机补偿绕组中的电流更加小于电枢电流，电机扩大机处于过渡的欠补偿状态。电机扩大机的输出电压迅速下降，大大减小了对直流发电机的励磁，加强了停车的稳定性，使工作台准确停车，能消除高速停车时的振动。改变电阻 7RT 的阻值或时间继电器 KT4 的延时时间，能起到调节欠补偿能耗制动的作用。

（5）工作台的低速和磨削工作　中间继电器 KA9 的线圈串联在工作台磨削控制电路（66区）中，当工作台不磨削时，KA9 的常闭触头（29 区）是闭合的。

当需要工作台低速工作时，可调整 RP3 或 RP4 的触头，使中间继电器 KA8 线圈得电吸合，KA8 的常闭触头（62 区）断开，使继电器 KA7 不能得电；KA8 的常开触头（290、292）闭合，将控制绕组 K_{II} 所串联的电阻 9RT 短接了一段，加强了电流正反馈的作用，使工作台在低速下运行。

当需要龙门刨床磨削时，将操纵台上的转换开关 SA7（66 区）扳到磨削位置，使继电器 KA9 线圈得电，KA9 的常闭触头（62 区）断开，工作台前进减速电路断开，KA9 在直流回路中的常闭触头（15 区）断开，将电阻 11RT 接入给定励磁电路，减小给定励磁电压，工作台降低到磨削时所要求的速度。KA9 的常开触头（18 区）闭合，将电阻 R_2 上面一段短接，使电压负反馈增强，能降低工作台的速度。同时，KA9 的另一对常开触头（19 区）闭合，将 9RT 上的一段电阻短接，使电流正反馈增强，提高了调速系统的稳速性能。KA9 另一对常开触头（16 区）闭合，将稳定控制绕组 K_I 串联的电阻 8RT 短接一段，加强了稳定作用。

5. 刀架控制电路

B2012A 型龙门刨床装有左侧刀架、右侧刀架和两个垂直刀架，采用三台交流电动机 M5、M6 和 M7 来拖动。

刀架的控制电路能实现刀架的快速移动与自动进给，它是用装在刀架进刀箱上的机械手柄来选择的。刀架快速移动时，刀架进刀电动机的转动通过蜗轮、蜗杆和端面锯齿形离合器传给进刀齿轮，实现刀架快速移动。刀架要自动进给时，进刀电动机的转动，则通过双向超越离合器传递给进刀齿轮，实现刀架的自动进给。

（1）垂直刀架控制电路　两个垂直刀架都有快速移动和自动进给两种工作状态，每种工作状态有水平左右进刀、垂直上下进刀四个方向的动作，这些都是由一台交流电动机 M5 来完成的。

在调整机床时，有时为了缩短调整时间，需要刀架做快速移动，这时可将装在进刀箱上的机械手柄扳到快速移动位置，行程开关 SQ1 的常闭触头（36 区）闭合，常开触头（37 区）断开；并将装在刀架侧面的进刀手柄和装在进刀箱上选择方向的有关手柄放在所需位置，按下按钮 SB3（36 区），接触器 KM4 线圈得电，KM4 主触头（8 区）闭合，垂直刀架电动机 M5 起动运转，通过机械机构，带动垂直刀架向所需方向快速移动。垂直刀架快速移动时，中间继电器 KA5 和 KA6 的常开触头（36 区和 37 区）是断开的，故反转接触器 KM5 线圈不会获电。垂直刀架电动机 M5 能正反转，但刀架的上下和左右运动方向的改变是靠操作机械手柄来实现的。

当需要垂直刀架自动进给时，将手柄扳到自动进给位置，使行程开关 SQ1 压下，则常闭触头断开，常开触头闭合。当工作台后退换前进时，KA5 的常开触头（303、305）闭合，接触器 KM4 线圈得电，垂直刀架电动机 M5 正转，使刀架随选定的方向进刀；当工作台前进换后退时，中间继电器 KA6 的常开触头（305、307）闭合，接触器 KM5 线圈得电，垂直刀架电动机 M5 反转，使刀架复位，准备下一次进刀。

（2）左、右侧刀架控制电路　左、右侧刀架的工作情况与垂直刀架基本相似，不同的是左、右侧刀架只有上、下两个方向的移动；另一个不同点是左、右侧刀架电路是经过行程开关 SQ6 和 SQ7 的常闭触头和按钮 SB6 接通电源的。按下按钮 SB5，电动机 M7 起动运转，左侧刀架快速移动；当按下按钮 SB4 时，电动机 M6 起动运转，右侧刀架快速移动。

SQ6 和 SQ7 是刀架与横梁的位置开关。当开动左、右侧刀架向上运动或横梁向下运动时，碰到横梁上的行程开关 SQ6 或 SQ7，就会使刀架电动机自动停止转动，防止刀架与横梁碰撞。

6. 横梁控制电路

横梁有放松、夹紧及上、下移动等动作。横梁的放松与夹紧是由电动机 M9 来实现的；横梁上、下移动则由电动机 M8 来实现。

（1）横梁的上升　按横梁上升按钮 SB6（42 区），中间继电器 KA1 线圈得电，KA1 的常开触头（50 区）闭合；接触器 KM13 线圈得电，KM13 主触头闭合（12 区），电动机 M9 反转起动，通过机械机构使横梁放松；同时 KA1 的另一对常开触头（44 区）闭合，为横梁上升做准备。当横梁放松后，行程开关 SQ4 的常闭触头 SQ4-2（50 区）断开，使接触器 KM13 线圈断电，电动机 M9 停止运转，同时常开触头 SQ4-1（44 区）闭合，接触器 KM10 线圈得电，KM10 主触头闭合，电动机 M8 起动正转，横梁上升。

当横梁上升到所需位置时，松开按钮 SB6，KA1 线圈断电，KA1 的常开触头（44 区）断开，接触器 KM10 断电，电动机 M8 停转，横梁停止上升；同时 KA1 的常闭触头（46 区）恢复闭合，接触器 KM12 线圈得电，KM12 主触头（12 区）闭合，电动机 M9 正转，使横梁夹紧，随着横梁不断被夹紧，横梁夹紧电动机 M9 的电流逐渐增大；使过电流继电器 KOC1 动作，KOC1 的常闭触头（47 区）断开；接触器 KM12 线圈得电，电动机 M9 停转，横梁上升过程完成。

（2）横梁的下降　按横梁下降按钮 SB7，中间继电器 KA1 线圈得电，KA1 的常开触头（45 区）闭合，为横梁下降做准备；KA1 的另一对常开触头（50 区）闭合，接触器 KM13 线圈得电，KM13 主触头吸合，电动机 M9 反转，横梁放松；当横梁完全放松时，行程开关 SQ6 的常闭触头 SQ4-2（50 区）断开，接触器 KM13 线圈断电，电动机 M9 停转，同时常开触头 SQ4-1（44 区）闭合，使接触器 KM11 线圈得电，KM11 主触头吸合，电动机 M8 反转，横梁下降；KM11 的常开触头（68 区）闭合，直流时间继电器 KT2 的线圈得电动作，KT2 的常开触头瞬时闭合（43 区），为横梁下降后的回升做好准备；当横梁下降到需要位置时，松开按钮 SB7，中间继电器 KA1 线圈断电，KA1 常开触头（45 区）恢复断开，接触器 KM11 线圈断电，KM11 主触头断开，电动机 M8 停转，横梁停止下降；同时因 KA1 的常闭触头（46 区）恢复闭合，接触器 KM12 线圈得电，KM12 主触头闭合，电动机 M9 正转使横梁被夹紧；同时 KM12 的常开触头（43 区）闭合，使接触器 KM10 线圈得电，KM10 主触头吸合，电动机 M8 同时正转，使横梁在夹紧过程中同时回升。

此时，由于 KM11 的常开触头已断开（68 区），时间继电器 KT2 线圈已断电，KT2 的常开触头（43 区）延时断开，接触器 KM10 线圈断电，电动机 M8 停转，横梁回升完毕。此时，电动机 M9 继续正转，直至横梁完全被夹紧，过电流继电器 KOC1 动作，KOC1 的常闭触头（47 区）断开，接触器 KM10 线圈断电，电动机 M9 断电停转。横梁的夹紧程度可由过电流继电器 KOC1 的动作电流来调节。

3.4.4　B2012A 型龙门刨床常见电气故障的分析与检修

1. 直流电机组的常见故障与修理

（1）励磁发电机 G2 的常见故障

1）励磁发电机 G2 不发电。主要有以下原因：

① 剩磁消失而不能发电。可断开并励绕组与电枢绕组的连接线，然后在并励绕组中加入低于额定励磁电压的直流电源（一般在 100V 左右）使其磁化，充磁时间为 2~3min。如仍无效，将极性变换一下。

② 励磁绕组与电枢绕组连接极性接反而不能发电。只要将励磁绕组与电枢绕组连接正确即可。接线盒或控制柜内绕组接线端松脱，应将接线端拧紧。

2）励磁发电机空载电压较高。主要原因：如果电刷在中线上，一般为调节电阻与励磁发电机性能配合不好，可将励磁发电机的电刷顺旋转方向移动 1~2 片换向片距离，使输出电压为额定值。

3）励磁发电机空载电压正常，加负载后电压显著下降。出现这种情况，一般是平复励励磁发电机的串励绕组极性接反造成的，在接线盒内将串励绕组接头互换即可。

若换向极绕组接反，也会使励磁发电机输出电压下降，而使换向严重恶化，可以看到火花随负载的增加而明显增大。

（2）直流发电机 G1 不能发电　直流发电机励磁绕组接线错误，造成励磁绕组开路或接线端接错，同时造成两励磁绕组磁通方向相反，都会使发电机不能发电。

（3）直流电动机 M 接线后不能起动　当直流电动机励磁绕组的出线端 W1-M、W2-M 或

W3-M、W4-M 中有一组出线端极性接反时，则在这两组励磁绕组串联后，磁场被抵消，造成直流电动机不能起动。

（4）电机扩大机 K 出现故障

1）电机扩大机空载电压很低或不发电。首先检查控制绕组是否有断路或短路现象。若是断路，则不能励磁，但由于剩磁存在，故仍能发出 3%～15% 的额定电压；若是短路，则电阻值比原来记录值小，这时励磁电流虽达到原记录中的额定励磁值，但所产生的磁通却很小，交轴电枢反应亦很小，故输出的电压很低。

如果控制绕组正常，若电刷顺电枢旋转方向移动太多，或交轴助磁绕组极性接反，则都会产生去磁作用，使输出电压降低，助磁绕组的极性可用感应法来校核。

此外，换向器及电枢绕组短路或开路、助磁绕组断路、电刷卡死在刷盒内不能与换向器接触、补偿绕组及换向绕组断路、各绕组引出线接线端脱焊等，均会造成无电压输出或输出电压很低的现象。

2）电机扩大机空载时发电正常，带负载时输出电压很低。应检查电枢绕组、换向极绕组、补偿绕组的极性是否接反或有否短路。与补偿绕组并联的调节电阻是否接反或是否有短路。如果在额定负载下输出电压只有空载电压的 30% 以下或无电压，甚至为负值，可初步判断为电枢绕组或补偿绕组极性接反；如果输出电压只有空载电压的 50% 左右，且直轴电刷下火花又较大，则可能是换向极绕组极性接反或有部分电枢绕组短路了；如果火花正常，则可能是补偿绕组或补偿绕组的调节电阻短路了。

3）电机扩大机换向时火花大，输出电压摆动大。换向时火花大有机械和电气两方面的原因。机械方面的原因有：换向器表面变形、云母片突出、电刷压力不当、电刷与刷盒配合过紧而卡死、轴承磨损、电枢与定子不同轴等；电气方面的原因有：电刷偏离中线、助磁绕组极性接反或短路、换向极绕组极性接反或短路、换向器片间短路、导线与换向器升高片焊接不良、电刷损坏等；另外，当交流去磁绕组内部连接极性接反时，也会产生输出电压有规则摆动的现象。

2. 交流电机组的常见故障与修理

（1）按起动按钮 SB2 后，接触器 KM1 不动作

1）三相交流电源电压过低。可检查三相交流电源电压是否正常，如电网电压过低应调整电压，可观察交流电压指示灯的亮度是否正常。

2）热继电器 FR1、FR2、FR3 的常闭触头脱扣或接触不良，应检查各热继电器的脱扣机构，发现脱扣应将其复位并检查各接线端。

（2）按下按钮 SB2 后，电动机 M1 不能丫-△起动

1）若时间继电器 KT1 的线圈烧坏或触头接触不良，应调换线圈或修复触头。

2）若接触器 KM丫 的常闭触点接触不良或线圈烧坏，应调换线圈或检修 KM丫 的常闭触头。

3）接触器 KM2 的常开触头接触不良或不能自锁，检查接触器 KM2 的常开触头（34 区），使其接触良好。

4）励磁发电机 G2 不发电或电压很低，应检查励磁发电机 G2 有无剩磁电压，调整励磁回路电阻，并检查电刷是否接触良好。

3. 工作台控制系统的常见故障与修理

（1）工作台步进、步退控制电路故障

1）工作台步进或步退开不动。按下步进或步退按钮，工作台不动，此时应先观察继电器 KA2 或 KA4 是否闭合；如不能闭合，则应检查控制电路电压是否正常；如电源正常，可采用分段测量或分阶测量的方法查找故障点。

若中间继电器闭合，则故障原因有以下几方面：

① 润滑油黏度太低。先使工作台自动循环工作一两个行程，停车后再操作步进或步退。如工作台移动正常，一般是润滑油太稀、黏度太低，使床身导轨和工作台的接触面油膜太薄，摩擦力增大，工作台运动困难。应检查油的黏度是否适当。

② 电阻 R_1（17 区）上各接点位置调整不当。R_1 上接点 207、208 的位置决定步进、步退的速度快慢，207 与 205、206 与 208 的接线位置太远，就可能使步进、步退的速度太慢或工作台开不动。

③ 电流正反馈太弱。可适当调整电阻 R_4（20 区）上接点 290 的位置，加大反馈量。

④ 直流电路中有断路故障。先测量绕组 K_{III} 的电阻是否正常，然后按下按钮 SB8（或 SB12），逐级检查各接线端有无脱落或松动。

2）工作台步进、步退电路不平衡。当按下按钮 SB8 时，工作台步进；而松开按钮时，工作台倒退一下。当按下按钮 SB12 时，工作台步退；松开按钮时，工作台向后退方向滑行一下。这种现象一般发生在步进或步退按钮松开后到时间继电器 KT4 释放之前。故障主要原因是步进、步退电路的电阻 5RT 和 6RT 不平衡。如电阻 5RT 的短路点接触不良或短路导线断路，使 5RT 的实际电阻值大大超过步退电路 6RT 的实际电阻值。

如图 3-22 所示，从松开步进或步退按钮停车到时间继电器 KT4 的常开触头延时断开前，由于中间继电器 KA2 和 KA4 的常闭触头均已闭合，在 210～240 之间就有电压，电压的极性是 210 为正、240 为负，在控制绕组 K_{III} 中形成了一个使工作台后退的信号，因此造成上述现象。

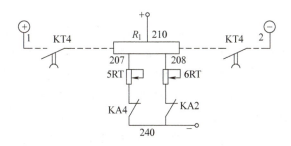

图 3-22　步进、步退电路不平衡

3）按下步进或步退按钮后，工作台都是前进且速度很高。故障的原因一般多是直流电路中的二极管 VD1 被击穿。当时间继电器 KT4 的常开触头闭合后，在控制绕组 K_{III} 中会有很大的击穿电流流过，其在控制绕组 K_{III} 中的方向如图 3-23 所示。

如按下步进按钮 SB8，在控制绕组 K_{III} 中的步进电流 $I_{步进}$ 电流方向与 $I_{击}$ 同向，故电机扩大机和直流发电机会发出较高的电压，使工作台高速步进。如按下步退按钮 SB12 时，在控制绕

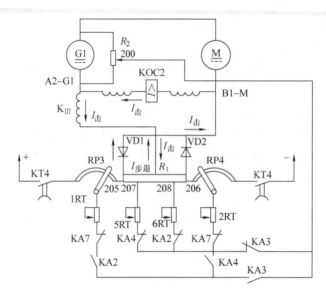

图 3-23　二极管 VD1 击穿后的电路

组 $K_Ⅲ$ 中的步退电流 $I_{步退}$ 与 $I_击$ 方向相反，但由于 $I_击 \gg I_{步退}$，所以工作台仍为步进方向，不会步退，只不过前进的速度略低于步进时的前进速度。

（2）工作台前进或后退均不能起动　应先测量控制绕组 $K_Ⅲ$ 的给定电压。如电压正常，故障在电机扩大机电枢回路或主拖动回路中。可测量 W1-G1、W2-G1 两点间电压，最高速时应为 55V，若电压正常，说明电机扩大机无故障。然后测量直流发电机电枢两端电压，电压为 220V，说明直流发电机正常，则故障一般在主拖动回路中。若绕组 $K_Ⅲ$ 无电压，应检查时间继电器 KT4 的两对常开触头闭合的情况，然后把电压表接于绕组 $K_Ⅲ$ 两端，将 RP3 调到对应最高转速处并用短接法短接 200～223，如电压表有读数且工作台开始运行，就改用电压法分段检查 200～223 各接点的接触情况；如绕组 $K_Ⅲ$ 仍无电压，一般是 RP3 电位器或 R_2 接线断路，可用电阻法逐段检查。

（3）起动 G1-M 机组后，工作台自行高速冲出不受控制　这类故障一般产生在检修安装时，当接线完毕，起动 G1-M 机组时，机组刚旋转加速尚未进行任何操作，工作台即自行高速前进或后退。虽立即按下工作台停止按钮 SB10，工作台仍不停止；只有按下停止按钮 SB1，才能使工作台停止。在这段时间内，工作台已移动一段很长的距离，它先撞到换向行程开关，但工作台并不换向，再撞到终端位置开关，工作台也不停止；直到工作台下的齿条与传动系统齿轮脱开时，工作台仍以惯性继续运动，最后在机械限位保险装置的作用下，才被制动停止。

1）电压负反馈接反。由电路上分析，工作台控制电路尚未工作，电机扩大机控制绕组 $K_Ⅲ$ 中尚未加入给定电压，发电机无输出，工作台是不应该运动的。若工作台高速冲出，说明发电机不仅有电压输出，而且输出电压很高。

此类故障的原因一般是在安装连接 W1-G1、W2-G1 两行引线时极性接反，即将电压负反馈极性接反，变成了电压正反馈。当电机扩大机 K 和直流发电机 G1 被交流电动机 M1 拖动起来时，电机扩大机有一个不大的剩磁电压加到直流发电机的励磁绕组上，同时直流发电机本身也存在剩磁电压，使直流发电机也输出一个不大的电压，加在 R_2 和直流电动机 M 上。如电压负反馈接线正确，通过自消磁作用，电机扩大机输出给发电机励磁绕组的电压就会削弱直流发电机的剩磁电压，工作台也就不会自行起动。

由于电压负反馈的极性接反，变成正反馈，电机扩大机加给直流发电机励磁绕组的电压与剩磁电压极性相同，反而加强了直流发电机的剩磁电压，使直流发电机输出电压增高，同时由于电压正反馈信号的加强，又使电机扩大机和直流发电机的输出电压再增加，如此不断循环，使拖动系统自励，以致电机扩大机和直流发电机输出电压很快超过额定电压，达到极大的数值，电动机的转速也迅速上升，带动工作台以超过最高速度的速度前进（或后退）以致冲出。由于这时并不是按下工作台起动按钮，接通相应电器而动作的，所以按下工作台停止按钮和碰撞终端行程开关，都不能使工作台停下来。

因此，当安装接线完毕进行试车时，可将工作台与直流电动机 M 脱离啮合，并将工作台暂时吊离床身，或者解开直流电动机电枢绕组某一端的接线，使它不旋转，即使自励也会安全一些。

2）直流发电机励磁绕组接反。直流发电机的励磁绕组接反后，直流发电机的剩磁电压通过自消磁电路，把产生抵消剩磁电压的作用变成加强剩磁电压的作用，使直流发电机自励，直流发电机与电机扩大机输出过电压，使工作台高速"飞车"。

3）电机扩大机剩磁电压过高。电机扩大机的剩磁电压过高时，当直流电机组起动后，电机扩大机就会输出一个很高的电压给直流发电机强励磁，使直流发电机过电压，工作台自行向前或向后高速运行。造成剩磁电压过高的原因是控制绕组过电压或流过一个很大的短路电流。例如一台 1.2kW 的电机扩大机，过电压后造成的剩磁电压高达 150V，遇此情况时电机扩大机必须消磁后才能使用。

4）工作台运行时速度过高。

① 电压负反馈断线。当 R_2 上的中间抽头 200 与 A1-G1 间的电阻断路或接触不良时，开车后控制绕组 K_{III} 中失去了电压负反馈作用，只有给定信号电压，控制绕组 K_{III} 中的电流增大，使电机扩大机和直流发电机输出过电压，一开车工作就呈现高速甚至飞车，同时 R_2 因严重过载而烧毁。

② 直流电动机 M 的磁场太弱。因直流电动机励磁绕组接线松动或接触不良，造成励磁电流减小，而使直流电动机转速升高。

③ 电机扩大机过补偿。电机扩大机补偿绕组并联的 RP6 断路，使它工作在过补偿状态，造成电机扩大机和直流发电机输出过电压，甚至烧毁电机扩大机。

5）工作台运行时速度过低。

① 空载时工作台速度过低且调不高。将 RP3、RP4 的手柄都调到最高转速的对应处，工作台速度仍达不到规定值。故障原因一般为减速中间继电器 KA7 的铁心不能释放，使工作台只能在减速状态下运行。如 R_2 的大小调整不当，也会使工作台运行时速度调不高。R_2 由两块 140Ω 的板形电阻串联而成，上面有 A1-G1、4a、280、200、A2-G1 五个接点。

200 号点的正常位置应调整到中间稍偏向 A2-G1 处，为直流发电机输出电压的 1/2 以下。如调整得过于接近 A1-G1 处，就会使电压负反馈太强；当 200 号点与 A2-G1 间电阻断路时，电压负反馈将比正常值大两倍，使控制绕组 K_{III} 中的电流减小较多，直流发电机的输出电压将下降，使工作台速度过低。另外，如电机扩大机的交轴电刷接触电阻增大，使电机扩大机的放大倍数减小或电机扩大机补偿绕组断路，并联的 RP6 短路及局部短路，都会导致电机扩大机和直流发电机输出电压降低，使工作台速度过低。再就是误将 SA7 扳到磨削位置，也会使工作台速度过低。

② 带重负载时工作台速度下降较多。主要原因是电流正反馈太小。可调整电阻 R_4 上 290 号点的位置和 9RT 上 292 号点的位置，使控制绕组 $K_Ⅲ$ 至 R_4 上 290 号点的电阻大于 10Ω，绕组 $K_Ⅱ$ 到 9RT 上 292 号点的电阻为 21Ω。调好后试车，如仍不能改善其转速，可测量绕组 $K_Ⅲ$ 和 $K_Ⅱ$ 极性，如绕组 $K_Ⅲ$ 和 $K_Ⅱ$ 极性相反，表明电流正反馈接反。

除上述原因之外，电机扩大机电刷顺转向移动过多或补偿过弱等原因，也会引发这种故障，有时会出现切削时速度明显降低然后慢慢升高的现象。这样不仅对加工质量不利，同时也降低了生产率，可通过适当加大电阻 8RT 的阻值来解决。

6）工作台低速时"蠕动"。工作台在低速时，特别在磨削时，可能产生停止与滑动相交替的运动，在机械上称为"爬行"，在电气上为了与停车爬行区分起见，把这种"爬行"称为"蠕动"。

产生"蠕动"的原因一般是润滑油的黏度太低。在电气上为了消除"蠕动"，可以适当加强低速时的电压负反馈和电流正反馈等稳定环节；另外可通过提高润滑油的黏度来消除工作台的"蠕动"。如果因工件很重或速度很低产生"蠕动"，可采用 5~7 号导轨油；如润滑油选择号数低了，可换号数较高的润滑油，若是由于导轨上油膜建立不起而产生"蠕动"，可在导轨表面涂一层二硫化钼。

4. 工作台换向时的常见故障与修理

（1）换向越位过大或工作台跑出　工作台换向越位在刨床产品说明书上规定的是最高速时不得超过 250~280mm，如果越位过大，就容易造成工作台脱出蜗杆，严重时会造成人身和设备事故，而且由于越位过大，造成不敢高速运行，会降低生产率。

造成工作台前进或后退越位均过大的主要原因如下：

1）加速调节器在工作台高速运行时应放在"越位减小"一边，实际却放在"反向平稳"一边。应根据越位大小和反向平稳情况来调节加速调节器。

2）换向前工作台不减速，这主要是减速制动回路不通或接触不良所致，可依次检查减速行程开关 SQ13-2 和 SQ12-2（17 区和 18 区）、KA8 常闭触头、KA9 常闭触头、KA4 常闭触头、KA2 常闭触头及 KA7 的线圈是否断路或接触不良。

3）挡铁 A 与 B、C 与 D 的距离太小，应调大，以便在最长行程时能降低工作台的速度。

4）电阻 3RT、4RT 调整不当或接点接触不良。

在最长行程工作时，应降低工作速度，使越位小于 100mm。最长行程一般规定为工作台长度加上 150mm。

（2）工作台换向时越位过小　工作台换向时越位过小，会引起主电路制动电流过大，使直流电动机 M 电刷下火花较大，并会给机械部分带来过大的冲击，影响电动机和机械设备的寿命；另外，在进给量较大时，还会产生进刀进不完的缺点，因为进刀的时间主要取决于换向时越位的时间，即从后退进未完，碰撞行程开关 SQ9 开始并经过一段时间越位，到由后退变为前进时使换向开关复位为止的一段时间。换向越位的最小距离规定在最高速时应为 30~50mm。

造成换向越位过小的原因和处理方法正好与越位过大时相反。

（3）工作台换向时，传动机构有反向冲击　此类故障有时是由于电气方面的原因造成的，如电压负反馈和电流正反馈过强、截止电压过高、稳定过弱、减速制动过强等；也有时是由于机械方面的原因所致的，如传动机构间隙过大或缺乏润滑等。

传动机构间隙过大时，可与机修钳工配合检查，如蜗杆螺母松动、联轴器内外齿窜动、减速箱齿轮窜动等均会造成反向冲击。可根据实践经验，先关闭直流电动机 M 的电源，再转动电动机至减速箱的轴，如果活动范围小于 10mm，可认为间隙不太大；另外，也可在开始时反复操作步进和步退按钮，如果明显地听到机械冲击声，说明机械间隙大。

属于电气方面的原因，其处理方法与处理换向越位过小时相同。

（4）换向时加速调节器不起作用　加速调节器是两个阻值为 300Ω 的电位器（RP1、RP2）。如将加速调节器放在"反向平稳"一边（即加大电阻值），控制绕组 $K_{Ⅲ}$ 回路中在减速换向时串联的电阻大，减速时起减弱制动强度的作用，换向时起减小强励磁倍数的作用，所以过渡过程比较平稳，冲击较小，但越位加大；如放在"越位减小"一边，则减速换向过渡过程较快，冲击也较大。使用时应根据加工工件的需要加以调节。

若使用中发现加速调节器不起作用，一般是由于接线错误，某触头接触不良或由于行程开关 SQ12-1、SQ13-1 接触不良所造成。接线错误时一般为 RP1 上 211 接线与 RP2 上的 212 接线互换了位置，所以在前进减速换向时，调节加速度调节器 RP1 不起作用了，而 RP2 反而起作用。

5. 工作台停车时的常见故障与修理

（1）停车冲程过大　龙门刨床的产品说明书中规定，刨台最高速停车时的冲程应为 400~500mm；在低于最高速时，停车冲程应相应减小。

停车冲程过大的原因在于停车制动强度弱。主要原因是 5RT 或 6RT 的短接线接触不良或稳定环节过强（如 8RT 上的短接连线短路电阻过大）造成的。

如果实际现象是二级停车制动太弱，在 KT4 常开触头断开后，工作台继续有一段滑行，则应适当增加 280 到 A2-G1 间的电压或增大 7RT 阻值，以增强二级制动，减小停车冲程。

同时应配合调整时间继电器 KT4 的延时值，一般取 0.9s 左右。如停车冲程过大，可适当减小延时，使二级制动提前起作用。

（2）停车太猛及停车倒退　停车太猛，机械冲击严重，甚至出现倒退，其原因是停车制动过强。检查这种故障时，应首先判断停车太猛是发生在一级制动还是二级制动。因为两级制动的时间很短，不易判断，但因停车太猛，机械冲击很强，可根据机械冲击发生在时间继电器 KT4 触头断开前还是断开后来加以区别。如果一级制动太猛，可能是 5RT、6RT 阻值太小，稳定环节、电流截止环节调整不适当造成的。

以上情况多数在检修调整后才出现，若平时各环节已调好，而且运转正常，此故障又是突然出现，可能的原因是电流截止负反馈的一个二极管开路，失去限流作用，造成单方向停车过猛。

如果是二级制动过猛，故障可能在自消磁或欠补偿能耗制动环节。可调整 280 在 R_2 上的位置及 7RT 的阻值，并检查时间继电器 KT4 的延时时间是否正常。

（3）停车爬行　停车爬行是指直流发电机-电动机系统在无输入条件下，工作台仍以较低的速度运行，爬行发生的时间一是开车前，一是停车后，造成爬行的原因是剩磁电压的影响。如有的刨床剩磁电压在 4~5V 时，就能使直流电动机带动工作台爬行了，停车爬行有如下两种情况：

1）消磁作用太弱。由于电压负反馈、自消磁环节及欠补偿能耗制动环节调整不当，电路中某触头接触不良或断路，7RT 电阻值太大等，都会使消磁作用太弱，造成工作台停车爬行。对于这种故障，应检查有关触头、接头等接触情况。

2）消磁作用太强，造成反向磁化，形成停车后反向爬行。可对自消磁和欠补偿能耗制动环节进行适当的调整。

（4）停车振荡　在工作台停车时，直流电动机与工作台来回摆动几次的现象，叫作停车振荡。一般这种振荡幅度是逐渐减小的，但有时振荡幅度不变，甚至振荡幅度越来越大，以致必须立即切断电源。另外，不仅停车有振荡，而且步进、步退或前进、后退时也会发生振荡。

产生振荡的原因是由于桥形稳定环节不起作用，如控制绕组 K_1 断线或桥形稳定环节电路断路；若控制绕组 K_1 接反，不但不能抑制电机扩大机输出电压的突变，反而起到增强的作用，致使振荡幅度越来越大。

电机扩大机电刷位置调整不当也会造成停车振荡。

3.5　基本技能训练

技能训练 1　X62W 型万能铣床电气控制电路的维修

1. 训练目的

1）熟悉 X62W 型万能铣床电气控制电路的工作原理。

2）掌握 X62W 型万能铣床电气控制电路的检修方法。

2. 训练工具、仪表及器材

（1）工具和仪表　螺钉旋具、尖嘴钳、断线钳、剥线钳、MF47 型万用表等。

（2）器材　X62W 型万能铣床电气控制板、导线及走线槽若干；针形及叉形冷轧片等。

3. 训练内容

（1）故障设置　在控制电路或主电路中人为设置电气故障三处。

（2）故障检修　检修步骤如下：

1）用通电试验法观察故障现象，若发现异常情况，应立即断电检查。

2）用逻辑分析法判断故障范围，并在电路图上用虚线标出故障部位的最小范围。

3）用测量法准确迅速地找出故障点。

4）采用正确方法快速排除故障。

5）排除故障后通电试车。

（3）注意事项

1）检修前要掌握电路的构成、工作原理及操作顺序。

2）在检修过程中严禁扩大和产生新的故障。

3）带电检修必须有指导教师在现场监护，并确保用电安全。

（4）配分、评分标准（见表 3-5）

表 3-5　X62W 型万能铣床电气控制电路的维修配分、评分标准

定额时间：45min

项目内容	配分	评分标准	扣分	得分
自编检修步骤	10 分	检修步骤不合理、不完善，扣 2~5 分		
故障分析	20 分	1）检修思路不正确，扣 5~10 分		
		2）标错电路故障范围，每个扣 10 分		
排除故障	60 分	1）停电不验电，每次扣 3 分		
		2）工具及仪表使用不当，每次扣 5 分		
		3）排除故障的顺序不对，扣 5~10 分		
		4）不能查出故障，每个扣 20 分		
		5）查出故障、但不能排除，每个故障扣 10 分		
		6）产生新的故障：不排除，每个扣 10 分；已经排除，每个扣 5 分		
		7）损坏电动机，扣 30 分		
		8）损坏元器件，每只扣 5~10 分		
		9）排除故障后通电试车不成功，扣 10 分		
安全文明操作	10 分	违反安全规程或烧坏仪表，扣 10~20 分		
操作时间	每超过 5min 扣 10 分			
考评员签名			年　　月　　日	

技能训练 2　B2012A 型龙门刨床电气控制电路的维修

1. 训练目的

1）熟悉 B2012 型龙门刨床电气控制电路的工作原理。

2）掌握 B2012 型龙门刨床电气控制电路的检修方法。

2. 训练工具、仪表及器材

（1）工具和仪表　螺钉旋具、尖嘴钳、断线钳、剥线钳、MF47 型万用表等。

（2）器材　B2012A 型龙门刨床电气控制板、导线及走线槽若干；针形及叉形冷扎片等。

3. 训练内容

（1）故障设置　在控制电路或主电路中人为设置电气故障三处。

（2）故障检修　检修步骤如下：

1）用逻辑分析法判断故障范围，并在电路图上用虚线标出故障部位的最小范围。

2）用通电试验法观察故障现象，若发现异常情况，应立即断电检查。

3）用测量法准确迅速地找出故障点。

4）采用正确方法快速排除故障。

5）排除故障后通电试车。

（3）注意事项

1）检修前要掌握电路的构成、工作原理及操作顺序。

2）在检修过程中严禁扩大和产生新的故障。

3）带电检修必须有指导教师在现场监护，并确保用电安全。

（4）配分、评分标准（见表3-6）

表 3-6　B2012A 型龙门刨床电气控制电路的维修配分、评分标准

定额时间：90min

项目内容	配分	评分标准	扣分	得分
自编检修步骤	10分	检修步骤不合理、不完善，扣2~5分		
故障分析	20分	1）检修思路不正确，扣5~10分		
		2）标错电路故障范围，每个扣10分		
排除故障	60分	1）停电不验电，每次扣3分		
		2）工具及仪表使用不当，每次扣5分		
		3）排除故障的顺序不对，扣5~10分		
		4）不能查出故障，每个扣20分		
		5）查出故障、但不能排除，每个故障扣10分		
		6）产生新的故障：不排除，每个扣10分；已经排除，每个扣5分		
		7）损坏电动机，扣30分		
		8）损坏元器件，每只扣5~10分		
		9）排除故障后通电试车不成功，扣10分		
安全文明操作	10分	违反安全规程或烧坏仪表，扣10~20分		
操作时间	每超过5min扣10分			
考评员签名			年　月　日	

3.6　技能大师高招绝活

高招绝活1　X62W 型万能铣床电气
控制电路分析和通电试验

高招绝活2　X62W 型万能铣床电气
故障的分析和检修

复习思考题

1. X62W 型万能铣床的运动形式有哪些？

2. X62W 型万能铣床工作台的上、下和前、后运动是如何完成控制的？

3. X62W 型万能铣床电气控制电路具有哪些电气联锁措施？

4. X62W 型万能铣床主轴电动机的变速冲动是如何实现的？

5. 叙述 X62W 型万能铣床工作台快速移动的方法。

6. 对于 T68 型卧式镗床的主轴电动机有哪些控制要求？

7. T68 型卧式镗床主轴电动机的变速冲动有什么作用？

8. 凸轮控制器的用途是什么？

9. 15/3t 桥式起重机的运动形式有哪些？

10. 15/3t 桥式起重机电气控制电路的保护环节主要有哪些？

11. 15/3t 桥式起重机在起动前，对各控制手柄的位置有何要求？

12. 对于 15/3t 桥式起重机的主钩，是如何完成起动、调速和停止控制的？

13. B2012A 型龙门刨床的运动形式有哪些？

14. B2012A 型龙门刨床的电气控制系统主要由哪些部分组成？

15. B2012A 型龙门刨床的电机有哪些？相互之间的控制有哪些联系？

16. B2012A 型龙门刨床的交流电机组是如何完成起动控制的？

17. B2012A 型龙门刨床的主拖动系统采用了哪些自动调整环节？

机械设备电气图的测绘

培训学习目标

　　掌握机械设备电气图识读的基本方法；了解测绘电气控制电路的基本方法；掌握测绘机械设备电气控制电路的步骤。

4.1　复杂机械设备电气控制原理图的识读与分析

　　无论多么复杂的电路，都是由一些基本控制电路组成的。如何将复杂的电路分解为简单的基本控制电路来读图和分析，就是本节所要介绍的内容。

4.1.1　复杂机械设备电气控制系统的分类

　　复杂机械设备电气控制是由电动机的运转来拖动生产机械的工作机构，使之完成规定的运动的。其电气控制系统分类如下：

　　1. 继电-接触式控制系统

　　目前，多数简单机械设备采用由继电器、接触器和按钮等组成的控制系统，即继电-接触式控制系统，它所使用的电器具有结构简单、价格低廉、容易掌握、维修方便等优点。

　　这种控制系统由触点控制，只有通和断两种状态，其控制作用是断续的，因此它只能在一定范围内适应单机和自动控制的需要。这种控制系统一般由电气和机械控制、电气和液压控制两部分组成。

　　（1）电气和机械控制部分　许多生产机械设备的控制是采用电气和机械相配合来完成的，例如 C6140A 型车床、X6132 型万能铣床等。

　　（2）电气和液压控制部分　复杂生产机械中，有些设备是由电气和液压（或气动）等相配合来实施控制的。由于采用液压传动能实现无级调速和在往复运行中实现频繁的换向等，因此液压传动在机床行业中早已得到广泛应用。现举例如下：

　　1）机床往复运动：龙门刨床的工作台、牛头刨床或插床的滑枕、组合机床动力滑台、拉床刀杆等都是采用液压传动来实现高速往复运动的。与机械传动相比，采用液压传动可以大大减少换向冲击，降低能量消耗，并能缩短换向时间，有利于提高生产效率和加工质量。

　　2）机床回转运动：车床和铣床主轴采用液压传动实现回转运动，可使主轴实现无级变速。但是，由于液压传动存在泄漏问题，而且液体具备可压缩性的特点使液压传动不能保证有严格的传动比，因此，类似车床的螺纹传动链这类具有内在联系的运动，不能采用液压传动。

3）机床进给运动：液压传动在机床进给运动装置中应用得比较多，如磨床砂轮架快进、快退运动的传动装置；转塔车床、自动车床的刀架或转塔刀架；磨床、钻床、铣床和刨床的工作台；组合机床的动力滑台等都广泛地采用了液压传动。

4）机床仿形运动：在车床、铣床、刨床上应用液压伺服系统进行仿形加工，可实现复杂曲面加工自动化。随着电液伺服阀和电子技术的发展，各种数字程序控制机床和加工中心开始普及，提高了机床自动化水平和加工精度，并为计算机辅助制造创造了条件。

5）机床辅助运动：机床上的夹紧装置、变速操纵装置、丝杠螺母间隙消除机构、分度装置以及工件和刀具的装卸、输送、储存装置都采用了液压传动。这样不但简化了机床的基本结构，而且提高了机床的自动化程度。

2. 直流电动机连续控制系统

直流电动机具有调速性能好、调速范围大、调速精度高、平滑性好等特点，工业生产中出现了许多与之有关的自动调速系统，如：直流发电机-电动机调速系统、电机扩大机调速系统。随着功率电子器件的不断更新与发展，晶闸管直流拖动系统也得到了广泛的应用。

图 4-1 所示为一种典型的晶闸管-直流电动机自动调速系统。它是使用晶闸管电路获得可调节的直流电压，从而供给直流电动机并调节电动机转速的。

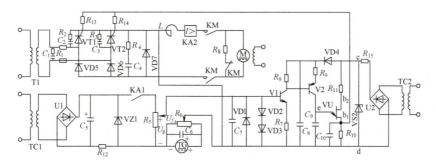

图 4-1　晶闸管-直流电动机自动调速系统

图 4-1 中晶闸管 VT1 和 VT2 的门极是通过电阻 R_{13} 和 R_{14} 接到触发电路上来接收触发脉冲信号的。电阻 R_S 和接触器常闭触头 KM 用于直流电动机的能耗制动。VD7 是续流二极管，L 是平波电抗器，它们用于改善直流电动机的电流波形；过电流继电器 KA2 用来作为电枢回路的过电流保护，当电枢回路电流过大时，KA2 动作，从而切断控制回路，使直流电动机停转。

如果直流电动机在给定电压相对应的转速下运行，当负载发生变化时，通过系统内部可实现自动调整直流电动机的转速。

3. 可编程序无触点控制系统

由于继电-接触式控制系统具有使用单一性，即一台控制装置只能用于某一种固定程序的设备，一旦生产工艺流程有所变动，就得重新配线。这样就无法满足生产程序多变、控制要求较复杂系统的需要。

近年来，可编程序控制器得到了突飞猛进的发展。它通过编码、逻辑组合来改变程序，实现对生产工艺流程需要经常变动的设备的控制要求。把可编程序控制器用于电气设备的逻辑控制，可以取代大量的继电器和接触器，只要对控制系统中发出指令或信号的按钮、开关、传感器等进行编程，并将程序输入到可编程序控制器中，就可以通过可编程序控制器内部的逻辑功能，控制输出端所连接的接触器、指示灯等。

可编程序控制器具有通用性强、可靠性高、编程容易、程序可变、使用维护方便等特点，具有广阔的应用前途。

4. 计算机自动控制系统

计算机自动控制系统使电力拖动系统又发展到了一个崭新的水平，向着生产过程自动化的方向迈进了一大步。使用计算机可以不断地处理复杂生产过程中的大量数据，可以计算出生产流程的最佳参数，然后通过自动控制设备及时地调整各部分的生产机械，使之保持最合理的运行状态，从而实现整个生产过程的自动化。计算机自动控制系统的应用范围很广，种类繁多，名称上也很不一致，在此介绍常用的两种分类形式。

（1）按信号的传递路径分类

1）开环控制系统：开环控制系统的输出端与输入端不存在反馈回路，输出量对系统的控制作用不产生影响。如工业上使用的数字程序控制机床，如图 4-2 所示。

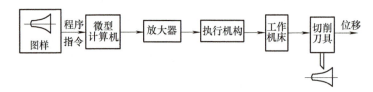

图 4-2 微型计算机控制机床（开环控制系统）

它的工作过程是：根据加工图样的要求，确定加工过程，编制程序指令，输入到微型计算机（简称微机）中，微机完成对控制脉冲的寄存、交换和计算，经放大器的放大后输出给执行机构，驱动机床运动，完成程序指令的要求。在此使用的执行机构一般是步进电动机，这样的系统每产生一个输入信号，必须有一个固定的工作状态和一个系统的输出量与之相对应，但是这样的系统不具有修正由于扰动而出现的被控制量希望值与实际值之间误差的能力。例如执行机构步进电动机出现失步或机床某部分未能准确地执行程序指令的要求，使切削刀具偏离了希望值，控制指令并不会相应地改变。

开环控制系统的结构简单，成本低廉，工作稳定。在输入和扰动已知情况下，开环控制系统仍可取得比较满意的效果。但是，由于开环控制系统不能自动修正被控制量的误差、系统元器件参数的变化以及外来未知干扰对系统精度的影响，所以为了获得高质量的输出，就必须选用高质量的元器件，其结果必定导致投资大、成本高。

开环控制系统的应用实例有很多，如交通信号灯系统的传统红绿灯切换控制以及洗衣机控制等。

2）闭环控制系统：输出信号与输入端之间存在反馈回路的控制系统，叫闭环控制系统。闭环控制系统也叫反馈控制系统。"闭环"的含义，就是应用反馈作用来减小系统误差。将图 4-2 稍加改进就构成了一个闭环控制系统，如图 4-3 所示。

在图 4-3 所示控制系统中，引入了反馈测量元件，它把切削刀具的实际位置不停地送给计算机，与根据图样编制的程序指令相比较。经计算机处理后发出控制信号，再经放大器的放大后驱动执行机构。带动机床上的刀具按计算机给出的信号运行，从而实现了自动控制的目的。

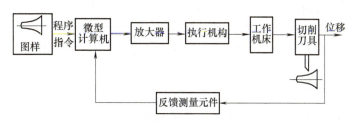

图 4-3 微型计算机控制机床（闭环控制系统）

闭环控制系统由于有"反馈"作用的存在，具有自动修正被控制量出现的偏差的能力，可以修正元器件参数变化及外界扰动引起的误差，所以其控制效果好、精度高。注意，只有按负反馈原理组成的闭环控制系统才能真正实现自动控制。

闭环控制系统也有不足之处，除了结构复杂和成本较高以外，一个主要的问题是由于反馈的存在，控制系统可能出现"振荡"，严重时会使系统失去稳定而无法工作。自动控制系统的应用中，很重要的问题是如何解决好"振荡"或"发散"问题。

3）复合控制系统：这是一种开环控制和闭环控制相结合的控制系统，它在闭环控制的基础上增加了一个干扰信号的补偿控制，以提高控制系统的抗干扰能力，这种复合控制系统的结构框图如图 4-4 所示。

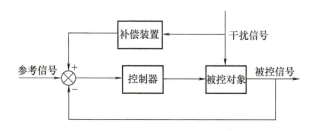

图 4-4 复合控制系统的结构框图

增加干扰信号的补偿控制，可以在干扰对被控制量产生不利影响时及时提供控制作用以抵消此不利影响。纯闭环控制要等到该不利影响反映到被控信号之后才引起控制作用，对干扰的反应较慢。但如果没有反馈信号回路，只按干扰进行补偿控制时，则控制方式相当于开环控制，被控制量不能得到精确控制。因此两者的结合既能得到高精度控制，又能提高抗干扰能力，于是获得广泛应用。当然，这种复合控制的前提是干扰信号可以测量到。

（2）按系统输入信号的变化规律分类

1）恒值控制系统（又称为自动调节系统）：这类控制系统的特点是输入信号是一个恒定的数值。工业生产中的恒温、恒速等自动控制系统都属于这一类型。恒值控制系统主要研究各种干扰对系统输出的影响以及如何克服这些干扰，把输入/输出量尽量保持在希望数值上。

2）过程控制系统（又称为程序控制系统）：这类控制系统的特点是输入信号是一个已知的时间函数，系统的控制过程按预定的程序进行，要求被控制量能迅速准确地复现，如压力、温度、流量控制等。恒值控制系统也被认为是过程控制系统的特例。

3）随动控制系统（又称为伺服系统）：这类控制系统的特点是输入信号是一个未知的函数，要求输出量跟随给定量变化。如火炮自动跟踪系统，人们事先不知道目标的运动规律，当然也就无法驱动火炮瞄向一个确定的位置。这类控制系统要求火炮跟随目标的运行轨迹不断地自行修正位置。考虑到目标的机动性，要求该控制系统有较好的跟踪能力。再如工业自动化仪表中的显示记录仪、跟踪卫星的雷达天线控制系统等均属于随动控制系统。

4.1.2 复杂电气控制原理图的识读和分析

电气控制原理图是表示电气控制电路工作原理的图样，所以熟练识读电气控制原理图是高级维修电工掌握复杂机械设备正常工作状态、迅速处理电气故障时必不可少的环节。

在识读电气控制原理图前，首先要了解生产工艺过程对电气控制的基本要求，例如需要了解控制对象的电动机数量和各台电动机是否有起动、反转、调速、制动等控制要求，需要哪些联锁保护，各台电动机的起动、停止顺序的要求等具体内容，并且要注意机、电、液（气）的联合控制。

1. 电气控制原理图的读图

在阅读电气控制原理图时，基本方法大致可以归纳为以下几点：

1）必须熟悉图中各元器件的符号和作用。

2）首先阅读主电路。应该了解主电路有哪些用电设备（如电动机、电炉等），以及这些设备的用途和工作特点。根据工艺过程，了解这些用电设备之间的相互关系，以及采用何种保护方式等。在完全了解了主电路的这些特点后，就可以根据这些特点再去阅读控制电路。

3）阅读控制电路。在阅读控制电路时，一般先根据主电路接触器主触头的文字符号，到控制电路中去找与之相对应的线圈，进一步弄清楚电动机的控制方式。这样可将整个电气控制原理图划分为若干部分，每一部分控制一台电动机。另外，控制电路一般依照生产工艺要求，按动作的先后顺序，自上而下，从左到右，并联排列。因此读图时也应当自上而下，从左到右，一个环节一个环节地分析与识读。

4）对于机、电、液配合得比较紧密的生产机械，必须进一步了解有关机械传动和液压传动的情况，有时还要借助于工作循环图和动作顺序表，配合电器动作来分析电路中的各种联锁关系，以便掌握其全部控制过程。

5）最后阅读照明、信号指示、监测、保护等各辅助电路环节。

2. 电气控制原理图的分析

分析简单电气控制原理图的方法主要有两种：查线看图法（直接看图法）和间接读图法，较常用的是查线看图法，基本要点如下：

（1）分析主电路　从主电路入手，根据每台电动机和执行电器的控制要求去分析各电动机和执行电器的控制内容，如电动机的起动、正反转、调速和制动等基本电路。

（2）分析控制电路　根据主电路中各电动机和执行元件的控制要求，逐一找出控制电路中的控制环节，将控制电路"化整为零"，按功能不同划分成若干个局部控制电路来进行分析。如果控制电路较复杂，则可先抛开照明、显示等与控制关系不密切的电路，以便集中精力分析要点。

（3）分析信号、显示与照明电路　控制电路中执行元件的工作状态显示、电源显示、参数测定、故障报警和照明电路等部分，多数是由控制电路中的元件来控制的，因此还要对照控制电路对这部分电路进行分析。

（4）分析联锁与保护环节　生产机械对于安全性、可靠性有很高的要求，要想实现这些要求，除了合理地选择拖动、控制方案以外，在控制电路中还设置了一系列电气保护和必要的电气联锁。在电气控制原理图的分析过程中，电气联锁与电气保护环节的分析是一个重要内容，不能遗漏。

（5）分析特殊控制环节　在某些控制电路中，还设置了一些与主电路、控制电路关系不密切、相对独立的某些特殊环节，如自动检测系统、晶闸管触发电路、产品计数装置和自动调温装置等。这些部分往往自成一个小控制系统，其看图分析的方法可参照上述分析过程，并灵活运用所学过的电子技术、变流技术、自控系统、检测与转换等知识逐一分析。

（6）总体检查　经过"化整为零"，逐步分析每一局部电路的工作原理及各部分之间的控制关系后，还必须用"集零为整"的方法，检查整个控制电路，看是否有遗漏。特别要从整体角度出发，进一步检查和理解各控制环节之间的联系，以达到清楚地理解每一个元器件的作用、工作过程及主要参数的程度。

4.1.3　典型电气控制原理图读图和分析应用实例

1. 电气和液压配合控制的半自动车床电气控制原理图

图 4-5 所示为 HZC3Z 型轴承专用车床的电气控制原理图，该设备采用电气和液压相配合来实施控制，试分析该电路的组成和各部分的功能。

（1）电气控制原理图识读　HZC3Z 型轴承专用车床电气控制原理图可分解为四部分来分析，如图 4-5 所示。其中，Ⅰ区为主电路：M1 为液压泵电动机；M2 为主轴电动机，拖动主轴旋转。Ⅱ区为信号指示和照明电路；Ⅲ区为控制电路；Ⅳ区为电磁阀控制电路，其配合图 4-6 所示的液压控制原理图完成工作。

在初始状态，机械手在原始位置，爪部持待加工工件，行程开关 SQ4、SQ5 均处于压合状态，电磁铁 YA5 失电。纵向刀架、横向刀架均保持在原始位，行程开关 SQ1、SQ2 释放，SQ3、SQ6 压合，电磁铁 YA3、YA4 断电。此时，夹具处于张开状态，YA1、YA2 断电。工作时，首先夹具张开，机械手装工件，然后夹具夹紧、机械手返回原始位并持料、纵向刀架进刀、横向刀架进刀、横向刀架返回至原始位、纵向刀架返回至原始位，最后夹具张开（工件落下），完成一个工作循环。

（2）电气控制原理图分析

1）主电路：电源由电源开关 QS1 引入，液压泵电动机 M1 为小功率电动机，采用直接起动方式。主轴电动机 M2 为三速交流异步电动机，其功率略大，在电路中通过接触器 KM2 的主触头来实现单向起动或停止控制。

2）控制电路：由起动按钮 SB1、停止按钮 SB2、热继电器 FR1、FR2 的常闭触头和接触器 KM1 的吸引线圈组成，完成电动机 M2 的单向起动或停止控制。

该车床的工作过程如下：闭合电源开关 QS1，按下起动按钮 SB1，接触器 KM1 线圈通电，KM1 主触头和自锁触头闭合，液压泵电动机 M1 起动并运转。如需车床停止工作，只要按下停止按钮 SB2 即可（其他控制电路分析略）。

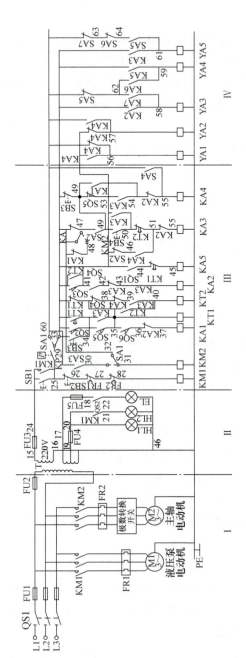

图 4-5　HZC3Z 型轴承专用车床电气控制原理图

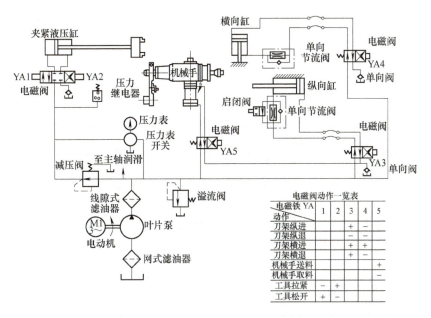

电磁阀动作一览表

电磁铁 YA 动作	1	2	3	4	5
刀架纵进		+	−		
刀架纵退		−	+		
刀架横进			+	+	
刀架横退			+	−	
机械手送料					+
机械手取料					−
工具拉紧	−	+			
工具松开	+	−			

图 4-6　HZC3Z 型轴承专用车床液压控制原理图

3）照明和保护电路：

① 照明电路。照明电路由变压器 T 二次绕组供给 24V 安全电压，经照明开关 QS2 控制照明灯 EL。照明灯的一端接地，以防止变压器一、二次绕组间发生短路时造成触电事故。

② 保护电路。由热继电器 FR1、FR2 实现 M1 和 M2 两台电动机的长期过载保护；由 FU1、FU2、FU3 实现电动机、控制电路及照明电路的短路保护；欠电压与零电压保护：当外加电源过低或突然失压时，由接触器、继电器等实现欠电压与零电压保护。

2. T610 型卧式镗床的电气原理图

图 4-7 所示为 T610 型卧式镗床的外形。图 4-8 所示为 T610 型卧式镗床电气控制电路图，试分析该电路的组成和各部分的功能。

图 4-7　T610 型卧式镗床的外形

110

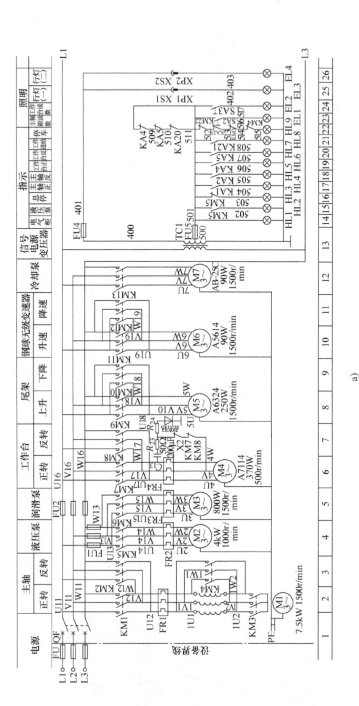

图 4-8　T610 型卧式镗床电气控制电路

a) 主电路及指示照明电路

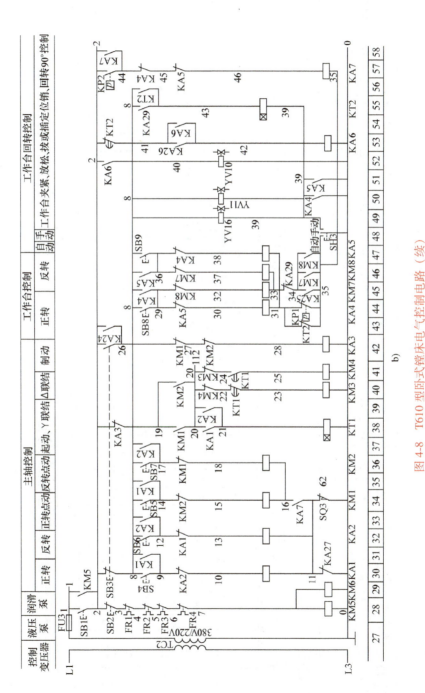

图 4-8　T610 型卧式镗床电气控制电路（续）

b) 主轴与工作台控制电路

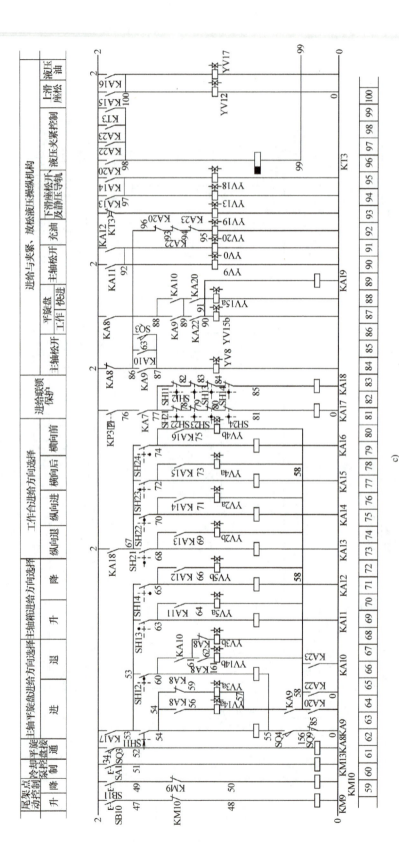

图 4-8 T610 型卧式镗床电气控制电路（续）

c）其他控制电路

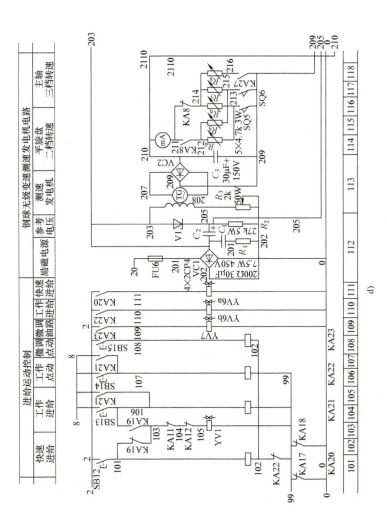

图 4-8　T610 型卧式镗床电气控制电路（续）

d）其他控制电路

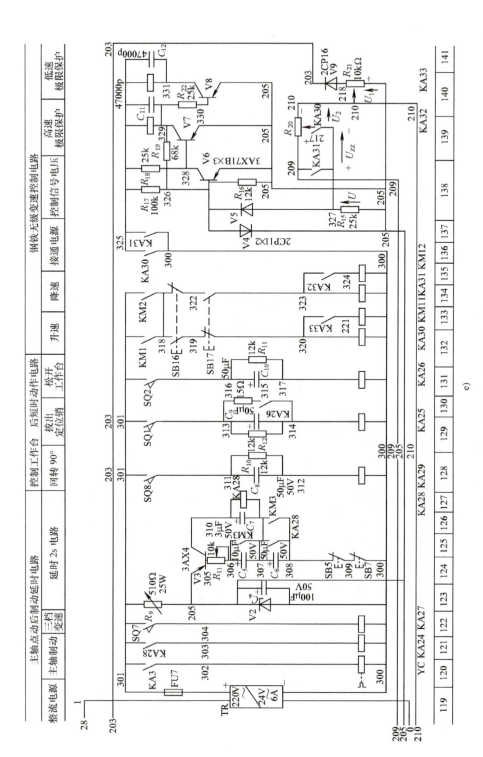

图 4-8　T610 型卧式镗床电气控制电路（续）

e）其他控制电路

（1）主拖动控制电路　主轴和平旋盘用一台 7.5kW 的三相异步电动机 M1 拖动，电动机可以正反转，停车时用电磁离合器对主轴进行制动。

主轴和平旋盘用机械方法调速，主轴有三档速度，每一档速度可用钢球无级变速器做无级调速，即可以改变钢球无级变速器的位置连续得到各种速度。钢球无级变速器用电动机 M6 拖动，当调速到变速器的上下极限时，电动机 M6 能自动停车。平旋盘只用两档速度，如果误操作到第三档速度时，M1 就不能起动。

主轴起动的工作过程如下：合上电源总开关 QF，按下按钮 SB1 起动液压泵和润滑泵，液压泵接触器 KM5 的常开辅助触头（1-2）接通 220V 控制电源。当液压油的压力达到正常数值时，压力继电器 KP2 和 KP3 动作，KP2 在图区 57 的触头（2-44）闭合，中间继电器 KA7 动作，KA7 在图区 34 的触头（11-16）闭合，为主轴点动控制做好准备；KP3 和 KA7 在图区 81 的触头 KP3（2-76）与 KA7（76-77）闭合，继电器 KA17 和 KA18 同时动作，KA17 在图区 63 的触头（2-53）与 KA18 在图区 73 的触头（2-67）同时闭合，为进给控制做好准备。

将平旋盘接通断开手柄放在"断"的位置，在图区 34 的行程开关 SQ3（11-0）恢复闭合（不受压），图区 61 的 SQ3（2-52）断开。把主轴选速手柄放在需要的某档速度，在图区 116、117、122 的三个行程开关 SQ5、SQ6、SQ7 中只有一个动作（受压）。

1）主轴电动机 M1 的控制：主轴电动机 M1 能正反转，并有连续运转和点动两种控制方式，M1 停车时由电磁离合器 YC 对主轴制动，主轴电动机 M1 采用Y-△起动，Y联结和△联结的转换用时间继电器 KT1 控制。

① 主轴起动控制：起动前的准备工作做好后，控制回路的电源被接通，才能进行起动控制。

按下主轴正转按钮 SB4，继电器 KA1 吸合并自锁，KA1 在图区 35 的常开触头（8-14）闭合，接触器 KM1 闭合，将三相电源引入 M1。同时在图区 38 的常开触头 KM1（19-20）闭合，因触头 KA1（20-21）早已闭合，所以时间继电器 KT1 和接触器 KM3 闭合。KM3 主触头闭合，使 M1 定子绕组接成Y联结并接通电源减压起动。KT1 闭合，在图区 40 中延时断开的常闭触头 KT1（22-23）与图区 41 上延时闭合的常开触头 KT1（24-25）延时动作。

当Y联结起动结束，KT1 的触头动作，接触器 KM3 释放，M1 断电，然后 KM4 闭合，使 M1 定子绕组换接成△联结而进入正常工作。

同理，反转控制可按 SB6 按钮，控制原理与正转控制时相同。

② 主轴停车制动的控制：按下停止按钮 SB3，SB3 的常闭触头（2-8）先断开，使继电器 KA1、接触器 KM1 同时释放，接着 KM3、KT1 也释放，电动机 M1 断电惯性旋转，随后 SB3 的常开触头（2-26）闭合，使中间继电器 KA3 闭合，KA3 在图区 120 的触头（301-302）闭合，电磁离合器 YC 通电，对主轴制动。

③ 主轴点动的控制：主轴在调整或对刀时，由于工作时间短而且需要连续起动次数多，又在空载下运行，因此，采用定子绕组在Y联结下的点动控制比较合适。它既可减小起动电流、缓和机械冲击、满足转矩要求，也能适应电路的控制过程。

需进行主轴正转点动控制时，按下正转点动按钮 SB5，接触器 KM1 闭合，KM3 也随之闭合，由于 KA1、KT1 都不能闭合，此时，M1 只能在没有自锁的情况下以Y联结起动。放开 SB5 时，为了也能对主轴实现制动，在控制电路中专门设置了主轴点动制动控制环节。它由直流继电器 KA24、KA28 及晶体管延时电路等组成。

主轴点动制动控制延时电路如图4-8e所示，按主轴正转点动按钮SB5时，M1以丫联结起动。此时电路中SB5常闭触头（308-309）断开晶体管延时电路的电源，同时KM3（306-307）与KM3常开触头（307-308）闭合，使电容C_5、C_6放电而消除了残余电压。放开SB5，M1断电做惯性旋转时，SB5（308-309）恢复闭合，接通了晶体管延时电路的电源，接着KM3（306-307）、KM3常开触头（307-308）断开，此时，晶体管V3有较大的偏流流过，V3立即导通，V3的集电极电流很大，直流继电器KA28立刻闭合，KA28常开触头（301-303）闭合，使直流继电器KA24闭合，它的常开触头KA24（2-26）闭合使继电器KA3闭合，而KA3（301-302）闭合使电磁离合器YC通电，从而实现主轴制动。

制动的时间决定于电容C_5的充电时间常数，因为继电器KA28得电，其常开触头（307-308）闭合，将电容C_6短接，使晶体管V3的偏流不受C_6的影响。当开始充电时，充电电流最大，其数值由电源电压和电路内的电阻R_{11}决定。由于充电，C_5两端的电压逐渐升高，而充电电流逐渐减小（即偏流逐渐减小），V3的集电极电流也随之减小，当集电极电流减小到小于KA28的释放电流时，继电器KA28便释放，KA24、KA3也相继释放，使电磁离合器YC断电，制动结束。

在主轴反转点动控制时，可按下反转点动按钮SB6，其控制原理与正转点动控制分析时相同。

④ 平旋盘的控制：在需要将主轴切换到平旋盘工作时，应将平旋盘手柄放在"接通"位置，行程开关SQ3受压，使在图区34中的常闭触头（0-11）断开，这时继电器KA1、KA2，接触器KM1、KM2的线圈电路就只靠直流继电器KA27的常闭触头（0-11）接通；在图区62中的常开触头（2-52）闭合，继电器KA8闭合，将电磁阀YV3a、YV3b换接为YV14a、YV14b，为平旋盘进给做好准备。其控制方法与主轴控制时相同。

如果在使用平旋盘时，误将选速手柄放在第三档速度，则行程开关SQ7的常开触头（301-304）因受压而闭合，在图区122中的继电器KA27得电，其常闭触头（0-11）断开，电动机M1就不能起动。

2）钢球无级变速器极限位置自动停车装置的控制：钢球无级变速器有一个速度范围，当速度达到极限位置时，拖动变速器的电动机M6应当自动停车。

变速器的最高转速为3000r/min，最低转速为500r/min。变速器与一台测速发电机机械连接，当变速器转速为3000r/min时，测速发电机TG的输出交流电压为50V，变速器转速为500r/min时，输出交流电压为8.33V。变速器用异步电动机M6拖动，当变速器转速上升到3000r/min或下降到500r/min时，M6应自动停车。

电动机M6的起动和停车由直流继电器KA32和KA33控制，KA32和KA33又受晶体管开关电路控制，而晶体管开关电路是利用测速发电机的电压与一个参考电压的差值来控制的。变速器的升速控制和降速控制在此不再详述。

（2）进给运动控制电路 T610型镗床的进给运动由电气与液压配合控制。主轴、平旋盘刀架、上滑座、下滑座和主轴箱的进给与夹紧装置都采用液压机构，并用电磁铁来控制液压机构的动作。进给运动的操纵集中在两个十字主令开关SH1、SH2和四个按钮SB12～SB15上。

各进给部件都具有四种进给方式：快速进给点动、工作进给、工作进给点动和微调点动。四种进给方式分别由SB11～SB14四个按钮操作。

十字主令开关 SH1 选择主轴、平旋盘刀架和主轴的进给方向，同时又能松开这些部件的液压夹紧装置。十字主令开关 SH2 选择工作台纵横的进给方向和松开液压夹紧装置。

（3）工作台回转控制电路　T610 型镗床的工作台可以机动回转或手动回转，机动回转时，工作台可以回转 90°自动定位，也可以回转角度小于 90°，用手动停止。

工作台回转由电动机 M4 拖动，工作台的夹紧放松则由电磁液压控制工作台回转 90°的定位销也用电磁液压控制。工作台回转 90°自动定位过程由电气与液压装置配合组成工作程序来自动控制。这个工作程序应当是先松开工作台，拔出定位销，然后使传动机构中的蜗杆与蜗轮啮合。开动电动机 M4，工作台即开始回转。工作台回转到 90°时，电动机应立刻停车，然后蜗轮与蜗杆脱开，定位销插入销座，再将工作台夹紧。

1）工作台回转电动机的制动控制：电动机 M4 停止时，采用了最简便的电容式能耗制动。由于电动机功率小，仅有 250W，因此电路选用一个 200μF 的电解电容 C_{13}，将电容的一端接在电动机 M4 的一相定子绕组上，另一端经电阻 R_{23}、R_{24}、V10 接到 0 号线端，把控制 M4 正反转的接触器常闭触头 KM7 与 KM8 串联后跨接在定子另一相绕组和两电阻连接的接点上。当电动机 M4 工作时，由于二极管具有单向导电特性，220V 交流电源向电容 C_{13} 充电，在 C_{13} 两端建立直流电压，为能耗制动做好准备。

当电动机 M4 停止时，接触器 KM7 和 KM8 的常闭触头闭合，电容 C_{13} 串联电阻 R_{23} 后跨接在 M4 的两相定子绕组上，立刻向定子绕组放电，放电的电流是直流电，定子绕组通入直流电流时，便产生制动转矩，对电动机制动，经制动 2s 后，电动机转速已很低，工作台回转速度也很低，这时蜗轮蜗杆脱开，定位销插入销座时不会有很大的冲击力。

2）工作台手动回转的控制：需手动回转工作台时，应将主令开关 SH3 扳到手动位置，则线端（39-0）接通，电磁阀 YV11 和 YV16 立刻通电动作，工作台松开，压力导轨充油。工作台松开后，行程开关 SQ2 受压，使 KA26 短时闭合，继电器 KA6 闭合，电磁铁 YV10 通电动作，拔出定位销，于是就可以用手轮操纵工作台的微量回转。

在手动松开工作台到再夹紧工作台的过程中，继电器 KA7 释放，其他进给机构不能进给，控制电路的工作情况与机动（自动）时相同。

4.2　机械设备电气图的测绘方法

机械设备的电气图是安装、调试、使用和维修设备的重要依据。维修电工在工作中有时会遇到原有机床的电气图遗失或损坏，这样会对电气设备及电气控制电路的检修带来很多不便。有时也会遇到不熟悉的机械设备需进行修理或电气改造工作，所以应该掌握根据实物测绘机床电气图的方法。

另外，有些机械设备的实际电气控制电路与图样标注不符，也有的图样表达不够清楚，个别点、线有错误，绘图不够规范等，需要通过测绘后改正。有些机械设备因为能耗大、技术落后、电气老化等原因需进行技术改造，也需要通过详细的测绘工作后才能实施。

测绘电气图时，首先应熟悉该机械设备的基本控制环节，如起动、停止、制动、调速等。测绘机械设备电气控制电路的一般方法有两种：

1. 电器布置图-电气接线图-电气控制原理图法

此种方法是绘制电气控制原理图的最基本方法，既简便直观，又容易掌握。具体步骤如下：

1）将机械设备停电，并使所有的元器件处于正常（不受力）状态。

2）找到并打开机械设备的电气控制柜（箱），按实物画出设备的电器布置图。

3）绘制所有内部电气接线图，在所有接线端子处标记好线号。

4）根据电气接线图和绘图原则绘制电气控制原理图。

2. 查对法

查对法需要测绘者要有一定的基础，既要熟悉各元器件在控制系统中的作用和连接方法，又要对控制系统中各种典型控制环节的绘图方法有比较清楚的了解。

使用此种方法测绘机械设备电气图时，基本要求有以下几点：

1）根据电气控制原理图，对机床电气控制原理和相关电器控制特点加以分析研究，将控制原理读通读透。有些复杂机床的电气控制不只是单纯的机械和电气相互控制的关系，而是由电气-机械（或液压）-电气循环控制、电气-气动（或机械）联合控制等，这就使电气线路的测绘工作具有一定难度。

2）对于电气接线图的掌握也是电气测绘工作的重要部分。有些电气线路和电器元件、开关等不是装在机床外部，而是装在机床内部的。例如，X62W 型万能铣床的行程开关 SQ1 ~ SQ6 等均安装在机床内部，不易发现。若单纯熟悉电气控制工作原理，而不清楚线路走向、元器件的具体位置、操作方式等是不可能将维修工作做好的。

3）测绘人员应具备由实物-电气图和由电气图-实物的分析能力，因为在测绘中会经常需要对电路中的某一个点或某一条线加以分析和判别，这种能力是靠平时经常锻炼、不断积累才能提升的。

4.3　M1432A 型万能外圆磨床电气线路的测绘

M1432A 型万能外圆磨床是一种比较典型的普通精度级外圆磨床，可以用来加工外圆柱面及外圆锥面，利用磨床上配备的内圆磨具还可以磨削内圆柱面和内圆锥面，也能磨削阶梯轴的轴肩和端平面。M1432A 型万能外圆磨床型号的含义如下：

4.3.1　主要结构及运动形式

图 4-9 所示为 M1432A 型万能外圆磨床的外形。它主要由床身、头架、工作台、内圆磨具、砂轮架、尾架、控制箱等部件组成。在床身上安装着工作台和砂轮架，并通过工作台支撑着头架及尾架等部件，床身内部用作液压油的储油池。头架用于安装及夹持工件，并带动工件旋转。砂轮架用于支撑并传动砂轮轴。砂轮架可沿床身上的滚动导轨前后移动，实现工作进给及快速进退。内圆磨具用于支撑磨内孔的砂轮主轴，由单独的电动机经传动带传动。尾架用于支撑工件，它和头架的前顶尖一起把工件沿轴线顶牢。工作台由上工作台和下工作

台两部分组成，上工作台可相对于下工作台偏转一定角度（±10°），用于磨削锥度较小的长圆锥面。

图 4-9　M1432A 型万能外圆磨床的外形

该磨床的主运动是砂轮架（或内圆磨具）主轴带动砂轮做高速旋转运动；头架主轴带动工件做旋转运动；工作台做纵向（轴向）往复运动和砂轮架做横向（径向）进给运动。辅助运动是砂轮架的快速进退运动和尾架套筒的快速退回运动。

4.3.2　电力拖动的特点及控制要求

该磨床共用 5 台电动机，即液压泵电动机 M1、头架电动机 M2、内圆砂轮电动机 M3、外圆砂轮电动机 M4 和冷却泵电动机 M5。

（1）砂轮的旋转运动　砂轮只需单向旋转，内圆砂轮主轴由内圆砂轮电动机 M3 经传动带直接驱动，外圆砂轮主轴由砂轮架电动机（外圆砂轮电动机）M4 经 V 带直接传动，两台电动机之间应有联锁。

（2）头架带动工件的旋转运动　根据工件直径的大小和粗精磨要求的不同，头架的转速是需要调整的。头架带动工件的旋转运动通过安装在头架上的头架电动机（双速）M2 经塔轮式传动带和两组 V 带传动，带动头架的拨盘或卡盘旋转，从而获得 6 级不同的转速。

（3）工作台的纵向往复运动　工作台的纵向往复运动采用液压传动，以实现运动及换向的平稳和无级调速。另外，砂轮架周期自动进给和快速进退、尾架套筒快速退回及导轨润滑等也是采用液压传动来实现的。液压泵由电动机 M1 拖动。只有在液压泵电动机 M1 起动后，其他电动机才能起动。

（4）砂轮架的快速移动　当内圆磨具插入工件内腔时，砂轮架不允许快速移动，以免造成事故。

（5）切削液的供给　冷却泵电动机 M5 拖动冷却泵旋转，供给砂轮和工件切削液。

4.3.3　测绘要求及注意事项

1）测绘前要认真阅读电路（图 4-10，见文后插页），熟练掌握各个控制环节的工作原理及其作用。

2）由于该类型磨床的电气控制与液压系统间存在着紧密的联系，因此在测绘时应注意液

119

压和电气控制间的关系。

通过查对法现场测绘并确定 M1432A 型万能外圆磨床电器的位置，如图 4-11 所示。各电器的布置情况如图 4-12 所示。

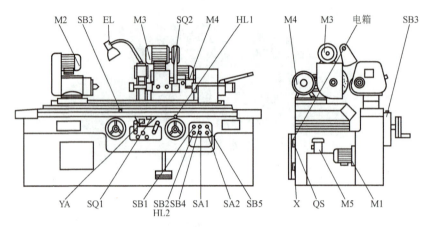

图 4-11　M1432A 型万能外圆磨床电器的位置

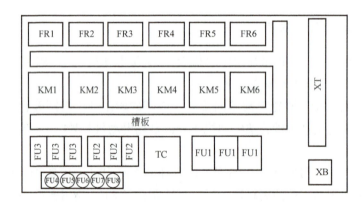

图 4-12　M1432A 型万能外圆磨床电器的布置情况

4.4　基本技能训练

技能训练 1　M7130 型平面磨床电气线路的测绘

1. 测绘步骤

1）熟悉平面磨床的主要结构和运动形式，对平面磨床进行实际操作，了解平面磨床的各种工作状态及开关的作用。

2）熟悉磨床电器的安装位置、配线等情况，了解电磁吸盘操作开关的工作状态及工作台的运动情况。

3）测绘过程中不得硬拉硬拽线路，以免产生故障，也不得损坏电器或设备。

2. 测绘要求及注意事项

1）测绘前要认真阅读电气控制原理图，熟练掌握各个控制环节的工作原理及其作用。

2）由于该类型磨床的电气控制与液压控制系统的配合工作，因此在测绘时应注意二者间的关系。

通过查对法现场测绘并确定 M7130 型平面磨床的接线，如图 4-13 所示。测绘电器的位置如图 4-14 所示。

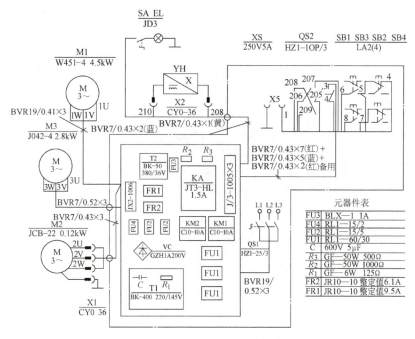

图 4-13　M7130 型平面磨床的接线

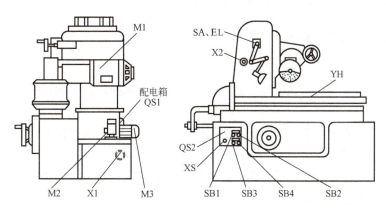

图 4-14　M7130 型平面磨床电器的位置

技能训练 2　Z3050 型摇臂钻床电气线路的测绘

Z3050 型摇臂钻床与 Z35 型摇臂钻床的结构基本相同，且运动形式、电气控制特点及控制要求也基本类似，不同之处在于 Z35 型摇臂钻床的夹紧与放松是依靠机械机构和电气线路配合自动完成的，而 Z3050 型摇臂钻床的夹紧与放松则是由电动机配合液压装置自动完成的，并有夹紧、放松指示；另外，Z3050 型摇臂钻床不再使用十字开关操作。

通过实物测绘并确定的 Z3050 型摇臂钻床电器的布置情况，如图 4-15 所示。

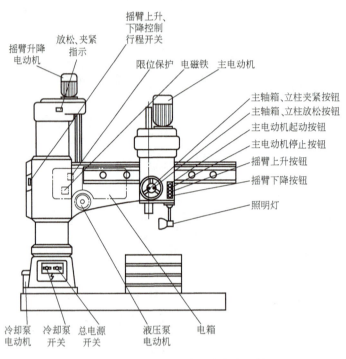

图 4-15　Z3050 型摇臂钻床电器的布置情况

通过电器布置图-电气接线图-电气控制原理图法测绘并确定 Z3050 型摇臂钻床电气接线图和电气控制原理图（图 4-16 和图 4-17，见文后插页）。

技能训练 3　X62W 型万能铣床电气线路的测绘

1. 测绘步骤

1）熟悉铣床的主要结构和运动形式，对铣床进行实际操作，了解铣床的各种工作状态及操作手柄的作用。

2）熟悉铣床电器的安装位置、配线情况以及操作手柄处于不同位置时，行程开关的工作状态及运动部件的工作情况。

3）测绘过程中不得硬拉硬拽线路，以免产生故障，也不得损坏电器或设备。

2. 测绘要求及注意事项

1）测绘前要认真阅读电气控制原理图，熟练掌握各个控制环节的工作原理及其作用。

2）由于该类型铣床的电气控制与机械结构间的配合十分密切，因此在测绘时应判明机械和电气的联锁关系。

通过查对法现场测绘并确定 X62W 型万能铣床电器的位置和布置情况如图 4-18、图 4-19 所示。

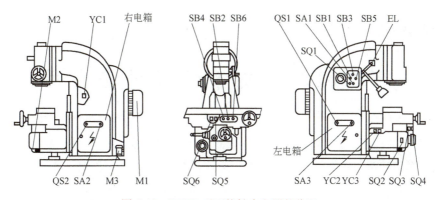

图 4-18　X62W 型万能铣床电器的位置

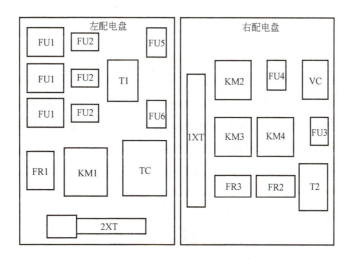

图 4-19　X62W 型万能铣床电器的布置情况

复习思考题

1. 复杂机械设备电气控制系统的分类有哪些？

2. 复杂电气控制原理图的识读和分析有哪些方法？

3. 叙述测绘电气控制电路的两种基本方法和步骤。

4. 怎样把机床的电器实物图转换为电气控制原理图？

项目 5

可编程序控制系统设计与应用

 培训学习目标

　　掌握可编程序控制器的硬件结构、系统配置以及工作原理；掌握西门子 S7-200 和 S7-1200 系列可编程序控制器的指令系统；能够用可编程序控制器的语言进行电气控制系统的程序编写、系统调试；掌握可编程序控制器系统故障维修方法。

5.1　可编程序控制器概述

　　可编程序控制器是一种以计算机（微处理器）为核心的通用工业控制装置。早期的可编程序控制器只能进行开关量的逻辑控制，称为可编程序逻辑控制器（Programmable Logic Controller，PLC）。现在的可编程序控制器采用微处理器作为中央处理单元，其功能大大增强，不仅具有逻辑控制功能，还具有算术运算、模拟量处理和通信联网等功能，所以称为可编程序控制器（Programmable Controller，PC）。但由于个人计算机（Personal Computer）也简称 PC，为避免混淆，所以可编程序控制器依然常被称为 PLC。

　　国际电工委员会定义：可编程序控制器是一种数字运算操作的电子系统，专为工业环境下的应用而设计。它采用可编程序的存储器，用来在内部存储执行逻辑运算、顺序控制、定时、计数和算术运算等操作的指令，并通过数字式、模拟式的输入和输出，控制各种机械或生产过程。

　　今天，PLC 技术与数控技术、计算机辅助设计/计算机辅助生产（CAD/CAM）技术和机器人技术并列为工业生产自动化的四大支柱。

5.1.1　PLC 的控制功能和性能指标

　　1. PLC 的控制功能

　　（1）开关量控制　　开关量控制也就是逻辑控制，这是 PLC 最初的应用领域，可运用在单机控制、多机群控和自动生产线控制方面，如机床、起重机、带式输送机、包装机、注塑机和电梯的控制等，如图 5-1 所示。

　　（2）模拟量控制　　很多种型号的 PLC 有模拟量处理功能，通过模拟量 I/O 模块可对温度、压力、速度、流量等连续变化的模拟量进行控制，且编程非常方便，如自动焊机控制、锅炉运行控制、连轧机的速度和位置控制等都是典型的模拟量控制的应

图 5-1　开关量控制

用，如图 5-2 所示。

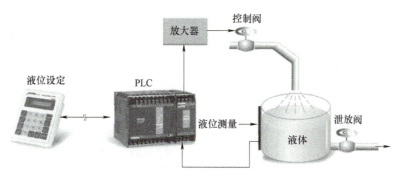

图 5-2　模拟量控制

（3）运动控制　运动控制也称为位置控制，即通过高速计数模块和位置控制模块进行单轴或多轴控制，实现直线运动或圆周运动。运动控制广泛应用在金属切削机床、电梯、机器人等各种机械设备上，例如将 PLC 和计算机数控装置 CNC 组合成一体，构成先进的数控机床，如图 5-3 所示。

（4）数据处理　现代 PLC 能够完成数学运算（函数运算、矩阵运算、逻辑运算），数据的移位、比较、传递，数值的转换和查表等操作，以便对数据进行采集、分析和处理。例如柔性制造系统、机器人控制系统、多点同步运行控制系统等都会用到数据处理。

图 5-3　数控机床

（5）监控功能　PLC 能监控系统各部分的运行状态和进程，对系统出现的异常情况进行报警和记录，甚至自动终止运行；也可在线调整、修改控制程序中的定时、计数等设定值或强制 I/O 状态，如图 5-4 所示。

（6）通信联网　PLC 与 PLC 之间、PLC 与上位计算机或 PLC 与智能仪表和智能执行装置（如变频器）之间的通信，可利用 PLC 和计算机的 RS-232 或 RS-422 接口、PLC 的专用通信模块，通过双绞线、同轴电缆或光缆构成的网络，实现相互间的信息交换，构成"集中管理、分散控制"的多级分布式控制系统，建立自动化网络，如图 5-5 所示。

2. PLC 的常见技术性能指标

（1）输入/输出（I/O）点数　I/O 点数即输入、输出端子的个数，点数越多，控制规模就越大。

（2）扫描速度　扫描速度指 PLC 执行程序的速度，以 ms/千步为单位。如 20ms/千步，表示扫描 1 千步的程序所需的时间是 20ms。有时也以执行一步指令的时间计，以 μs/步为单位。

（3）程序存储器容量　程序存储器容量即内存容量，该参数决定了 PLC 可以容纳程序的长短，以字节为单位。在 PLC 中程序指令是按步存放的，一步占用一个地址单元，一个地址单元一般占用两个字节。一般一个地址单元也称为一个字，一个字为 16 位二进制数，每 8 位

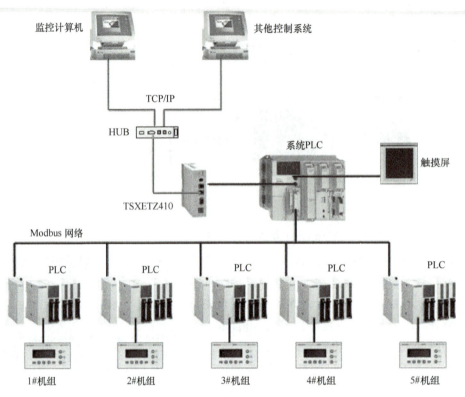

图 5-4　监控功能

126

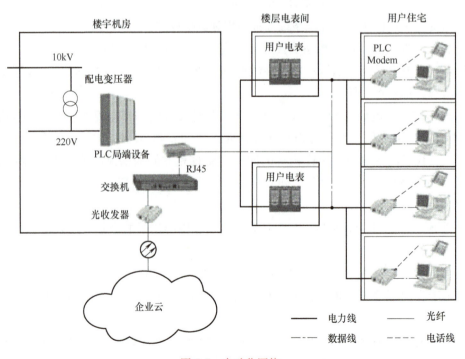

图 5-5　自动化网络

二进制数为一个字节。

（4）指令条数 指令条数是衡量 PLC 软件功能强弱的主要指标。指令条数及种类越多，其编程功能就越强，即处理能力、控制能力越强。

（5）内部寄存器 PLC 内部有许多种寄存器用以存放变量状态、中间结果、数据等，如内部继电器寄存器、特殊继电器寄存器、数据寄存器、定时/计数寄存器、系统寄存器等。这些内部寄存器可以提供许多特殊功能或简化整体系统设计。因此内部寄存器的配置是衡量 PLC 硬件功能的一个指标。

（6）高功能模块 PLC 除主控模块外还可以配置各种高功能模块。主控模块可实现基本控制功能，高功能模块可实现某一种特殊控制功能。高功能模块的多少，是衡量 PLC 产品水平高低的重要标志。常用高功能模块如 A/D 模块、D/A 模块、高计数模块、速度控制模块、位置控制模块、温度控制模块、轴定位模块、通信模块、高级语言编辑模块以及各种物理量转换模块等。

5.1.2 PLC 的基本结构和作用

一般 PLC 分为整体式和组合式两类：整体式 PLC 应用于小型单机控制，其外形如图 5-6 所示，其结构组成框图如图 5-7 所示；组合式 PLC 应用于大型多机网络式控制，其外形如图 5-8 所示，其结构组成框图如图 5-9 所示。

图 5-6　整体式 PLC 的外形

127

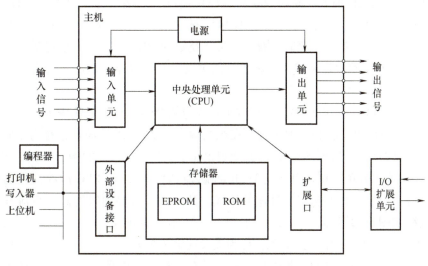

图 5-7　整体式 PLC 结构组成框图

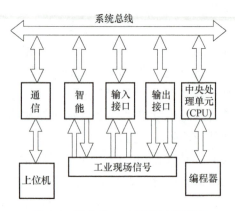

图 5-8　组合式 PLC 的外形　　　图 5-9　组合式 PLC 结构组成框图

现以整体式 PLC 为例，说明其内部结构及各部分结构的作用。

1. 中央处理单元

中央处理单元即 CPU，它是 PLC 的运算、控制中枢，它按照 PLC 系统程序赋予的功能接收并存储从编程器键入的程序和数据，检查电源、存储器、I/O 接口以及警戒定时器的状态，并能诊断程序中的语法错误。PLC 的档次越高，所用的 CPU 的位数越多，运算速度越快，功能也越强。

2. 存储器

PLC 配有系统存储器和程序存储器两种存储器。在系统存储器中存放着相当于计算机操作系统的系统程序，包括监控程序、管理程序、命令解释程序、功能子程序、系统诊断子程序等。由制造厂商将这些程序固化在 ROM 中，不能直接存取。它和硬件一起决定了该 PLC 的性能。程序存储器用来存放编制的控制程序。存储器常用类型有 ROM、RAM、EPROM 和 EEPROM。

3. 输入/输出单元

输入/输出单元又称为 I/O 模块或接口，PLC 通过 I/O 接口与工业生产过程现场相联系。为了保证能在恶劣的工业环境中使用，I/O 接口都有光电隔离装置，使外部电路与 PLC 内部之间完全避免了电的联系，有效地抑制了外部干扰源对 PLC 的影响，还可防止外部强电窜入内部 CPU；在 PLC 电路电源和输入、输出电路中设置有多种滤波电路，可有效抑制高频干扰信号。

1）开关量输入接口。PLC 输入接口都采用光电耦合器，且为电流输入型，能有效地避免输入端可能引入的电磁干扰和辐射干扰。在光电输出端设置 RC 滤波器，是为了防止用开关类触点输入时触点抖动引起的误动作，因此使得 PLC 内部约有 10ms 的响应滞后。当各种传感器（如接近开关、光电开关、霍尔开关等）作为输入点时，可以用 PLC 内部提供的电源或外部独立电源供电，但是为此也规定了具体的接线方法，使用时要加以注意。直流开关量输入接口原理及接线如图 5-10 所示。

有的 PLC 输入单元不用外接电源，称为无源式输入单元。

2）开关量输出接口。PLC 的输出形式主要有三种：继电器输出、晶体管输出和晶闸管输出。

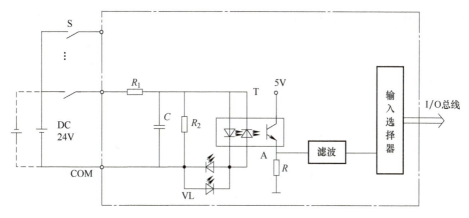

图 5-10 直流开关量输入接口原理及接线

① 继电器输出：这种输出形式的开关速度低、负载能力大，适用于低频交直流负载的场合，如图 5-11 所示。

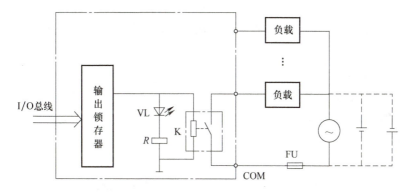

图 5-11 继电器输出

② 晶体管输出：这种输出形式的开关速度高、负载能力小，适用于高频直流负载场合，如图 5-12 所示。

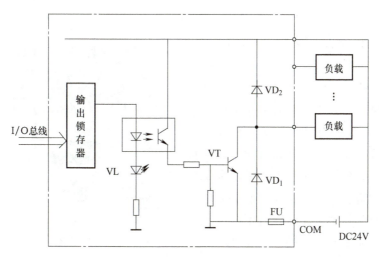

图 5-12 晶体管输出

③ 晶闸管输出：这种输出形式的开关速度高，负载能力小，适用于高频交直流负载场合，如图 5-13 所示。

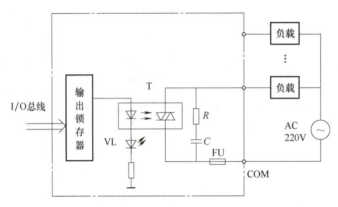

图 5-13　晶闸管输出

注意事项如下：

① PLC 输出接口是成组的，有汇点式和隔离式两种。每一组都有一个 COM 口，只能使用同一种电源电压。

② PLC 输出负载能力有限。

③ 对于电感性负载应加阻容保护。

④ 负载采用的直流电源小于 30V 时，为了缩短响应时间，可用并联续流二极管的方法改善响应时间。

4. 电源

PLC 电源在整个系统中起着十分重要的作用，PLC 配有开关稳压电源的电源模块，用来将外部供电电源转换成供 PLC 内部 CPU、存储器、I/O 接口等电路工作所需的直流电源。同时，有的还为输入电路提供 24V 的工作电源，用于对外部传感器供电，避免由于外部电源污染或不合格电源引起的故障。小型 PLC 的电源往往和 CPU 单元合为一体，大中型 PLC 都有专用电源部件。

5. 扩展口

扩展口是 PLC 的总线接口，当所需的 I/O 点数超出主机的点数，可以通过加接 I/O 扩展单元来解决，主机与 I/O 扩展单元通过扩展口连接，如图 5-14 所示。PLC 具有多种 I/O 扩展单元（模块），常见的有 A/D、D/A 模块；另外还有快速响应模块、高速计数模块、通信接口模块、温度控制模块、中断控制模块和定位控制模块等种类繁多、功能各异的专用 I/O 扩展单元和智能 I/O 扩展单元。针对不同的工业控制应用场合，选择 I/O 扩展单元与基本单元连用，可充分发挥 PLC 灵活、通用、可靠、迅

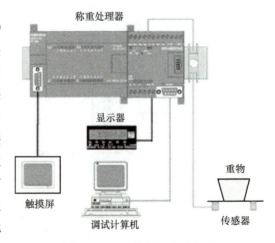

图 5-14　PLC 扩展口连接方式

捷的优势。

6. 外部设备接口

外部设备通过该接口与 PLC 联系，完成人机对话。如：外部存储器、EPROM 写入器、人机接口（触摸屏）等，也通过此接口与专用编程器或计算机相连，以编写 PLC 控制程序、输入程序、调试程序、修改程序，以及在线监视 PLC 的工作状态等。

5.1.3　PLC 的工作原理

PLC 采用循环扫描工作方式，当 PLC 投入运行时，首先它以扫描的方式接收现场各输入装置的状态和数据，并分别存入 I/O 映像区，然后从程序存储器中逐条读取程序，经过命令解释后按指令的规定执行逻辑或算术运算，再将结果送入 I/O 映像区或数据寄存器内。等所有的程序执行完毕之后，最后将 I/O 映像区的各输出状态或输出寄存器内的数据传送到相应的输出装置，完成一个扫描周期。如此循环运行，直到停止运行，如图 5-15 所示。每个扫描过程顺序分为三个阶段，每重复一次就是一个扫描周期。

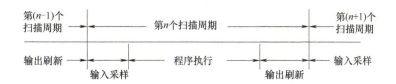

图 5-15　循环扫描工作方式

1. 输入采样阶段

这一阶段也称为输入刷新阶段，即 PLC 以扫描方式按顺序先将所有输入端的信号状态读入输入状态寄存器（输入映像区）。输入采样结束后，即使输入信号状态发生改变，输入状态寄存器（输入映像区）中的相应内容也不会发生改变。

2. 程序执行阶段

PLC 将按梯形图从上至下、从左到右的顺序，对由各种继电器、定时器、计数器等构成的梯形图控制线路进行逻辑运算，然后根据逻辑运算的结果，刷新输出继电器或系统内部继电器的状态。

3. 输出刷新阶段

当所有的指令执行完毕时，PLC 输出状态寄存器（输出映像区）中的所有状态通过输出电路驱动输出设备（负载），也就是 PLC 的输出刷新阶段。输出刷新后，PLC 再次执行输入采样，开始一个新的扫描周期。

例如图 5-16 所示的继电器控制如下：用一个按钮 SB1（输入信号）控制 3 个输出量：KM1、KM2、KM3。电路中 KM2 与 KM3 具有相同的响应速度（SB1 闭合→KM1 接通→KM2、KM3 同时接通）。

用 PLC 可做成同样效果的梯形图，用一个输入信号 I0.0 控制 3 个输出量：Q0.1、Q0.2、Q0.3，如图 5-17 所示。下面以三个扫描周期（见图 5-18），来说明控制过程中输出的滞后问题：

周期1：输入信号还未进入输入映像区，I0.0 输入映像区中的状态为"OFF"，所有输出 Q0.1、Q0.2、Q0.3 均为"OFF"。

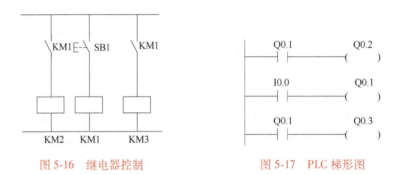

图 5-16　继电器控制　　　　　　　　图 5-17　PLC 梯形图

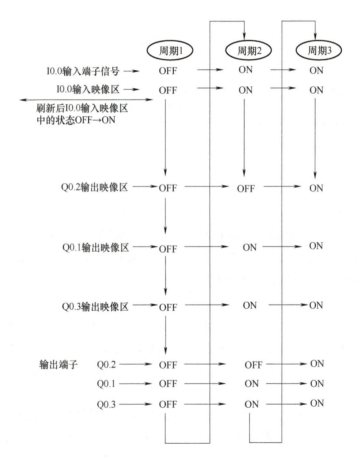

图 5-18　扫描周期分析

周期2：在输入采样阶段，I0.0 输入信号进入输入映像区，I0.0 输入映像区中的状态变为"ON"。由于之前扫描到 Q0.2 时，Q0.1 尚处在断开状态，所以 Q0.2 为"OFF"；而在第二个周期中，Q0.1 在输出映像区中的状态在程序执行后变为"ON"，所以，后扫描的 Q0.3 在其输出映像区中的状态也变为"ON"。这样，第二周期的结果就是：Q0.2 为"OFF"，Q0.1 和 Q0.3 为"ON"。

周期 3：由于 Q0.1 在其输出映像区中的状态已为"ON"，此时 Q0.2 才能接通为"ON"。

Q0.2 的响应滞后 Q0.3 一个扫描周期，在输入条件为"ON"时，Q0.2 的输出延迟响应。若在梯形图中，将 Q0.2 和 Q0.3 互换位置，则执行结果使 Q0.3 的响应滞后于 Q0.2 一个扫描周期。输入输出滞后现象除了与上述 PLC 的"集中输入刷新，顺序扫描工作方式"有关，还与输入滤波器的时间常数以及输出继电器的机械滞后有关。对于一般工业控制设备，这些滞后现象是完全允许的。但对于有些设备，特别是需要 I/O 迅速响应的，则应采用快速响应模块、高速计数模块及中断处理模块。并且，编制程序应尽量简洁，选择扫描速度快的 PLC 机种，从而减少滞后时间。

5.2　西门子 S7-200 系列 PLC 的指令系统

常用的西门子 S7 系列 PLC 有 S7-200、S7-300、S7-400，三者分别为 S7 系列的小、中、大型 PLC 系统，如图 5-19 所示。S7 系列 PLC 的编程均使用 STEP7 编程语言。这里以 S7-200 系列 PLC 为例，叙述小型 PLC 的系统构成、I/O 扩展、寻址方式、内部软元件等 PLC 应用的基础知识。

133

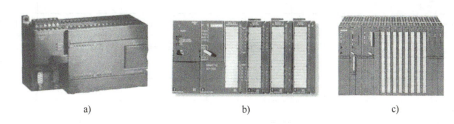

a)　　　　　　　　　　　　b)　　　　　　　　　　　　c)

图 5-19　西门子 S7 系列 PLC

a）S7-200 系列　b）S7-300 系列　c）S7-400 系列

S7-200 系列 PLC 是德国西门子公司生产的一种超小型 PLC，超小型是指其功能具有大、中型 PLC 的水平，而价格却和小型 PLC 的价格一样，因此，它一经推出，即受到广泛的关注。特别是 S7-200 CPU22X 系列 PLC，由于它具有多种功能模块和人机界面可供选择，使得采用 S7-200 CPU22X 系列 PLC 来完成控制系统的设计时更加简单，系统的集成非常方便，几乎可以完成任何功能的控制任务。

5.2.1　S7-200 系列 PLC 内部寄存器及 I/O 配置

S7-200 系列 PLC 有 CPU21X 系列和 CPU22X 系列等细分的派生，其中 CPU22X 系列 PLC 提供了 4 个不同的基本型号，常见的有 CPU221、CPU222、CPU224 和 CPU226 四种基本型号。小型 PLC 中，CPU221 价格低廉，能满足多种集成功能的需要。CPU222 是 S7-200 家族中低成本的型号，通过连接的扩展模块即可处理模拟量。CPU224 具有更多的 I/O 点及更大的存储器。CPU226 和 CPU226XM 是功能最强的型号，可完全满足一些中小型复杂控制系统的要求。CPU22X 系列主要技术指标见表 5-1。

表 5-1　CPU22X 系列主要技术指标

型号	CPU221	CPU222	CPU224	CPU226	CPU226XM
数据存储器类型	EEPROM	EEPROM	EEPROM	EEPROM	EEPROM
程序空间（永久保存）	2048 字	2048 字	4096 字	4096 字	8192 字
数据存储器	1024 字	1024 字	2560 字	2560 字	5120 字
数据后备（超级电容）典型值/h	50	50	190	190	190
主机 I/O 点数	6/4	8/6	14/10	24/16	24/16
可扩展模块	无	2	7	7	7
24V 传感器电源最大电流/限制电流	180/600mA	180/600mA	280/600mA	400/约1500mA	400/约1500mA
最大模拟量输入/输出	无	16/16	28/7 或 14	32/32	32/32
AC 240V 电源 CPU 输入电流/最大负载电流	25/180mA	25/180mA	35/220mA	40/160mA	40/160mA
DC 24V 电源 CPU 输入电流/最大负载电流	70/600mA	70/600mA	120/900mA	150/1050mA	150/1050mA
为扩展模块提供的 DC 5V 电源的输出电流		最大 340mA	最大 660mA	最大 1000mA	最大 1000mA
内置高速计数器	4（30kHz）	4（30kHz）	6（30kHz）	6（30kHz）	6（30kHz）
高速脉冲输出	2（20kHz）	2（20kHz）	2（20kHz）	2（20kHz）	2（20kHz）
模拟量调节电位器	1 个	1 个	2 个	2 个	2 个
实时时钟	有（时钟卡）	有（时钟卡）	有（内置）	有（内置）	有（内置）
RS-485 通信口	1	1	1	1	1
各组输入点数	4，2	4，4	8，6	13，11	13，11
各组输出点数	4（DC电源）1,3（AC电源）	6（DC电源）3,3（AC电源）	5,5（DC电源）4,3,3（AC电源）	8,8（DC电源）4,5,7（AC电源）	8,8（DC电源）4,5,7（AC电源）

CPU221 具有 6 个输入点和 4 个输出点；CPU222 具有 8 个输入点和 6 个输出点；CPU224 具有 14 个输入点和 10 个输出点；CPU226/226XM 具有 24 个输入点和 16 个输出点，见表5-2。CPU22X 主机的输入点为 24V 直流双向光电耦合输入电路，输出有继电器和直流晶体管（MOS 型）两种形式。

表 5-2　S7-200 系列 PLC 的输入点和输出点

	CPU221	CPU222	CPU224	CPU226（XM）
输入点/输出点	6 入/4 出	8 入/6 出	14 入/10 出	24 入/16 出
输入点地址	I0.0~I0.5	I0.0~I0.7	I0.0~I0.7 I1.0~I1.5	I0.0~I0.7 I1.0~I1.7 I2.0~I2.7
输出点地址	Q0.0~Q0.3	Q0.0~Q0.5	Q0.0~Q0.7 Q1.0~Q1.1	Q0.0~Q0.7 Q1.0~Q1.7

1. 西门子 PLC 的编址方式

PLC 的编址就是对 PLC 内部的软元件进行编码，以便程序执行时可以唯一地识别每个软元件。PLC 内部在数据存储区为每一种软元件分配了一个存储区域，并用字母作为区域标志符，同时表示软元件的类型。存储器的单位可以是位（bit）、字节（Byte）、字（Word）、双字（Double Word），那么编址方式也可以分为位、字节、字、双字编址。

（1）位编址　位编址的指定方式为：（区域标志符）字节号. 位号，见表 5-3。

表 5-3　位编址

I	0	.	0
标志域（输出 Q、输入 I）	字节地址	字节号和位号的分隔点	字节中位的编号（0~7）

（2）字节编址　字节编址的指定方式为：（区域标志符）B（字节号），例如 IB0 表示由 I0.0~I0.7 这 8 位组成的字节。

（3）字编址　字编址的指定方式为：（区域标志符）W（起始字节号），且最高有效字节为起始字节。例如 VW0 表示由 VB0 和 VB1 这两个字节组成的字。

（4）双字编址　双字编址的指定方式为：（区域标志符）D（起始字节号），且最高有效字节为起始字节。例如 VD0 表示由 VB0~VB3 这 4 个字节组成的双字。

2. 西门子 PLC 内部元件功能及地址分配

（1）输入继电器（I）　输入继电器是 PLC 用来接收设备输入信号的接口。它实质上是存储单元。每一个"输入继电器"线圈都与相应的 PLC 输入端相连，当外部开关信号闭合，则"输入继电器的线圈"得电，在程序中其常开触点闭合，常闭触点断开。由于存储单元可以无限次读取，所以有无数对常开、常闭触点供编程时使用。编程时应注意，在编制的梯形图中只应出现"输入继电器"的触点，而不应出现"输入继电器"的线圈。

输入继电器可采用位、字节、字或双字来存取。输入继电器位存取的地址编号范围为 I0.0~I15.7，共有 128 点。

（2）输出继电器（Q）　"输出继电器"是用来将输出信号传送到负载的接口，输出继电器线圈的通断状态只能在程序内部用指令驱动。

输出继电器可采用位、字节、字或双字来存取。输出继电器位存取的地址编号范围为 Q0.0~Q15.7。

以上两种继电器是和外部设备有联系的，因而是 PLC 与外部联系的窗口。下面介绍的是与外部设备没有联系的内部继电器，它们既不能用来接收信号，也不能用来驱动外部负载，只能用于编制程序，即线圈和触点都只能出现在梯形图中。

（3）变量存储器（V）　变量存储器主要用于存储变量。可以存放数据运算的中间运算结果或设置参数，在进行数据处理时，变量存储器会被经常使用。其位存取的编号范围根据 PLC 的型号有所不同，CPU221/222 为 V0.0~V2047.7，共 2KB 存储容量，CPU224/226 为 V0.0~V5119.7，共 5KB 存储容量。

（4）内部标志位存储器（中间继电器 M）　内部标志位存储器用来保存控制继电器的中间操作状态，其作用相当于继电器控制中的中间继电器，内部标志位存储器在 PLC 中没有输入/输出端与之对应，其线圈的通断状态只能在程序内部用指令驱动，触点也不能直接驱动外部负载，只能在程序内部驱动输出继电器的线圈，再用输出继电器的触点去驱动外部负载。

内部标志位存储器可采用位、字节、字或双字来存取。内部标志位存储器位存取的地址编号范围为 M0.0~M31.7，共 32 个字节。

（5）特殊标志位存储器（SM）　PLC 中还有若干特殊标志位存储器，特殊标志位存储器位提供了大量的状态和控制功能，用来在 CPU 和程序之间交换信息，特殊标志位存储器能以位、字节、字或双字来存取，CPU224 的特殊标志位存储器的位地址编号范围为 SM0.0~SM179.7，共 180 个字节。其中 SM0.0~SM29.7 的 30 个字节为只读型区域。特殊标志位存储器的用途可查阅相关手册。

（6）局部变量存储器（L）　局部变量存储器用来存放局部变量，局部变量存储器和变量存储器十分相似，主要区别在于变量存储器存储的全局变量是全局有效的，即同一个变量可以被任何程序（主程序、子程序和中断程序）访问。而局部变量只是局部有效，即变量只和特定的程序相关联。

局部变量存储器其位存取的地址编号范围为 L0.0~L63.7。局部变量存储器也可以作为地址指针。

（7）定时器（T）　PLC 所提供的定时器的作用相当于继电器控制系统中的时间继电器。每个定时器可提供无数对常开和常闭触点供编程使用，其设定时间由程序设置。

每个定时器有一个 16 位的当前值寄存器，用于存储定时器累计的时基增量值（1~32767），还有一个状态位表示定时器的状态。若当前值寄存器累计的时基增量值大于或等于设定值时，定时器的状态位被置"1"，该定时器的常开触点闭合。

定时器的定时精度分别为 1ms、10ms 和 100ms 三种，CPU222、CPU224 及 CPU226 的定时器地址编号范围为 T0~T225，它们分辨率、定时范围并不相同，应根据所用 PLC 型号及时基正确选用定时器的编号。

（8）计数器（C）　计数器用于累计计数输入端接收到的由断开到接通的脉冲个数。计数器可提供无数对常开和常闭触点供编程使用，其设定值由程序赋予。

计数器的结构与定时器基本相同，每个计数器都有一个 16 位的当前值寄存器用于存储计数器累计的脉冲数，还有一个状态位表示计数器的状态。若当前值寄存器累计的脉冲数大于或等于设定值，则计数器的状态位被置"1"，该计数器的常开触点闭合。计数器的地址编号范围为 C0~C255。

（9）高速计数器（HC）　一般计数器的计数频率受扫描周期的影响，不能太高。而高速计数器可用来累计比 CPU 的扫描速度更快的事件。高速计数器的当前值是一个双字长（32位）的整数，且为只读值。

高速计数器的地址编号范围根据 CPU 的型号有所不同，CPU221/222 各有 4 个高速计数器，CPU224/226 各有 6 个高速计数器，编号为 HC0~HC5。

（10）累加器（AC）　累加器是用来暂存数据的寄存器，它可以用来存放运算数据、中间数据和结果。CPU 提供了 4 个 32 位的累加器，其地址编号为 AC0~AC3。累加器的可用长度为 32 位，可采用字节、字、双字的存取方式，按字节、字只能存取累加器的低 8 位或低 16 位，双字可以存取累加器全部的 32 位。

（11）顺序控制继电器（状态元件 S）　顺序控制继电器是使用步进顺序控制指令编程时

的重要状态元件，通常与步进指令一起使用以实现顺序功能流程图的编程。

顺序控制继电器的地址编号范围为 S0.0~S31.7。

（12）模拟量输入/输出寄存器（AI/AQ）　S7-200 系列 PLC 的模拟量输入电路是将外部输入的模拟量信号转换成 1 个字长（16 位）的数字量存入模拟量输入寄存器区域，区域标志符为 AI。

模拟量输出电路是将模拟量输出寄存器区域的 1 个字长的数字量转换为模拟电流或电压输出，区域标志符为 AQ。

在 PLC 内的数字量字长为 16 位，即两个字节，故其地址均以偶数表示，如 AIW0、AIW2…和 AQW0、AQW2…

模拟量输入/输出寄存器的地址编号范围根据 PLC 的型号的不同有所不同。CPU222 为 AIW0~AIW30/AQW0~AQW30；CPU224/226 为 AIW0~AIW62/AQW0~AQW62。

3. S7-200 系列 PLC 的 I/O 扩展配置

S7-200 系列 PLC 的扩展配置是由 S7-200 系列 PLC 的基本单元和扩展单元组成。扩展单元没有 CPU，作为基本单元输入/输出点数的扩充，只能与基本单元连接使用。不能单独使用。S7-200 的扩展单元包括数字量扩展模块、模拟量扩展模块、热电偶和热电阻扩展模块以及 PROFIBUS.DP 通信模块。

其扩展单元的数量受两个条件约束：一个是基本单元能带扩展单元的数量；另一个是基本单元的电源承受扩展单元消耗 DC 5V 总线电流的能力。S7-200 系列 PLC 扩展单元的连接如图 5-20 所示。

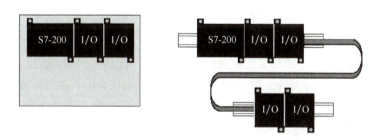

图 5-20　S7-200 系列 PLC 扩展单元的连接

例如：由 CPU224 组成的扩展配置可以由 CPU224 基本单元和最多 7 个扩展单元组成，CPU224 可以向扩展单元提供的 DC 5V 电流为 660mA。若扩展单元为 4 个 16DI/16DO 继电器输出模块 EM223 和 2 个 8DI 模块 EM221 组成，查得：EM223 模块消耗 DC 5V 总线电流为 150mA，EM221 模块消耗 DC 5V 总线电流为 30mA，总消耗电流为 660mA，等于 CPU224 可以提供的 DC 5V 电流，所以这种配置是可行的。CPU224 组成的扩展配置见表 5-4。

表 5-4　CPU224 组成的扩展配置

CPU224	EM223	EM223	EM223	EM223	EM221	EM221
I0.0~I0.7	I2.0~I2.7	I4.0~I4.7	I6.0~I6.7	I8.0~I8.7		
I1.0~I1.5	I3.0~I3.7	I5.0~I5.7	I7.0~I7.7	I9.0~I9.7	I10.0~I10.7	I11.0~I11.7
Q0.0~Q0.7	Q2.0~Q2.7	Q4.0~Q4.7	Q6.0~Q6.7	Q8.0~Q8.7		
Q1.0、Q1.1	Q3.0~Q3.7	Q5.0~Q5.7	Q7.0~Q7.7	Q9.0~Q9.7		

137

4. S7-200 系列 PLC 的 CPU 的工作方式

S7-200 系统由基本单元（CPU）、扩展单元、功能单元（模块）和外部设备（文本/图形显示器、编程器）等组成。以 CPU224 为例，它的主机包括工作方式开关、模拟电位器、I/O 扩展接口、工作方式 LED、程序存储卡、I/O 接线端子排等，其外形如图 5-21 所示。主机箱体外部的 RS-485 通信接口，用以连接编程器（手持式计算机或 PC）、文本/图形显示器、PLC 网络等外部设备。

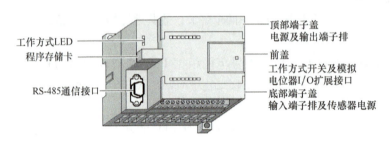

工作方式LED
程序存储卡
RS-485通信接口

顶部端子盖
电源及输出端子排
前盖
工作方式开关及模拟
电位器I/O扩展接口
底部端子盖
输入端子排及传感器电源

图 5-21　CPU224 的外形

CPU 前面板上用两个 LED 显示当前工作方式，绿色 LED 亮，表示为 RUN（运行）工作状态，CPU 在 RUN 工作方式下，PLC 按照自己的工作方式运行程序。红色 LED 亮，表示为 STOP（停止）工作方式，CPU 在 STOP 工作方式下不执行程序，此时可以通过编程器向 PLC 装载程序或进行系统设置，在程序编辑、装载等处理过程中，必须把 CPU 置于 STOP 方式。在标有 SF 的 LED 亮时表示系统故障，PLC 停止工作。

改变工作方式的方法如下：

（1）用工作方式开关改变工作方式　工作方式开关有 3 个档位：STOP、TERM（Terminal）、RUN。把工作方式开关切换到 STOP 档位，可以停止程序的执行。把开关切换到 RUN 档位，可以启动程序的执行。把工作方式开关切换到 TERM（暂态）或 RUN 档位，可允许 STEP7-Micro/WIN32 软件设置 CPU 工作状态。如果工作方式开关切换到 STOP 或 TERM 档位，电源上电时，CPU 自动进入 STOP 工作方式。切换到 RUN 档位，电源上电时，CPU 自动进入 RUN 工作方式。

（2）用编程软件改变工作方式　把工作方式开关切换到 TERM（暂态）档位，可以使用 STEP 7-Micro/WIN32 编程软件设置工作方式。

（3）在程序中用指令改变工作方式　在程序中插入一个 STOP 指令，CPU 就可由 RUN 工作方式进入 STOP 工作方式。

5.2.2　PLC 软件系统及常用编程语言

在 PLC 中有多种程序设计语言，它们是梯形图、语句表、顺序功能流程图、功能块图等。梯形图和语句表是基本程序设计语言，它通常由一系列指令组成，用这些指令可以完成大多数简单的控制功能，例如代替继电器、计数器、计时器完成顺序控制和逻辑控制等，通过扩展或增强指令集，它们也能执行其他的基本操作。

1. 梯形图（Ladder Diagram，LAD）程序设计语言

梯形图是最常用的一种程序设计语言。它来源于继电器逻辑控制系统的描述。梯形图与

原理图相对应，具有直观性和对应性。与原有的继电器逻辑控制系统的不同点是，梯形图中的能流不是实际意义的电流，内部的继电器也不是实际存在的继电器，因此在应用时，需与原有继电器逻辑控制系统的有关概念区别对待。

梯形图的指令有 3 个基本形式：

（1）触点　触点表示输入条件，如外部开关、按钮及内部条件等。CPU 运行扫描到触点时，会到触点指定的存储器位访问（即 CPU 对存储器的读操作）。该位数据（状态）为 1 时，表示"能流"能通过。CPU 读操作的次数不受限制，程序中常开触点和常闭触点可以使用无数次。梯形图触点表示方法如图 5-22 所示。

（2）线圈　线圈表示输出结果，通过输出接口电路来控制外部的指示灯、接触器以及内部的输出条件等。线圈左侧触点组成的逻辑运算结果为 1 时，"能流"可以到达线圈，使线圈得电动作，CPU 将线圈指定的存储器的位置 1，若逻辑运算结果为 0，线圈不通电，存储器的位置 0。即线圈代表 CPU 对存储器的写操作。PLC 采用循环扫描的工作方式，所以在程序中，每个线圈只能使用一次。梯形图线圈表示方法如图 5-23 所示。

图 5-22　梯形图触点表示方法　　　　图 5-23　梯形图线圈表示方法

（3）指令盒　指令盒代表一些较复杂的功能，如定时器、计数器或数学运算指令等。当"能流"通过指令盒时，执行指令盒所代表的功能。梯形图指令盒表示方法如图 5-24 所示。

梯形图的许多图形符号与继电器控制系统电路图有对应关系。其编程思想也与继电器控制系统基本一致，只是 PLC 在编程中使用的继电器、定时器、计数器等，其功能都是由软元件实现的。图 5-25 是一个典型的梯形图，左右两条垂直的线称为母线（右母线可以省略）。在左右两母线之间，元件相关符号及触点在水平方向上串联或并联，以表达它们之间的"与"及"或"的关系。图 5-25 所示梯形图中主要的符号是触点及线圈，它们都属于 PLC 中一定的存储单元，即前面提到的"软元件"。

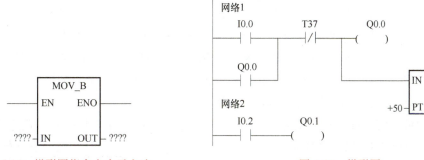

图 5-24　梯形图指令盒表示方法　　　　图 5-25　梯形图

2. 语句表（Statement List，STL）程序设计语言

语句表程序设计语言也称为指令表编程，类似于计算机中的助记符语言，它是用布尔助记符来描述程序的一种程序设计语言，也是 PLC 最基础的编程语言。所谓指令表编程，是指用一系列的指令表达程序的控制要求。一条典型的指令往往由两部分组成：一部分是由几个容易记忆的字符来代表 PLC 的某种操作功能，称为助记符；另一部分是指令控制的操作数地址，简称操作数。指令还和梯形图有一定的对应关系。不同厂家 PLC 的指令不尽相同，本节介绍的是 S7-200 系列 PLC 的梯形图及指令。

例如，图 5-25 中的梯形图转换为语句表程序如下：

网络 1

LD I0.0

O   Q0.0

AN T37

=   Q0.0

TON T37，+50

网络 2

LD I0.2

=   Q0.1

3. 顺序功能流程图（Sequential Function Chart，SFC）程序设计语言

顺序功能流程图程序设计是近年来发展起来的一种较新的程序设计方法。采用顺序功能流程图后，控制系统可分为若干个子系统，再从功能入手，用"功能图"表达一个顺序控制过程。图中用矩形框表示整个控制过程中的一个个"状态"，也称"功能"或"步"，用线段表示矩形框间的关系及方框间状态转换的条件，使系统的操作具有明确的含义，便于设计人员和操作人员在设计思想上的沟通，也便于程序的分工设计和检查调试。顺序功能流程图的主要元素是步、转移、转移条件和动作。图 5-26 所示为典型的顺序功能流程图，矩形框中的数字代表顺序步，每一步对应一个任务或动作，每个顺序步的步进条件以及每个顺序步执行的功能可以写在矩形框右边。

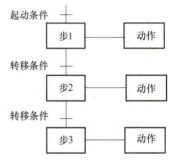

图 5-26 顺序功能流程图

4. 功能块图（Function Block Diagram，FBD）程序设计语言

功能块图程序设计语言是采用逻辑门电路的编程语言，有数字电路基础的人很容易掌握。和梯形图相比，功能块图没有母线、触点及线圈，只有表示指令功能的矩形框，方框间用线段表示互相之间的联系，整个图形则用来表示一定的控制功能。功能块图指令由输入、输出段及逻辑关系函数组成。用 STEP 7-Micro/Win32 编程软件将图 5-25 所示的梯形图转换为 FBD 程序后如图 5-27 所示。矩形框的左侧为逻辑运算的输入变量，右侧为输出变量，输入/输出端的小圆圈表示"非"运算，信号自左向右流动。

5. STEP 7-Micro/WIN 编程软件简介

STEP 7-Micro/WIN 编程软件为开发、编辑和监控用户的应用程序提供了良好的环境。为了能快捷、高效地开发应用程序，

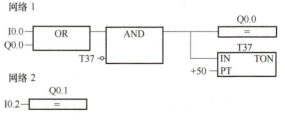

图 5-27 功能块图

STEP 7-Micro/WIN 软件提供了 3 种程序编辑器。为便于找到所需的信息，STEP 7-Micro/WIN 还提供了一个详尽的在线帮助以及一个文档光盘。

STEP 7-Micro/WIN 编程软件的基本功能是在离线条件下，可以实现程序的输入、编辑、编译等功能；在联机条件下可实现程序的上传、下载、通信测试及实时监控等功能。

（1）安装 STEP 7-Micro/WIN　将 STEP 7-Micro/WIN 安装光盘插入计算机光盘驱动器，安装向导程序将自动启动并引导完成整个安装过程。安装完成后单击"Finish"按钮完成安装。必要时可查看光盘软件的 Readme 文件，按照提示步骤安装。

（2）启动 STEP 7-Micro/WIN　打开 STEP 7-Micro/WIN 或双击桌面的 STEP 7-Micro/WIN 快捷方式图标，也可以在命令菜单中选择"开始"→"Simatic"→"STEP 7-MicroWIN 32"均可启动软件，如

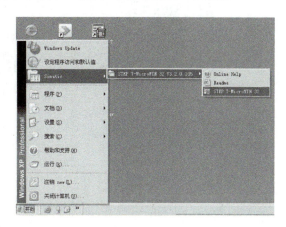

图 5-28　启动 STEP 7-Micro/WIN

图 5-28 所示。STEP 7-Micro/WIN 的项目窗口为创建的控制程序提供了一个便利的工作环境，如图 5-29 所示。

图 5-29　新建 STEP 7-Micro/WIN 项目窗口

（3）用 STEP 7-Micro/WIN 创建程序　启动 STEP 7-Micro/WIN 后，就可以创建一个新的程序了。STEP 7-Micro/WIN 提供 3 种程序编辑器来创建程序：梯形图、语句表和功能块图，如图 5-30 所示。尽管有一定限制，但是用任何一种程序编辑器编写的程序都可以用另外两种程序编辑器来浏览和编辑。

工具栏提供了常用的菜单命令的快捷按钮，可以显示或者隐藏任意工具栏。操作栏为访问 STEP 7-Micro/WIN 中不同的程序组件提供了一组图标。指令树显示了所有的项目对象和创建的控制程序所需要的指令。可以将指令从指令树中拖到应用程序中，也可用双击指令的方

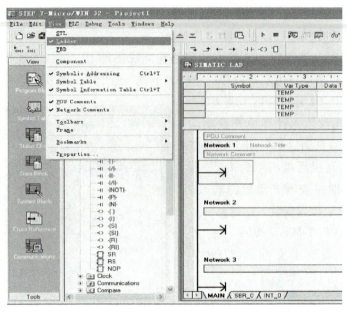

图 5-30　程序编辑器

法将该指令插入到程序区中的当前指针所在地。程序区中包括程序逻辑和局部变量表。可以在局部变量表中为临时的局部变量定义符号名。在程序区的底部有子程序和中断服务程序的标签。单击这些标签，可以在主程序、子程序和中断服务程序之间实现切换。

通常利用梯形图进行程序的输入，而程序的编辑包括程序的剪切、复制、粘贴、插入和删除，字符串替换、查找等。还可以利用符号表对 POU 中的符号赋值，如图 5-31 所示。

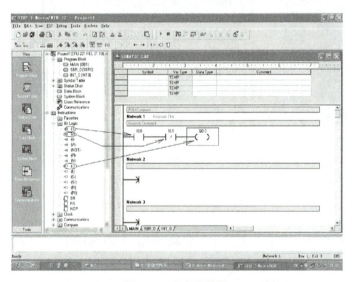

图 5-31　程序的编辑

程序编辑完成后，还要进行编译，此时可在工具栏中单击编译快捷键 。程序编译时能明确指出存在错误的网络段，用户可以根据错误提示对程序进行修改，然后再次编译，直至编译无误。

（4）建立 S7-200 系列 PLC 的通信　S7-200 系列 PLC 的通信方式有两种：

1）PC/PPI 电缆通信。PLC 用 PC/PPI 电缆与 PC 连接，如图 5-32 所示。

2）MPI 通信。多点接口（MPI）卡提供了一个 RS-485 端口，可以用 MPI 电缆和网络进行连接，如图 5-33 所示。

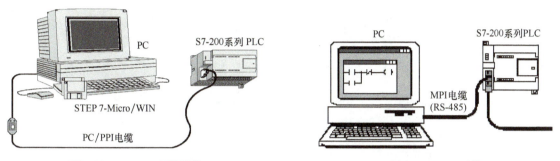

图 5-32　PC/PPI 电缆通信　　　　　　　　　　　图 5-33　MPI 通信

单击 STEP 7-Micro/WIN 的图标，打开一个新的项目，注意左侧的操作栏。可以用操作栏中的图标打开 STEP 7-Micro/WIN 项目中的组件。单击操作栏中的通信图标 进入通信对话框。可以用这个对话框为 STEP 7-Micro/WIN 设置通信参数，如图 5-34 所示。

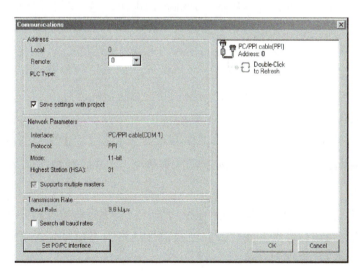

图 5-34　通信对话框

用通信对话框建立与 S7-200 系列 PLC 通信的步骤如下：

1）在通信对话框中双击刷新图标 ，STEP 7-Micro/WIN 会搜寻并显示所连接的 S7-200 系列 PLC 的 CPU 图标。

2）选择 S7-200 系列 PLC 并单击 "OK" 按钮。

（5）程序的下载及上传　程序编译成功后，在工具栏中单击下载快捷键 ，就可以将程序下载到 PLC 的存储器中，如图 5-35 所示。单击上传快捷键 可以将 PLC 中未加密的程序或数据送入编程器（PC）。将选择的程序块、数据块、系统块等内容上传后，可以在程序窗口显示上传的 PLC 内部程序和数据信息。

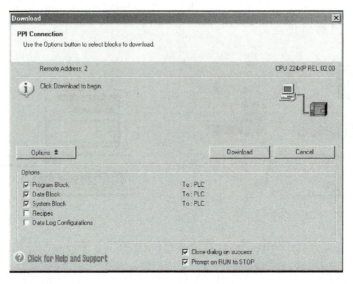

图 5-35 程序的下载

下载程序时，出于安全考虑，程序块（Program Block）、数据块（Data Block）和系统块（System Block）将存储在永久存储器中。而配方（Recipes）和数据归档组态（Data Log Configurations）将存储在存储卡中，并更新原有的配方和数据归档组态。那些不涉及下载操作的程序部分也将保留在永久存储器和存储卡中保持不变。如果程序下载涉及配方或数据归档组态，则存储卡就必须一直装在 PLC 上，否则程序可能无法正确运行。

（6）程序的监视、运行、调试

1）程序运行方式的设置。将 CPU 的工作方式开关切换到 RUN 档位。或将开关切换到 TERM（暂态）档位时，操作 STEP 7-Micro/WIN 菜单命令或单击快捷按钮 ▶ 可对 CPU 工作方式进行软件设置。

2）程序运行状态的监视和调试。运用监视功能，在程序运行状态打开下，观察 PLC 运行时各元件的工作状态及运行参数的变化，并输入信号观察输出信号是否与控制要求期望的一致，如不一致，应修改程序直到一致。

5.2.3 S7-200 系列 PLC 基本位逻辑指令

位操作指令是 PLC 常用的基本指令，梯形图指令有触点和线圈两大类，触点又分为常开触点和常闭触点两种形式；语句表指令有与、或以及输出等逻辑关系，位操作指令能够实现基本的位逻辑运算和控制。

1. 逻辑取（装载）及线圈驱动指令（见表 5-5）

1）触点代表 CPU 对存储器的读操作，常开触点和存储器的位状态一致，常闭触点和存储器的位状态相反。程序中同一触点可使用无数次。例如存储器 I0.0 的状态为 1，对应的常开触点 I0.0 接通，表示能流可以通过，对应的常闭触点 I0.0 断开，表示能流不能通过。存储器 I0.0 的状态为 0，对应的常开触点 I0.0 断开，表示能流不能通过，对应的常闭触点 I0.0 接通，表示能流可以通过。

表 5-5 逻辑取（装载）及线圈驱动指令

指令	操作数	指令功能	梯形图	语句表	使用说明
LD	I、Q、M、SM、T、C、V、S	常开触点逻辑运算的开始，对应梯形图在左侧母线或线路分支点处初始装载一个常开触点	网络1 I0.0 Q0.0 ┤├——（ ） 网络2 I0.0 M0.0 ┤/├——（ ）	网络1 LD I0.0 = Q0.0 网络2 LDN I0.0 = M0.0	LD、LDN 指令用于与输入公共母线（输入母线）相连的点，也可与 OLD、ALD 指令配合使用于分支回路的开头 "="可以并联使用任意次，但不能串联。输出端不带负载时，控制线圈应尽量使用 M 或其他，而不用 Q
LDN		常闭触点逻辑运算的开始（即对操作数的状态取反），对应梯形图在左侧母线或线路分支点处初始装载一个常闭触点			
=	Q、M、SM、T、C、V、S	输出指令，对应梯形图为线圈驱动，同一元件只能使用一次			

2）线圈代表 CPU 对存储器的写操作，若线圈左侧的逻辑运算结果为"1"，表示能流能够到达线圈，CPU 将该线圈所对应的存储器的位置为"1"，若线圈左侧的逻辑运算结果为"0"，表示能流不能够到达线圈，CPU 将该线圈所对应的存储器的位置为"0"。程序中，同一线圈只能使用一次。

2. 触点串并联指令（见表 5-6）

表 5-6 触点串并联指令

指令	操作数	指令功能	梯形图	语句表	使用说明
A	I、Q、M、SM、T、C、V、S	与操作，在梯形图中表示串联的单个常开触点	网络1 I0.0 Q0.0 ┤├——（ ） I0.1 ┤├ M0.0 ┤/├ 网络2 Q0.0 I0.2 I0.3 M0.1 ┤/├┤├┤/├——（ ） M0.1 ┤├ M0.2 ┤├	网络1 LD I0.0 O I0.1 ON M0.0 = Q0.0 网络2 LDN Q0.0 A I0.2 O M0.1 AN I0.3 O M0.2 = M0.1	A/AN 是单个触点串联指令，可连续使用。若要串联多个触点组合回路时，必须使用 ALD 指令 O/ON 指令可作为并联触点指令，它紧接在 LD/LDN 指令之后用，即为其前面的 LD/LDN 指令所规定的触点并联一个触点，可以连续使用。若要并联两个以上触点的串联回路时，应采用 OLD 指令
AN		与非操作，在梯形图中表示串联的单个常闭触点			
O		或操作，在梯形图中表示并联的一个常开触点			
ON		或非操作，在梯形图中表示并联的一个常闭触点			

3. 电路块串并联指令（见表5-7）

表5-7　电路块串并联指令

指令	操作数	指令功能	梯形图	语句表	使用说明
ALD	无	电路块"与"操作，用于串联多个并联电路组成的电路块	网络1 I1.0　I1.2　Q0.0 I1.1　I1.3 ALD	LD　I1.0 O　I1.1 LD　I1.2 O　I1.3 ALD =　Q0.0	可以顺次使用ALD指令串联多个并联电路块，支路数量没有限制
OLD	无	电路块"或"操作，用于并联多个串联电路组成的电路块	网络1 I0.0　I0.1　Q0.0 I0.2　I0.3　OLD I0.4　I0.5　OLD	LD　I0.0 A　I0.1 LD　I0.2 A　I0.3 OLD LDN　I0.4 A　I0.5 OLD =　Q0.0	可以顺次使用OLD指令并联多个串联电路块，支路数量没有限制

4. 逻辑堆栈指令

S7-200系列PLC采用模拟栈的结构，用于保存逻辑运算结果及断点的地址，称为逻辑堆栈。S7-200系列PLC中有一个9层的堆栈。在此讨论断点保护功能的堆栈操作。堆栈操作指令用于处理线路的分支点。在编制控制程序时，经常遇到多个分支电路同时受一个或一组触点控制的情况，此时用堆栈操作指令可方便地将梯形图转换为语句表，见表5-8。

表5-8　逻辑堆栈指令

指令	操作数	指令功能	梯形图	语句表	使用说明
LPS	无	入栈指令LPS把栈顶值复制后压入堆栈，栈中原来数据依次下移一层，栈底值压出丢失	网络1 I0.0　I0.1　Q0.0 I0.2 LPS I0.3　Q0.1 LRD I0.4 I0.5　Q0.2 LPP	LD　I0.0 LPS LD　I0.1 O　I0.2 ALD =　Q0.0 LRD LD　I0.3 O　I0.4 ALD =　Q0.1 LPP A　I0.5 =　Q0.2	为保证程序地址指针不发生错误，入栈指令LPS和出栈指令LPP必须成对使用，最后一次读栈操作应使用出栈指令LPP 逻辑堆栈指令可以嵌套使用，最多为9层
LRD	无	读栈指令LRD把逻辑堆栈第二层的值复制到栈顶，第二层数据不变，堆栈没有压入和弹出值。但原栈顶的值丢失			
LPP	无	出栈指令LPP把堆栈弹出一层，原第二层的值变为新的栈顶值，原栈顶值从栈内丢失			

5. 置位/复位指令（见表5-9）

表5-9 置位/复位指令

指令	操作数	指令功能	梯形图	语句表	使用说明
S	N: VB, IB, QB, MB, SMB, SB, LB, AC, 常量, * VD, * AC, * LD, 取值范围为0~255, 数据类型为字节	置位指令S使能输入有效后, 从起始位S. bit开始的N个位置"1"并保持	网络1 I0.0　　Q0.0 —│ ├——(S) 　　　　　1 ⋮ 网络4 I0.1　　Q0.0 —│ ├——(R) 　　　　　1	网络1 LD I0.0 S Q0.0, 1 网络4 LD I0.1 R Q0.0, 1	对同一元件（同一寄存器的位）可以多次使用S/R指令（与=指令不同） 由于PLC是扫描工作方式的, 当置位/复位指令同时有效时, 写在后面的指令具有优先权 置位/复位指令通常成对使用, 也可以单独使用或与指令盒配合使用
R	S.bit: I, Q, M, SM, T, C, V, S, L 数据类型为布尔变量	复位指令使能输入有效后, 从起始位S. bit开始的N个位置"0"并保持			

6. 脉冲生成指令（见表5-10）

表5-10 脉冲生成指令

指令	操作数	指令功能	梯形图	语句表		使用说明
EU	无	在EU指令前的逻辑运算结果有一个上升沿（由OFF→ON）时, 产生一个宽度为一个扫描周期的脉冲, 驱动后面的输出线圈	网络1 I0.0 —│ ├—│P├—(M0.0) 网络2 M0.0　　Q0.0 —│ ├——(S) 　　　　　1 网络3 I0.1 —│ ├—│N├—(M0.1) 网络4 M0.1　　Q0.0 —│ ├——(R) 　　　　　1	网络1 LD I0.0 EU = M0.0 网络2 LD M0.0 S Q0.0, 1	网络3 LD I0.1 ED = M0.1 网络4 LD M0.1 R Q0.0, 1	EU、ED指令只在输入信号变化时有效, 其输出信号的脉冲宽度为一个扫描周期 对开机时就为接通状态的输入条件, EU指令不执行
ED	无	在ED指令前的逻辑运算结果有一个下降沿时, 产生一个宽度为一个扫描周期的脉冲, 驱动后面的输出线圈				

表5-10所示程序及运行结果分析如下：

I0.0的上升沿, 经触点（EU）产生一个扫描周期的时钟脉冲, 驱动输出线圈M0.0导通一个扫描周期, M0.0的常开触点闭合一个扫描周期, 使输出线圈Q0.0置位为1并保持。

I0.1的下降沿, 经触点（ED）产生一个扫描周期的时钟脉冲, 驱动输出线圈M0.1导通一个扫描周期，M0.1 的常开触点闭合一个扫描周期，使输出线圈 Q0.0 复位为 0 并保持。其时序分析如图 5-36 所示。

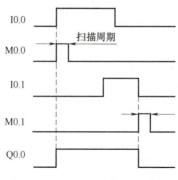

图 5-36　EU/ED 指令时序分析

5.2.4　S7-200 系列 PLC 基本功能指令

1. 定时器指令

S7-200 系列 PLC 的定时器是对内部时钟累计时间增量计时的。每个定时器均有一个 16 位的当前值寄存器用以存放当前值（16 位符号整数）；一个 16 位的预置值寄存器用以存放时间的设定值；一位状态位用以反映其触点的状态。

（1）工作方式　S7-200 系列 PLC 定时器按工作方式分为三大类定时器。其指令格式见表 5-11。

表 5-11　定时器指令格式

梯形图	语句表	说明
???? — IN TON ???? — PT	TON　T××, PT	TON——通电延时定时器 TONR——记忆型通电延时定时器 TOF——断电延时定时器 　IN 是使能输入端，指令盒上方可输入定时器的编号（T××），范围为 T0～T255 　PT 是预置值输入端，最大预置值为 32767，PT 的数据类型为 INT 　PT 操作数有 IW, QW, MW, SMW, T, C, VW, SW, AC, 常数
???? — IN TONR ???? — PT	TONR　T××, PT	
???? — IN TOF ???? — PT	TOF　T××, PT	

（2）时基　S7-200 系列 PLC 按时基分，有 1ms、10ms、100ms 三种定时器。时基标准不同，定时精度、定时范围和刷新方式均不同。

1）定时精度和定时范围。定时器使能输入有效后，当前值 PT 对 PLC 内部的时基脉冲增 1 计数，当计数值大于或等于定时器的预置值后，状态位置"1"。其中，最小计时单位为时基脉冲的宽度，即定时精度；从定时器输入有效，到状态位输出有效，经过的时间为定时时间，即：定时时间=预置值×时基。当前值寄存器为 16 位，最大计数值为 32767，由此可推算不同分辨率的定时器的设定时间范围。CPU22X 系列的 256 个定时器分属 TON（TOF）和 TONR 工作方式，以及 3 种时基标准，见表 5-12。显然，时基越大，定时时间越长，但精度越差。

表 5-12　定时器的类型

工作方式	时基/ms	最大定时范围/s	定时器号
TONR	1	32.767	T0，T64
	10	327.67	T1~T4，T65~T68
	100	3276.7	T5~T31，T69~T95
TON/TOF	1	32.767	T32，T96
	10	327.67	T33~T36，T97~T100
	100	3276.7	T37~T63，T101~T255

2）定时器的刷新方式。1ms 定时器每隔 1ms 刷新一次，与扫描周期和程序处理无关，即采用中断刷新方式。因此当扫描周期较长时，在一个周期内可能被多次刷新，其当前值在一个扫描周期内不一定一致。

10ms 定时器由系统在每个扫描周期开始时自动刷新。由于每个扫描周期内只刷新一次，故而每次程序处理期间，其当前值不变。

100ms 定时器在该定时器指令执行时刷新。下一条执行的指令即可使用刷新后的结果，这非常符合通常的思路，使用也方便可靠。但应当注意，如果该定时器的指令不是每个周期都执行，定时器就不能及时刷新，这可能导致出错。

（3）定时器工作原理　下面将从原理应用等方面分别叙述通电延时、记忆型通电延时、断电延时三种定时器的工作原理。

1）通电延时定时器（TON）工作原理：通电延时定时器的程序及时序分析如图 5-37 所示。当 I0.0 接通时即 IN 为"1"时，驱动通电延时定时器 T37 开始计时，当前值从 0 开始递增，计时到设定值 PT 时，T37 状态位置"1"，其常开触点 T37 接通，驱动 Q0.0 输出，其后当前值仍增加，但不影响状态位。当前值的最大值 32767。当 I0.0 分断，IN 为"0"时，T37 复位，当前值清零，状态位也清零，即回复原始状态。若 I0.0 接通时间未到设定值就断开，T37 则立即复位，Q0.0 不会有输出。

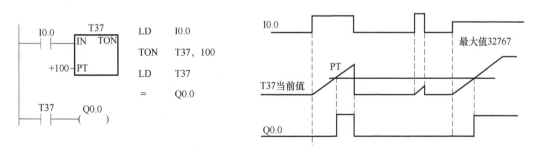

图 5-37　通电延时定时器的程序及时序分析

2）记忆型通电延时定时器（TONR）工作原理：IN 为"1"时，定时器开始计时，当前值递增，当前值大于或等于预置值（PT）时，输出状态位置"1"。IN 为"0"时，当前值保持（记忆），IN 再次为"1"时，在原记忆值的基础上递增计时。

记忆型通电延时定时器采用线圈复位指令 R 进行复位操作，当复位线圈有效时，定时器当前值清零，输出状态位置"0"。

记忆型通电延时定时器的程序及时序分析如图 5-38 所示。当 IN 为"1"时，记忆型通电延时定时器 T3 计时；当 IN 为"0"时，其当前值保持并不复位；下次 IN 再为"1"时，T3 当前值从原保持值开始往上增加，将当前值与设定值 PT 比较，当前值大于或等于设定值时，T3 状态位置"1"，驱动 Q0.0 有输出，以后即使 IN 再为"0"，也不会使 T3 复位，要使 T3 复位，必须使用复位指令。

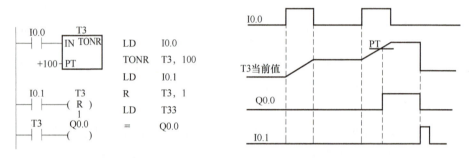

图 5-38 记忆型通电延时定时器的程序及时序分析

3）断电延时定时器（TOF）工作原理：断电延时定时器在输入断开之后延时一段时间才断开输出。IN 为"1"时，定时器输出状态位立即置"1"，当前值复位为 0。IN 为"0"时，定时器开始计时，当前值从 0 递增，当前值达到预置值时，定时器状态位复位为"0"，并停止计时，当前值保持。

如果输入断开的时间小于预定时间，定时器仍保持接通。IN 再为"1"时，定时器当前值仍设为 0。断电延时定时器的程序及时序分析如图 5-39 所示。

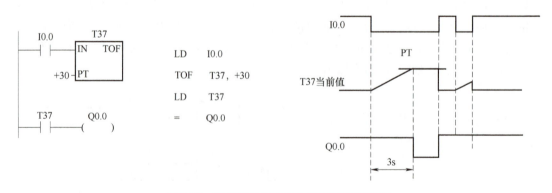

图 5-39 断电延时定时器的程序及时序分析

2. 计数器指令

计数器利用输入脉冲上升沿累计脉冲个数。其结构主要由一个 16 位的预置值寄存器、一个 16 位的当前值寄存器和 1 位状态位组成。当前值寄存器用以累计脉冲个数，计数器当前值大于或等于预置值时，状态位置"1"。

S7-200 系列 PLC 有三类计数器：加计数器（CTU）、减计数器（CTD）和加/减计数器（CTUD）。

（1）计数器指令格式　计数器指令格式见表 5-13。

表 5-13　计数器指令格式

梯形图	语句表	说明
CTU　C×××，PV	???? CU　CTU R ????—PV	1）梯形图指令盒中：CU 为加计数脉冲输入端；CD 为减计数脉冲输入端；R 为加计数复位端；LD 为减计数复位端；PV 为预置值 2）C××× 为计数器的编号，范围为 C0~C255 3）PV 预置值最大范围为 32767；PV 的数据类型为 INT；PV 操作数为 VW、T、C、IW、QW、MW、SMW、AC、AIW、K 4）CTU/CTUD/CTD 指令使用要点：语句表形式中 CU，CD，R，LD 的顺序不能错；CU，CD，R，LD 信号可为复杂逻辑关系
CTD　C×××，PV	???? CD　CTD LD ????—PV	
CTUD　C×××，PV	???? CU　CTUD CD R ????—PV	

（2）计数器工作原理分析

1）加计数器（CTU）：当 R 为 "0" 时，计数脉冲有效；CU 端有一个输入脉冲上升沿到来，计数器的当前值（SV）即加 1。当计数器当前值大于或等于预置值（PV）时，该计数器的状态位（C.bit）置 "1"，即其常开触点闭合。此后计数器仍计数，但不再影响计数器的状态位，直至计数达到最大值（32767）。当 R 为 "1" 时，计数器复位，即当前值清零，状态位也清零。加计数器计数范围为 0~32767。加计数器指令应用示例、程序及运行时序如图 5-40 所示。

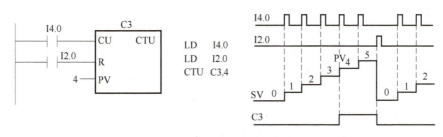

图 5-40　加计数器指令应用示例、程序及运行时序

2）减计数器（CTD）：LD 为"1"时，其计数器的预置值（PV）被装入计数器的当前值寄存器，此时当前值即预置值，计数器状态位（Cn）复位（置"0"）。当 LD 为"0"时，即计数脉冲有效时，计数器开始计数。CD 端有一个输入脉冲上升沿到来，计数器的当前值就从预置值开始减 1 计数。当前值为 0 时，计数器状态位置"1"，并停止计数。减计数器指令应用示例、程序及运行时序如图 5-41 所示。

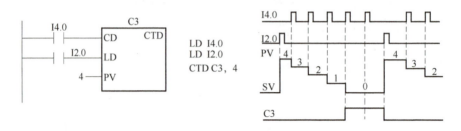

图 5-41　减计数器指令应用示例、程序及运行时序

3）加/减计数器（CTUD）：R 为"1"时，计数器复位，即当前值清零，计数器状态位为"0"。

R 为"0"时，计数器开始计数：当 CU 端有一个输入脉冲上升沿到来，计数器的当前值加 1。当前值大于或等于预置值时，计数器状态位置"1"，CU 端再有脉冲到来时，当前值继续累加，直到当前值为 32767 时，停止计数。当 CD 端有一个输入脉冲上升沿到来，计数器的当前值减 1。当前值小于预置值时，计数器状态位为"0"，CD 端再有脉冲到来时，计数器的当前值仍不断地递减。加减计数器指令应用示例、程序及运行时序如图 5-42 所示。

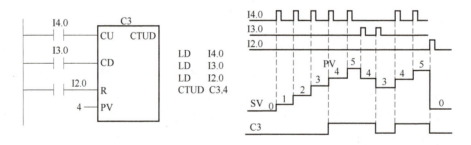

图 5-42　加减计数器指令应用示例、程序及运行时序

3. 比较指令

比较指令可将两个操作数按指定的条件比较，操作数可以是整数，也可以是实数，在梯形图中用带参数和运算符的触点表示比较指令，比较条件成立时，触点就闭合，否则断开。比较触点可以装入，也可以串、并联。比较指令为上、下限控制提供了极大的方便。

（1）指令格式及说明　比较指令的格式及说明见表 5-14。

（2）指令应用举例　比较指令应用举例见表 5-15。

表 5-14　比较指令的格式及说明

梯形图	语句表	说明
IN1 ==B IN2	LDB = IN1, IN2	1）IN1—比较数 1；IN2—比较数 2 操作数的类型包括 I，Q，M，SM，V，S，L，AC，VD，LD，常数
IN1 ==W IN2	LDW = IN1, IN2	2）比较条件：等于（＝＝）、大于（＞）、小于（＜）、不等（＞＜）、大于等于（＞=）、小于等于（＜=）
IN1 ==D IN2	LDD = IN1, IN2	3）B（Byte）：字节比较（无符号整数）。 I（INT）/W（WORD）：整数比较，（有符号整数），注意：梯形图中用"I"，语句表中用"W"。
IN1 ==R IN2	LDR = IN1, IN2	DW（DOUBLE WORD）：双字的比较（有符号整数）。R（REAL）：实数的比较

表 5-15　比较指令应用举例

梯形图	语句表	说明
VB0 ==B VB1 / VB2 >B 200 — Q0.0	LDB = VB0, VB1 OB> VB2, 200 = Q0.0	字节比较：当 VB0=VB1 或 VB2>200 时，Q0.0=1
VW0 <=W VW2 / VW4 >:W 2002 — Q0.0	LDW<= VW0, VW2 OW> VW4, 2002 = Q0.0	整数比较：当 VW0 < = VW2 或 VW4 > 2002 时，Q0.0=1
VD0 <=D VD4 / VD8 >:D 2002 — Q0.0	LDD<= VD0, VD4 OD> VD8, 2002 = Q0.0	双整数比较：当 VD0 < = VD4 或 VD8 > 2002 时，Q0.0=1
VD0 <=R VD4 / VD8 >R 200.3 — Q0.0	LDR<= VD0, VD4 OR> VD8, 200.3 = Q0.0	实数比较：当 VD0 < = VD4 或 VD8 > 200.3 时，Q0.0=1

153

4. 数据传送指令

（1）单个数据传送指令　单个数据传送指令 MOV，用来传送单个的字节、字、双字、实数。其指令格式及功能见表 5-16。

表 5-16　单个数据传送指令 MOV 指令格式及功能

梯形图	语句表	操作数	说明
MOV_B EN ENO ???? — IN OUT — ????	MOVB IN, OUT	IN：VB, IB, QB, MB, SB, SMB, LB, AC, 常量 OUT：VB, IB, QB, MB, SB, SMB, LB, AC	1) 使能输入有效，即 EN 为"1"时，将一个输入 IN 的字节、字、双字/双整数或实数送到 OUT 指定的存储器 2) 在传送过程中不改变数据的大小。传送后，输入 IN 的内容不变 3) 使 ENO 为"0"即使能输出断开的错误条件是：SM4.3（运行时间）置"1"，0006（间接寻址错误）
MOV_W EN ENO ???? — IN OUT — ????	MOVW IN, OUT	IN：VW, IW, QW, MW, SW, SMW, LW, T, C, AIW, 常量, AC OUT：VW, T, C, IW, QW, SW, MW, SMW, LW, AC, AQW	
MOV_DW EN ENO ???? — IN OUT — ????	MOVD IN, OUT	IN：VD, ID, QD, MD, SD, SMD, LD, HC, AC, 常量 OUT：VD, ID, QD, MD, SD, SMD, LD, AC	
MOV_R EN ENO ???? — IN OUT — ????	MOVR IN, OUT	IN：VD, ID, QD, MD, SD, SMD, LD, AC, 常量 OUT：VD, ID, QD, MD, SD, SMD, LD, AC	

（2）数据块传送指令　数据块传送指令 BLKMOV 可将从 IN 指定开始的 N 个数据（字节、字、双字、实数）传送到 OUT 指定开始的 N 个单元中，N 的范围为 1～255，N 的数据类型为字节。其指令格式及功能见表 5-17。

表 5-17　数据传送指令 BLKMOV 指令格式及功能

梯形图	语句表	操作数		说明
BLKMOV_B EN ENO ???? — IN OUT — ???? ???? — N	BMB IN, OUT	IN：VB, IB, QB, MB, SB, SMB, LB OUT：VB, IB, QB, MB, SB, SMB, LB 数据类型：字节	N：VB, IB, QB, MB, SB, SMB, LB, AC, 常量 数据类型：字节 数据范围：1～255	1) 使能输入有效，即 EN 为"1"时，把从 IN 指定开始的 N 个字节（字、双字）传送到 OUT 指定开始的 N 个字节（字、双字）中 2) 使 ENO 为"0"的错误条件：0006（间接寻址错误），0091（操作数超出范围）
BLKMOV_W EN ENO ???? — IN OUT — ???? ???? — N	BMW IN, OUT	IN：VW, IW, QW, MW, SW, SMW, LW, T, C, AIW OUT：VW, IW, QW, MW, SW, SMW, LW, T, C, AQW 数据类型：字		
BLKMOV_D EN ENO ???? — IN OUT — ???? ???? — N	BMD IN, OUT	IN/OUT：VD, ID, QD, MD, SD, SMD, LD 数据类型：双字		

5. 移位指令

移位指令分为左、右移位和循环左、右移位及寄存器移位指令三大类。前两类移位指令按移位数据的长度又分为字节型、字型、双字型3种。

（1）左、右移位指令 左、右移位数据存储单元与SM1.1（溢出）相连，移出位被放到特殊标志位存储器的SM1.1，移位数据存储单元的另一端补0。左、右移位指令格式及功能见表5-18。

表5-18 左、右移位指令格式及功能

梯形图	语句表	操作数		说明
SHL_B EN ENO ????–IN OUT–???? ????–N	SLB OUT, N	IN：VB, IB, QB, MB, SB, SMB, LB, AC, 常量 OUT：VB, IB, QB, MB, SB, SMB, LB, AC 数据类型：字节	N：VB, IB, QB, MB, SB, SMB, LB, AC, 常量 数据类型：字节 数据范围：N≤数据类型（B、W、D）对应的位数	1）左移位指令（SHL）：使能输入有效时，将输入IN的无符号数字节、字或双字中的各位向左移N位后（右端补0），将结果输出到OUT指定的存储单元中，如果移位次数大于0，最后一次移出位保存在"溢出"存储器位SM1.1。如果移位结果为0，零标志位SM1.0置"1" 2）右移位指令（SHR）：使能输入有效时，将输入IN的无符号数字节、字或双字中的各位向右移N位后，将结果输出到OUT指定的存储单元中，移出位补0，最后一移出位保存在SM1.1。如果移位结果为0，零标志位SM1.0置"1"。 3）使ENO为"0"的错误条件：0006（间接寻址错误），SM4.3（运行时间）置"1"
SHR_B EN ENO ????–IN OUT–???? ????–N	SRB OUT, N			
SHL_W EN ENO ????–IN OUT–???? ????–N	SLW OUT, N	IN：VW, IW, QW, MW, SW, SMW, LW, T, C, AIW, AC, 常量 OUT：VW, IW, QW, MW, SW, SMW, LW, T, C, AC 数据类型：字		
SHR_W EN ENO ????–IN OUT–???? ????–N	SRW OUT, N			
SHL_DW EN ENO ????–IN OUT–???? ????–N	SLD OUT, N	IN：VD, ID, QD, MD, SD, SMD, LD, AC, HC, 常量 OUT：VD, ID, QD, MD, SD, SMD, LD, AC 数据类型：双字		
SHR_DW EN ENO ????–IN OUT–???? ????–N	SRD OUT, N			

155

在语句表中，若 IN 和 OUT 指定的存储器不同，则应首先使用数据传送指令 MOV 将 IN 中的数据送入 OUT 指定的存储单元。如：

MOVB IN，OUT

SLB OUT，N

（2）循环左、右移位指令　循环左、右移位指令将移位数据存储单元的首尾相连，同时又与 SM1.1 连接，SM1.1 用来存放被移出的位。循环左、右移位指令格式及功能见表 5-19。

表 5-19　循环左、右移位指令及功能

梯形图	语句表	操作数	
ROL_B EN ENO ???? IN OUT ???? ???? N	RLB OUT，N	IN：VB、IB、QB、MB、SB、SMB、LB、AC、常量 OUT：VB、IB、QB、MB、SB、SMB、LB、AC 数据类型：字节	N：VB、IB、QB、MB、SB、SMB、LB、AC、常量 数据类型：字节
ROR_B EN ENO ???? IN OUT ???? ???? N	RRB OUT，N		
ROL_W EN ENO ???? IN OUT ???? ???? N	RLW OUT，N	IN：VW、IW、QW、MW、SW、SMW、LW、T、C、AIW、AC、常量 OUT：VW、IW、QW、MW、SW、SMW、LW、T、C、AC 数据类型：字	
ROR_W EN ENO ???? IN OUT ???? ???? N	RRW OUT，N		
ROL_DW EN ENO ???? IN OUT ???? ???? N	RLD OUT，N	IN：VD、ID、QD、MD、SD、SMD、LD、AC、HC、常量 OUT：VD、ID、QD、MD、SD、SMD、LD、AC 数据类型：双字	
ROR_DW EN ENO ???? IN OUT ???? ???? N	RRD OUT，N		

循环左、右移位指令功能说明如下：

1）循环左移位指令（ROL）：使能输入有效时，将输入 IN 的无符号数（字节、字或双字）循环左移 N 位后，将结果输出到 OUT 指定的存储单元中，移出的最后一位的数值送 SM1.1。当需要移位的数值是零时，零标志位 SM1.0 置"1"。

2）循环右移位指令（ROR）：使能输入有效时，将输入 IN 的无符号数（字节、字或双字）循环右移 N 位后，将结果输出到 OUT 指定的存储单元中，移出的最后一位的数值送 SM1.1。当需要移位的数值是零时，零标志位 SM1.0 置"1"。

3）移位次数 N ≥ 数据类型（B、W、D）时移位位数的处理：如果操作数是字节，当移位次数 N≥8 时，在执行循环移位前先对 N 进行模 8 操作（N 除以 8 后取余数），得到的 0~7 为实际移动位数。如果操作数是字，当移位次数 N≥16 时，在执行循环移位前先对 N 进行模 16 操作（N 除以 16 后取余数），得到的 0~15 为实际移动位数。如果操作数是双字，当移位次数 N≥32 时，在执行循环移位前先对 N 进行模 32 操作（N 除以 32 后取余数），得到的 0~31 为实际移动位数。

4）使 ENO 为"0"的错误条件：0006（间接寻址错误），SM4.3（运行时间）置"1"。

5）在 STL 指令中，若 IN 和 OUT 指定的存储器不同，则应首先使用数据传送指令 MOV 将 IN 中的数据送入 OUT 指定的存储单元。

（3）寄存器移位指令（SHRB）　寄存器移位指令是可以指定移位寄存器的长度和移位方向的移位指令。其指令盒如图 5-43 所示。

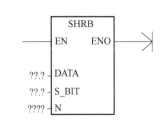

图 5-43　寄存器移位指令盒

寄存器移位指令功能说明如下：

1）在梯形图中，EN 为使能输入端，连接移位脉冲信号，每次使能端有效时，整个移位寄存器移动 1 位。DATA 为数据输入端，连接移入移位寄存器的二进制数值，执行指令时将该端输入的值移入移位寄存器。S_BIT 指定移位寄存器的最低位。N 指定移位寄存器的长度和移位方向，移位寄存器的最大长度为 64 位，N 为正值表示左移位，输入数据（DATA）移入移位寄存器的最低位（S_BIT），并移出移位寄存器的最高位。移出的数据被放置 SM1.1 中。N 为负值表示右移位，输入数据移入移位寄存器的最高位中，并移出最低位（S_BIT）。移出的数据同样被放置在 SM1.1 中。

2）DATA 和 S_BIT 的操作数为 I，Q，M，SM，T，C，V，S，L，数据类型为布尔变量。N 的操作数为 VB，IB，QB，MB，SB，SMB，LB，AC，常量，数据类型为字节。

3）使 ENO 为"0"的错误条件：0006（间接地址），0091（操作数超出范围），0092（计数区错误）。

4）寄存器移位指令影响特殊标志位存储器的 SM1.1（为移出的位值设置的溢出位）。

5.2.5　梯形图程序设计的注意事项

1）程序应按自上而下，从左至右的顺序编写。

2）同一操作数的输出线圈在一个程序中不能使用两次，不同操作数的输出线圈可以并行输出。

3）线圈不能直接与左母线相连。如果需要，可以通过特殊标志位存储器 SM0.0（该位始终为"1"）来连接。

4）适当安排编程顺序，减少程序的步数。

① 串联多的支路应尽量放在上部，如图 5-44 所示。

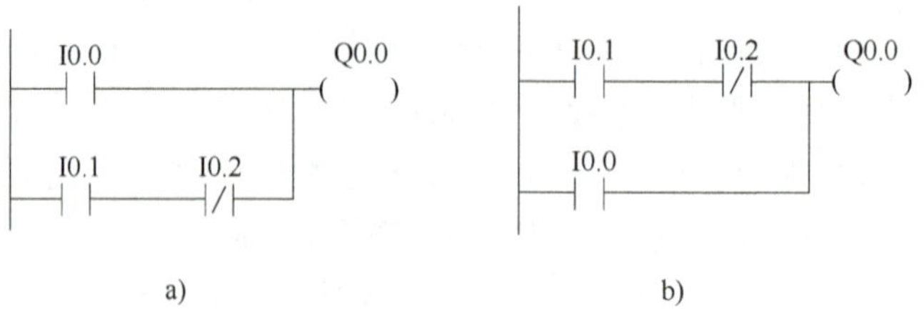

图 5-44　串联多的支路应放在上部
a）安排不当　b）安排合适

② 并联多的支路应靠近左母线，如图 5-45 所示。

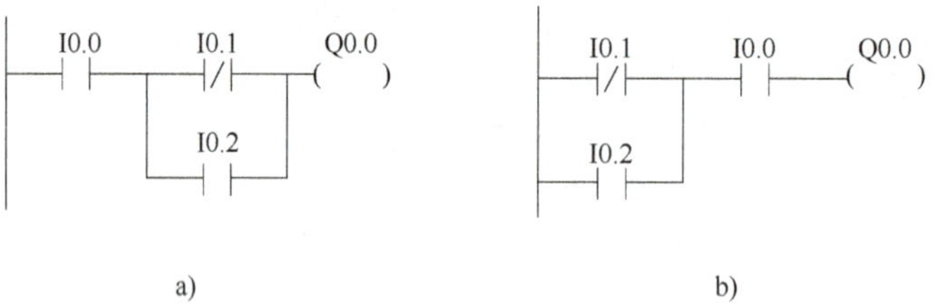

图 5-45　并联多的支路应靠近左母线
a）安排不当　b）安排合适

③ 触点不能放在线圈的右边。

④ 对复杂的电路，用 ALD、OLD 等指令难以编程，可重复使用一些触点画出其等效电路，然后再编程，如图 5-46 所示。

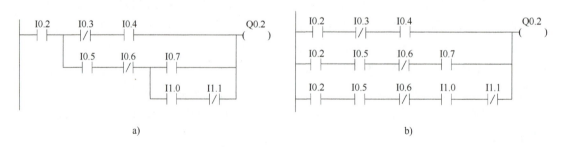

图 5-46　复杂电路编程技巧
a）复杂电路　b）等效电路

5）设置中间单元。在梯形图中，若多个线圈都受某一触点串并联电路的控制，为了简化电路，在梯形图中可设置该电路控制的存储器的位，如图 5-47 所示，这类似于继电器电路中的中间继电器。

6）尽量减少 PLC 的输入信号和输出信号。PLC 的价格与 I/O 点数有关，因此减少 I/O 点数是降低硬件费用的主要措施。减少 PLC 输出点数的方法有：

① 如果几个输入元件触点的串并联电路总是作为一个整体出现，可以将它们作为 PLC 的一个输入信号，只占 PLC 的一个输入点。

② 在 PLC 的输出功率允许的条件下，通/断状态完全相同的多个负载并联后，可以共用一个输出点，通过外部或 PLC 控制的转换开关的切换，一个输出点可以控制两个或多个不同时工作的负载。PLC 与外部元件的触点配合，可以用一个输出点控制两个或多个不同要求的负载。用一个输出点控制指示灯常亮或闪烁，可以显示两种不同的信息。

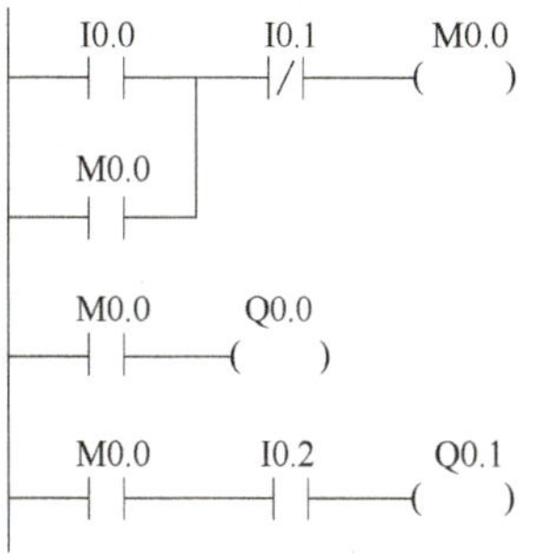

图 5-47　设置中间单元

③ 在需要用指示灯显示 PLC 驱动的负载（如接触器线圈）的状态时，可以将指示灯与负载并联，并联时指示灯与负载的额定电压应相同，总电流不应超过允许的值。可选用电流小、工作可靠的 LED（发光二极管）指示灯，也可以用接触器的辅助触点来实现 PLC 外部的硬件联锁。

④ 系统中某些相对独立或比较简单的部分可以不进 PLC，直接用继电器电路来控制，这样同时减少了所需的 PLC 的输入点和输出点。

⑤ 如果直接用数字量输出点来控制多位 LED 七段显示器，所需的输出点是很多的。如果需要显示和输入的数据较多，可以考虑使用 TD200 文本显示器或其他操作面板。

7）硬件联锁电路的设立。为了防止控制正反转的两个接触器同时动作造成三相电源短路，应在 PLC 外部设置硬件联锁电路。

8）外部负载的额定电压。PLC 的继电器输出模块和双向晶闸管输出模块一般只能驱动额定电压 AC 220V 的负载，交流接触器的线圈应选用 220V 的。

5.3　西门子 S7-1200 系列 PLC 的指令系统

S7-1200 系列 PLC 是紧凑型 PLC，是 S7-200 系列 PLC 的升级版，具有模块化、结构紧凑、功能全面等特点，适用于多种应用，而且集成于 TIA 博途的诊断功能通过简单配置即可实现对设备运行状态的诊断，简化工程组态并降低项目成本。S7-1200 系列 PLC 具有集成的 PROFINET 接口，强大的集成技术功能和可扩展性强、灵活度高的设计。它可实现简便的通信；提供有效的技术任务解决方案，并能完全满足一系列的独立自动化需求。

西门子 S7-1200 系列 PLC 支持梯形图（LAD）、功能块图（FBD）和结构化控制语言（SCL）。使用梯形图和功能块图处理布尔逻辑非常高效。结构化控制语言不但非常适合处理复杂的数学计算和项目控制结构，而且也可以使用结构化控制语言处理布尔逻辑。

5.3.1　位逻辑指令

1. 梯形图触点指令

在梯形图中常使用像类似电气控制原理图一样的常开触点和常闭触点作为条件进行程序

运算，代表程序运行时的控制过程，见表 5-20。

表 5-20　常开触点和常闭触点

梯形图	结构化控制语言	说明

"IN"　—| |—	IF in THEN
	　　　Statement;
	ELSE
	　　　Statement;
	END IF;
		常开触点，当赋值位为"0"时，常开触点将断开（OFF）。当赋值位为"1"时，常开触点将闭合（ON），能流可通过

"IN"　—|/|—	IF NOT(in) THEN
	　　　Statement;
	ELSE
	　　　Statement;
	END_IF;
		常闭触点，当赋值位为"0"时，常闭触点将闭合（ON），能流可通过。当赋值位为"1"时，常闭触点将断开（OFF）

如果指定的输入位使用存储器标识符 I（输入）或 Q（输出），则从过程映像寄存器中读取位值。控制过程中的物理触点信号会连接到 PLC 上的 I 端子。CPU 扫描已连接的输入信号并持续更新过程映像寄存器中的相应状态值。通过在 I 偏移量后追加"P"，可执行立即读取物理输入（例如"%I3.4：P"）。立即读取指直接从物理输入端读取位数据值，而非从过程映像中读取。立即读取不会更新过程映像寄存器。

2. 与（AND）、或（OR）和异或（XOR）指令

在 S7-1200 系列 PLC 中，并不是所有的梯形图、功能块图及结构化控制语言的指令都对应，实际使用时可根据所需控制的功能和程序设计人员的分析习惯去选择。在这里虽然都介绍了，但在应用中还是以梯形图为主。与、或和异或指令说明见表 5-21。

表 5-21　与、或和异或指令说明

梯形图	功能块图	结构化控制语言	说明
"IN"　"IN" —| |——| |—	& "IN1" "IN2"	out：=in1 AND in2;	与指令在梯形图中以条件串联的形式表现，即所有输入必须都为"1"，输出才为"1"
"IN" —| |— "IN" —| |—	>=1 "IN1" "IN2"	out：=in1 OR in2;	或指令在梯形图中以条件并联的形式表现，即只要有一个输入为"1"，输出就为"1"
—	X "IN1" "IN2"	out：=in1 XOR in2;	异或指令必须有奇数个输入为"1"，输出才为"1"

对于结构化控制语言，必须将运算的结果赋给要用于其他语句的变量。

3. 逻辑反相器（NOT）

逻辑反相器也就是非逻辑指令，其指令说明见表 5-22。

表 5-22　非逻辑指令说明

梯形图	功能块图	结构化控制语言	说明
─┤NOT├─	"IN1"　"IN2"　&（上） "IN1"　"IN2"　&（下）	NOT	非逻辑指令就是将所控制的值进行取反，如果控制量值为"1"，输出的值就为"0"

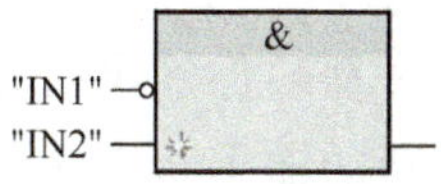

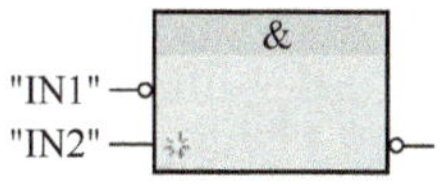

对于功能块图编程，可从"收藏夹"（Favorites）工具栏或指令树中拖动"取反逻辑运算结果（Invert RLO）"工具，然后将其放置在输入或输出端以在该功能框连接器上创建非逻辑指令。

梯形图的 NOT 触点可取反能流输入的逻辑状态。如果没有能流流入 NOT 触点，则会有能流流出。如果有能流流入 NOT 触点，则没有能流流出。

4. 输出线圈和赋值功能块

输出线圈指令用于将程序的运算值写入控制位。如果指定的控制位使用存储器标识符 Q，则 CPU 接通或断开过程映像寄存器中的输出位，同时将指定的位设置为等于能流状态，见表 5-23。

表 5-23　输出线圈和赋值功能块

梯形图	功能块图	结构化控制语言	说明
"OUT" ─( )─	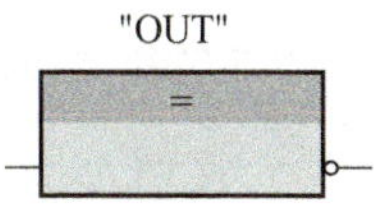 "OUT" =	out：= <布尔表达式>；	如果有能流通过输出线圈或启用了功能块图中的"="功能块，则输出状态设置为"1" 如果没有能流通过输出线圈或未启用功能块图中的"="赋值功能块，则输出状态设置为"0"
"OUT" ─(/)─	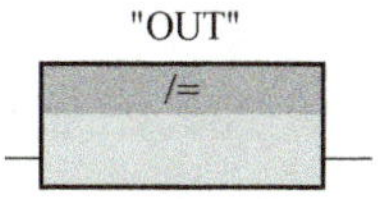 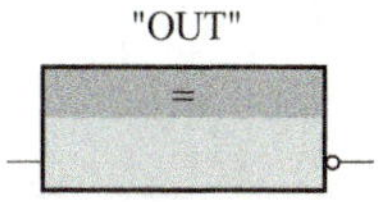 "OUT" /= "OUT" =	out：=NOT <布尔表达式>；	如果有能流通过反相输出线圈或启用了功能块图中的"/="功能块，则输出状态设置为"0" 如果没有能流通过反相输出线圈或未启用功能块图中的"/="功能块，则输出状态设置为"1"

在功能块图编程中，梯形图线圈变为分配（"="和"/="）功能块，可在其中为功能块输出指定位地址。功能块输入和输出可连接到其他功能块逻辑上，也可以输入位地址。通过在 Q 的偏移量后加上"∶P"，可指定立即写入物理输出（例如"%Q3.4∶P"）。立即写入可将位数据值写入过程映像输出并直接写入物理输出。

控制执行器的输出信号连接到 PLC 的 Q 输出端子。在 RUN 工作方式下，PLC 将连续扫描输入信号，并根据程序逻辑处理输入状态，然后通过在过程映像输出寄存器中设置新的输出状态值进行响应。PLC 会将存储在过程映像寄存器中的新的输出状态响应传送到已连接的输出端子。

5. 置位（S）与复位（R）指令

（1）置位与复位指令　置位与复位指令见表5-24。

表 5-24　置位与复位指令

梯形图	功能块图	结构化控制语言	说明
"OUT" —(S)—	"OUT" S "IN"—	无	置位输出：S（置位）置"1"时，OUT 指定地址处的数据值置"1"。S 未置"1"时，OUT 不变
"OUT" —(R)—	"OUT" R "IN"—	无	复位输出：R（复位）置"1"时，OUT 指定地址处的数据值置"0"。R 未置"1"时，OUT 不变

（2）置位与复位位域指令　置位与复位位域指令见表5-25。

表 5-25　置位与复位位域指令

梯形图	功能块图	结构化控制语言	说明
"OUT" —(SET_BF)— "n"	"OUT" SET_BF —EN —N	无	置位位域：SET_BF 置"1"时，为从寻址变量 OUT 处开始的 n 位置"1"。SET_BF 未置"1"时，OUT 不变
"OUT" —(RESET_BF)— "n"	"OUT" RESET_BF —EN —N	无	复位位域：RESET_BF 置"1"时，为从寻址变量 OUT 处开始的 n 位置"0"。RESET_BF 未置"1"时，OUT 不变

（3）置位优先与复位优先触发器指令　置位优先与复位优先触发器指令见表5-26。

162

表 5-26　置位优先与复位优先触发器指令

梯形图/功能块图	结构化控制语言	说明
"INOUT" RS R Q S1	无	复位/置位（RS）触发器是置位优先锁存的，如果置位（S1）和复位（R）信号都为"1"，则地址 INOUT 的值将置"1"
"INOUT" SR S Q R1	无	置位/复位（SR）触发器是复位优先锁存的，如果置位（S）和复位（R1）信号都为"1"，则地址 INOUT 的值将置"0"

6. 上升沿（P）、下降沿（N）指令

在很多控制过程中，人们不光会用到触点和线圈指令，还要采集某个信号的变化瞬间，如接通瞬间或断开瞬间。上升沿指令表示在触点闭合瞬间接通一个扫描周期，下降沿指令表示在触点断开瞬间接通一个扫描周期，见表 5-27。

表 5-27　上升沿和下降沿指令

梯形图	功能块图	结构化控制语言	说明
"IN" —| P |— "M_BIT"	"IN" P "M_BIT"	不可用	扫描操作数的信号上升沿 梯形图：在分配的输入位上检测到上升沿（断到通）时，该触点置"1"。该触点逻辑状态随后与能流输入状态组合以设置能流输出状态。P 触点可以放置在程序段中除分支结尾外的任何位置 功能块图：在分配的输入位上检测到上升沿（断到通）时，输出置"1"。P 功能块只能放置在分支的开头
"IN" —| N |— "M_BIT"	"IN" N "M_BIT"	不可用	扫描操作数的信号下降沿 梯形图：在分配的输入位上检测到下降沿（通到断）时，该触点置"1"。该触点逻辑状态随后与能流输入状态组合以设置能流输出状态。N 触点可以放置在程序段中除分支结尾外的任何位置 功能块图：在分配的输入位上检测到下降沿（通到断）时，输出置"1"。N 功能块只能放置在分支的开头

163

（续）

梯形图	功能块图	结构化控制语言	说明
"OUT" —（ P ）— "M_BIT"	"OUT" P= "M_BIT"	不可用	在信号上升沿置位操作数 梯形图：在进入线圈的能流中检测到上升沿（断到通）时，分配的位"OUT"置"1"。能流输入状态总是通过线圈后变为能流输出状态。P线圈可以放置在分支中的任何位置 功能块图：在功能块输入连接的逻辑状态中或输入位赋值中（如果该功能块位于分支开头）检测到上升沿（断到通）时，分配的位"OUT"置"1"。输入逻辑状态总是通过功能块后变为输出逻辑状态。P=功能块可以放置在分支中的任何位置
"OUT" —（ N ）— "M_BIT"	"OUT" N= "M_BIT"	不可用	在信号下降沿置位操作数 梯形图：在进入线圈的能流中检测到下降沿（通到断）时，分配的位"OUT"置"1"。能流输入状态总是通过线圈后变为能流输出状态。N线圈可以放置在分支中的任何位置 功能块图：在功能块输入连接的逻辑状态中或在输入位赋值中（如果该功能块位于分支开头）检测到下降沿（通到断）时，分配的位"OUT"置"1"。输入逻辑状态总是通过功能框后变为输出逻辑状态。N=功能块可以放置在分支中的任何位置

　　上升沿、下降沿指令每次执行时都会对输入和存储器位值进行沿检测，包括第一次执行时。在程序设计期间必须考虑输入和存储器位的初始状态，以允许或避免在第一次扫描时进行沿检测。

　　由于存储器位必须从一次执行保留到下一次执行，所以应该对每个沿指令都使用唯一的位，并且不应在程序中的其他位置使用该位。还应避免使用临时存储器和可受其他系统功能（例如 I/O 更新）影响的存储器。

5.3.2　定时器指令

1. 定时器类型

西门子 S7 系列 PLC 支持多种时间控制方式，如脉冲定时器（TP）、通电延时定时器（TON）、记忆型通电延时定时器（TONR）、断电延时定时器（TOF）等。S7-1200 系列 PLC 支持的定时器类型见表 5-28。

表 5-28　S7-1200 系列 PLC 支持的定时器类型

梯形图/功能块图	梯形图线圈	结构化控制语言	说明
IEC_Timer_0 TP Time IN　Q PT　ET	TP_DB —(TP)— "PRESET_Tag"	"IEC_Timer_0_DB". TP(IN：=_bool_in_， PT：=_time_in_， Q =>_bool_out_， ET =>_time_out_)；	TP 定时器可生成具有预设宽度时间的脉冲
IEC_Timer_1 TON Time IN　Q PT　ET	TON_DB —(TON)— "PRESET_Tag"	"IEC_Timer_0_DB". TON(IN：=_bool_in_， PT：=_time_in_， Q =>_bool_out_， ET =>_time_out_)；	TON 定时器在预设的延时过后将输出 Q 置"1"
IEC_Timer_2 TOF Time IN　Q PT　ET	TOF_DB —(TOF)— "PRESET_Tag"	"IEC_Timer_0_DB". TOF(IN：=_bool_in_， PT：=_time_in_， Q =>_bool_out_， ET =>_time_out_)；	TOF 定时器在预设的延时过将输出 Q 置"0"
IEC_Timer_3 TONR Time IN　Q R　ET PT	TONR_DB –(TONR)– "PRESET_Tag"	"IEC_Timer_0_DB". TONR(IN：=_bool_in_， R：=_bool_in_， PT：=_time_in_， Q =>_bool_out_， ET =>_time_out_)；	TONR 定时器在预设的延时过后将输出 Q 置"1"。在使用 R 输入重置经过的时间之前，会跨越多个定时时段一直累加经过的时间
仅功能块图 PT PT	TON_DB —(PT)— "PRESET_Tag"	PRESET_TIMER(PT：=_time_in_， TIMER：=_iec_timer_in_)；	PT（预设定时器）线圈会在指定的 IEC_Timer 中装载新的 PRESET 时间值
仅功能块图 RT	TON_DB —(RT)—	RESET_TIMER(_iec_timer_in_)；	RT（复位定时器）线圈会复位指定的 IEC_Timer

表 5-28 中参数的数据类型说明见表 5-29。

表 5-29　定时器参数的数据类型说明

参数	数据类型	说明
功能块：IN 线圈：能流	布尔变量	TP、TON 和 TONR 定时器： 功能块中 0=禁用定时器，1=启用定时器 线圈中无能流=禁用定时器，有能流=启用定时器 TOF 定时器： 功能块中 0=启用定时器，1=禁用定时器 线圈中无能流=启用定时器，有能流=禁用定时器
R	布尔变量	0=不重置 1=将经过的时间和 Q 位重置为 0
功能块：PT 线圈："PRESET_Tag"	TIME	定时器预设的时间值
功能块：Q 线圈：DBdata.Q	布尔变量	功能块：Q 为功能块输出或定时器 DB 数据中的 Q 位 线圈：仅可寻址定时器 DB 数据中的 Q 位
功能块：ET 线圈：DBdata.ET	TIME	功能块：ET（经过的时间）为功能块输出或定时器 DB 数据中的 ET 时间值 线圈：仅可寻址定时器 DB 数据中的 ET 时间值

在这里以常用的 TP、TON、TOF、TONR 定时器为主要介绍对象。使用定时器可创建程序的时间延时。程序中可以使用的定时器数仅受 CPU 存储器容量的限制。每个定时器占用 16 个字节的存储器空间。每个定时器都使用一个存储在数据块中的结构来保存定时器数据。对于结构化控制语言，必须首先为各个定时器指令创建 DB 方可引用相应指令。对于梯形图和功能块图，STEP 7-Micro/WIN 会在插入指令时自动创建 DB。

2. 脉冲定时器（TP）

脉冲定时器及其时序图见表 5-30。

表 5-30　脉冲定时器及其时序图

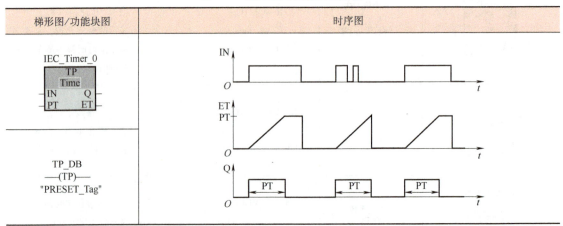

梯形图/功能块图	时序图

从表 5-30 可以分析出，可以使用"生成脉冲"指令（TP 指令）来使 Q 产生一个预设时间的脉冲。TP 指令在输入 IN 发生由"0"到"1"的变化时开始。当此指令开始后，不论输

入的状态如何变化（甚至检测到新的上升沿），Q 都将在预设时间（PT）内保持"1"的状态。

可以通过 ET（经过的间间）来查询定时器运行了多长时间。此时间从 T#0s 开始，到达 PT 即截止。ET 的数值可以在 PT 运行，并且输入 IN 为"1"时查询。

当在程序中插入"生成脉冲"指令时，需要为其指定一个用来存储参数的变量。

PT 和 ET 值以表示毫秒时间的有符号双精度整数形式存储在指定的 IEC_TIMER DB 数据存储区中。TIME 数据使用 T#标识符，可以简单时间单元（如 T#200ms 或 200）和复合时间单元（如 T#2s_200ms）的形式输入，TIME 的数据类型、大小和有效数值范围见表 5-31。

表 5-31　TIME 的数据类型、大小和有效数值范围

数据类型	大小	有效数值范围
TIME	32 位 以 DINT 数据的形式存储	T#-24d_20h_31m_23s_648ms 到 T#24d_20h_31m_23s_647ms 以 -2147483648ms 到 2147483647ms 的形式存储

3. 通电延时定时器（TON）

通电延时定时器及其时序图，见表 5-32。

表 5-32　通电延时定时器及其时序图

梯形图/功能块图	时序图
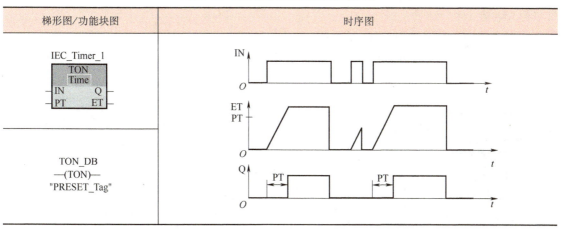	

可以使用"通电延时"指令（TON 指令）来使 Q 延迟一个预设时间（PT）输出。该指令在输入 IN 发生由"0"到"1"的变化时开始。当该指令开始后，时间计时开始，当到达 PT 后，Q 为"1"。只要输入仍为"1"，则输出将保持为"1"。如果输入的状态由"1"变为"0"，则输出被复位，ET 复位。如果输入 IN 检测到一个新的上升沿，那么定时指令将重新开始。

可以通过 ET 来查询从输入 IN 出现上升沿到当前维持了多长时间。此时间从 T#0s 开始，到达 PT 时间截止。ET 的数值可以在输入 IN 为"1"时查询。

4. 断电延时定时器（TOF）

断电延时定时器及其时序图见表 5-33。

可以使用"断电延时"指令（TOF 指令）来使 Q 在 IN 下降沿时延迟一个预设时间（PT）动作。

167

表 5-33　断电延时定时器及其时序图

梯形图/功能块图	时序图
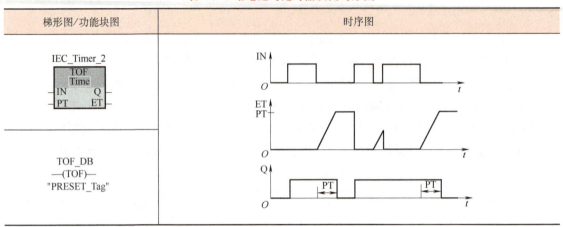	

Q 在输入 IN 发生由"0"到"1"的变化时被置"1"。当输入 IN 的下降沿使其变为"0"以后，ET 开始计时，只要 ET 计时，Q 就保持为"1"，当到达 PT 后，Q 变为"0"。如果输入 IN 在 PT 的时间之内又变为"1"，则 ET 被复位，输出 Q 保持为"1"。

可以通过 ET 来查询定时器运行了多长时间。此时间从 T#0s 开始，到达 PT 截止。在输入 IN 变回"1"之前，ET 的数值保持当前值。如果在到达 PT 之前输入 IN 变为"1"，那么 ET 将复位为数值 T#0。

5. 记忆型通电延时定时器（TONR）

记忆型通电延时定时器及其时序图，见表 5-34。

表 5-34　记忆型通电延时定时器及其时序图

梯形图/功能块图	时序图
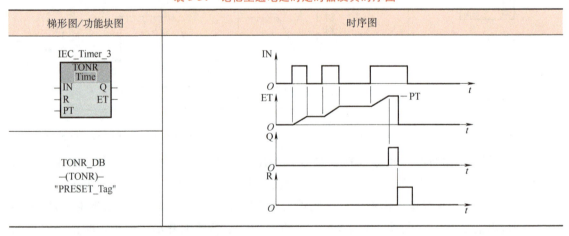	

可以使用"记忆型通电延时定时"指令（TONR 指令）来累计计时一个预设时间（PT）。当输入 IN 为"1"时，指令开始计时。指令累计计时输入 IN 为"1"的时间，此时间可以通过 ET 查询。当预设时间 PT 到达时，Q 变为"1"。当输入 IN 为"0"时，计时停止，ET 保持原值不变。无论输入 IN 的状态如何，输入 R 将复位 ET 及 Q。

注意：定时器类型较多，对于每种定时器的认知学习，都需要通过像学习脉冲定时器一样的过程，先掌握定时器的工作原理，再通过实际的应用程序操作运用，并且通过监控表的监控数值进一步验证定时器工作过程，以达到对每种定时器的掌握。

5.3.3　计数器指令

计数器是对控制过程中的动作计数的控制元件，PLC 的计数器操作为打开编程软件右侧的"指令"对话框，选择"基本指令"下拉列表框，再打开"计数器操作"文件夹，如图 5-48 所示。

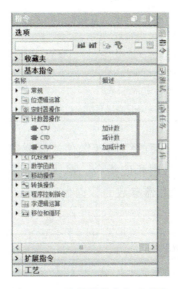

图 5-48　"计数器操作"文件夹

1. 计数器类型

S7-1200 系列 PLC 支持的计数器类型见表 5-35。

表 5-35　S7-1200 系列 PLC 支持的计数器类型

梯形图/功能块图	结构化控制语言	说明
"Counter name" CTU Int CU　　Q R　　CV PV	"IEC_Counter_0_DB".CTU (　　CU: = _bool_in, 　　R: = _bool_in, 　　PV: = _in, 　　Q => _bool_out, 　　CV => _out);	可使用计数器对内部程序事件和外部过程事件进行计数，每个计数器都使用数据块中存储的结构来保存计数器数据，用户在编辑器中放置计数器时分配相应的数据块 　CTU 是加计数器 　CTD 是减计数器 　CTUD 是加/减计数器
"Counter name" CTD Int CD　　Q LD　　CV PV	"IEC_Counter_0_DB".CTD (　　CD: = _bool_in, 　　LD: = _bool_in, 　　PV: = _in, 　　Q => _bool_out, 　　CV => _out);	

（续）

梯形图/功能块图	结构化控制语言	说明
"Counter name" CTUD Int CU　QU CD　QD R　　CV LD PV	"IEC_Counter_0_DB". CTUD (　　CU：=_bool_in， 　　CD：=_bool_in， 　　R：=_bool_in， 　　LD：=_bool_in， 　　PV：=_in_， 　　QU =>_bool_out， 　　QD =>_bool_out， 　　CV =>_out_)；	

每个计数器都使用数据块中存储的结构来保存计数器数据。对于结构化控制语言，必须首先为各个计数器创建 DB 方可引用相应指令。对于梯形图和功能块图，STEP 7-Micro/WIN 会在插入指令时自动创建 DB。计数器参数的数据类型见表 5-36。

表 5-36　计数器参数的数据类型

参数	数据类型	说明
CU	布尔变量	加计数，按加 1 计数
CD	布尔变量	减计数，按减 1 计数
R（CTU，CTUD）	布尔变量	将计数值复位为零
LD（CTD，CTUD）	布尔变量	预设计数值的装载控制
PV	SINT, INT, DINT, USINT, UINT, UDINT	预设计数值
Q，QU	布尔变量	CV ≥ PV 时为 "1"
QD	布尔变量	CV ≤ 0 时为 "1"
CV	SINT, INT, DINT, USINT, UINT, UDINT	当前计数值

程序中可以使用的计数器数仅受 CPU 存储器容量限制。各个计数器使用 3 个字节（表示 SINT 或 USINT）、6 个字节（表示 INT 或 UINT）或 12 个字节（表示 DINT 或 UDINT）。

CTU、CTD 和 CTUD 指令使用软件计数器，软件计数器的最大计数速率受其所在 OB 的执行速率限制。S7-1200 系列 PLC 还提供了高速计数器（HSC），用于计算发生速率快于 OB（组织块）执行速率的事件。

2. 加计数器（CTU）

加计数器及其时序图见表 5-37。

当加计数参数 CU 的值从 "0" 变到 "1" 时，加计数器就会使当前计数值 CV 加 1。

表 5-37 的时序图显示了具有无符号整数计数值的加计数器的运行（其中 PV = 3）。

如果 CV 的值大于或等于预设计数值 PV 的值，则 Q 为 "1"。

如果复位参数 R 的值从 "0" 变为 "1"，则 CV 复位。

表 5-37 加计数器及其时序图

梯形图/功能块图	时序图
"Counter name" CTU Sint / CU Q / R CV / PV	CU、R、CV（0 1 2 3 4 0）、Q 时序波形

3. 减计数器（CTD）

减计数器及其时序图见表 5-38。

表 5-38 减计数器及其时序图

梯形图/功能块图	时序图
"Counter name" CTD Int / CD Q / LD CV / PV	CD、LD、CV（0 3 2 1 0 3 2）、Q 时序波形

当减计数参数 CD 的值从"0"变到"1"时，减计数器就会使当前计数值 CV 减 1。

表 5-38 的时序图显示了具有无符号整数计数值的减计数器的运行（其中 PV = 3）。

若 CV 的值小于或等于 0，则 Q 为"1"。

如果 LD 的值从"0"变为"1"，预设计数值 PV 的值将作为新的 CV 装载到计数器中。

4. 加/减计数器（CTUD）

加/减计数器及其时序图见表 5-39。

表 5-39 加/减计数器及其时序图

梯形图/功能块图	时序图
	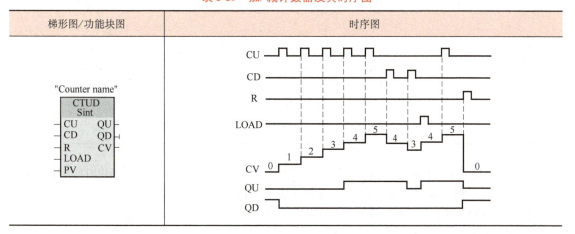

"Counter name" CTUD Sint / CU QU / CD QD / R CV / LOAD / PV

CU、CD、R、LOAD、CV（0 1 2 3 4 5 4 3 4 5 0）、QU、QD 时序波形

171

表5-39的时序图显示了具有无符号整数计数值的加/减计数器的运行（其中 PV＝4）。当加计数 CU 或减计数 CD 从"0"变到"1"时，当前计数值 CV 将加1或减1。

若 CV 的值大于或等于预设计数值 PV，则 QU 为"1"。

若 CV 的值小于或等于零，则 QD 为"1"。

若 LOAD 的值从"0"变为"1"，则 PV 的值将作为新的 CV 装载到计数器中。

若复位参数 R 的值从"0"变为"1"，则 CV 复位。

5.3.4 比较指令和比较范围指令

1. 比较指令

比较指令用于两个相同数据类型的有符号数或无符号数 IN1 和 IN2 的比较判断操作，比较指令运算符有6种：等于（＝）、大于或等于（＞＝）、小于或等于（＜＝）、大于（＞）、小于（＜）、不等于（＜＞），见表5-40。

表5-40　比较指令运算符

关系类型	满足以下条件时比较结果为真
＝	IN1 等于 IN2
＜＞	IN1 不等于 IN2
＞＝	IN1 大于或等于 IN2
＜＝	IN1 小于或等于 IN2
＞	IN1 大于 IN2
＜	IN1 小于 IN2

比较指令的说明见表5-41。

表5-41　比较指令的说明

梯形图	功能块图	结构化控制语言	说明
"IN1" ＝＝ Byte "IN2"	＝＝ Byte "IN1" — IN1 "IN2" — IN2	out：＝in1＝in2; or IF in1＝in2 　　THEN out：＝1; 　　ELSE out：＝0; END_IF;	比较数据类型相同的两个值。该梯形图触点比较结果为真时，则该触点会被激活。若该功能块图功能块比较结果为真，则功能块输出为真

1）在梯形图中，比较指令是以常开触点的形式编程的，在常开触点的中间注明比较参数和比较运算符。当比较的结果为真时，该常开触点闭合。

2）在功能块图中，比较指令以功能块的形式编程；当比较结果为真时，输出接通。

比较指令参数的数据类型见表5-42。

表 5-42　比较指令参数的数据类型

参数	数据类型	说明
IN1，IN2	BYTE，WORD，DWORD，SINT，INT，DINT，USINT，UINT，UDINT，REAL，LREAL，STRING，WSTRING，CHAR，TIME，DATE，TOD，DTL，常数	要比较的值

2. 比较范围指令

比较范围指令分为 IN_RANGE（范围内值）指令和 OUT_RANGE（范围外值）指令，见表 5-43。

表 5-43　IN_RANGE（范围内值）指令和 OUT_RANGE（范围外值）指令

梯形图/功能块图	结构化控制语言	说明
IN_RANGE ???　MIN　VAL　MAX	out：=IN_RANGE(min, val,max)；	比较输入值是在指定的范围之内还是之外 如果比较结果为真，则功能块输出为真
OUT_RANGE ???　MIN　VAL　MAX	out：=OUT_RANGE(min, val,max)；	

对于梯形图和功能块图：单击"???"并从下拉列表中选择数据类型，其参数的数据类型见表 5-44。

表 5-44　比较范围指令参数的数据类型

参数	数据类型	说明
MIN，VAL，MAX	SINT，INT，DINT，USINT，UINT，UDINT，REAL，LREAL，常数	比较器输入 输入参数 MIN、VAL 和 MAX 的数据类型必须相同

1）满足以下条件时 IN_RANGE 比较结果为真：MIN≤VAL≤MAX。

2）满足以下条件时 OUT_RANGE 比较结果为真：VAL<MIN 或 VAL>MAX。

S7-1200 系列 PLC 中还检查有效性的 OK 指令、检查无效性的 NOT_OK 指令、变型和数组比较指令等比较指令，在这里就不做介绍了，需要使用时请参考 S7-1200 系列 PLC 系统手册。

5.3.5　移动指令

移动指令用于将数据元素复制到新的存储器地址，并可以从一种数据类型转换为另一种数据类型。移动过程不会更改源数据。S7-1200 系列 PLC 的移动操作指令很多，可在"指令"对话框中打开"基本指令"下拉列表框中的"移动操作"文件夹，如图 5-49 所示。

图 5-49 "移动操作"文件夹

在这些移动指令中，这里只介绍几个比较常用的，如 MOVE、MOVE_BLK、UMOVE_BLK 指令等，见表 5-45。

表 5-45 常用的移动指令

梯形图/功能块图	结构化控制语言	说明
MOVE EN　ENO IN　OUT1	out1：=in；	将存储在指定地址的数据元素复制到新地址或多个地址中。要在梯形图或功能块图中添加其他输出，可单击输出参数旁的"创建（Creat）"图标。对于结构化控制语言，请使用多个赋值语句，还可以使用任一循环结构
MOVE_BLK EN　ENO IN　OUT COUNT	MOVE_BLK(in：=_variant_in， 　count：=_uint_in， 　out=>_variant_out)；	将数据元素块复制到新地址的可中断移动
UMOVE_BLK EN　ENO IN　OUT COUNT	UMOVE_BLK(in：=_variant_in， 　count：=_uint_in， 　out=>_variant_out)；	将数据元素块复制到新地址的不可中断移动

1. MOVE（移动值）指令

MOVE 指令用于将单个数据元素从参数 IN 指定的源地址复制到参数 OUT 指定的目标地址。MOVE 指令的数据类型见表 5-46。

表 5-46 MOVE 指令的数据类型

参数	数据类型	说明
IN	SINT、INT、DINT、USINT、UINT、UDINT、REAL、LREAL、BYTE、WORD、DWORD、CHAR、WCHAR、ARRAY、STRUCT、DTL、TIME、DATE、TOD、IEC 数据类型、PLC 数据类型	源地址
OUT	SINT、INT、DINT、USINT、UINT、UDINT、REAL、LREAL、BYTE、WORD、DWORD、CHAR、WCHAR、ARRAY、STRUCT、DTL、TIME、DATE、TOD、IEC 数据类型、PLC 数据类型	目标地址

打开基本指令下拉列表框，可以在"移动操作"文件夹中找到 MOVE 指令，该指令在程序应用中很常用，因此可以添加 MOVE 指令为快捷图标，方法为选中 MOVE 指令后按下鼠标左键将其拖拽至所要放置的位置，如图 5-50 所示。

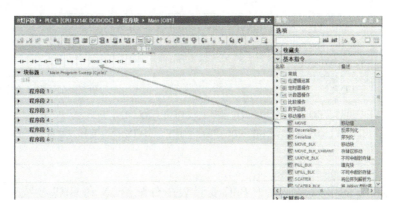

图 5-50 添加 MOVE 指令为快捷图标

MOVE 指令举例如图 5-51 所示。在程序中添加 EN 控制条件，如图 5-51 中的开关 K1，当 K1 闭合时能满足条件，执行该 MOVE 指令，将 IN 的数据"T#5S"传送给 OUT1 的"数据块_1".T1.PT 存储区中。

图 5-51 MOVE 指令举例

如果需要增加其他输出存储区时，用鼠标单击 OUT1 前面的星花图标，就可以在 OUT2 后添加存储区了，如图 5-52 所示。

要删除输出，可在其中一个现有 OUT（多于两个原始输出时）的输出短线处单击右键，并选择"删除"（Delete）命令。

175

图 5-52　增加其他输出存储区

2. MOVE_BLK（可中断移动）和 UMOVE_BLK（不可中断移动）指令

MOVE_BLK（可中断移动）和 UMOVE_BLK（不可中断移动）指令可将数据元素块复制到新地址。MOVE_BLK 和 UMOVE_BLK 指令具有附加的 COUNT 参数。COUNT 用于指定要复制的数据元素个数，相关参数的数据类型见表 5-47。

表 5-47　MOVE_BLK 和 UMOVE_BLK 指令参数的数据类型

参数	数据类型	说明
IN	SINT, INT, DINT, USINT, UINT, UDINT, REAL, LREAL, BYTE, WORD, DWORD, TIME, DATE, TOD, WCHAR	源起始地址
COUNT	UINT	要复制的数据元素数
OUT	SINT, INT, DINT, USINT, UINT, UDINT, REAL, LREAL, BYTE, WORD, DWORD, TIME, DATE, TOD, WCHAR	目标起始地址

每个被复制元素的字节数取决于 PLC 变量表中分配给 IN 和 OUT 参数变量名称的数据类型。

ENO 的状态见表 5-48。

表 5-48　ENO 的状态

ENO	条件	结果
1	无错误	成功复制了全部的 COUNT 个元素
0	源（IN）范围或目标（OUT）范围超出可用存储区	复制适当的元素，不复制部分元素

3. 数据复制操作规则

在不同移动需求下应当选择不同的指令：

1）要复制布尔变量数据类型，请使用 SET_BF、RESET_BF、R、S 或输出线圈（在梯形图中）。

2）要复制单个基本数据类型，应使用 MOVE 指令。

3）要复制结构，应使用 MOVE 指令。

4）要复制字符串中的单个字符，应使用 MOVE 指令。

5）要复制基本数据类型数组，应使用 MOVE_BLK 或 UMOVE_BLK 指令。

6）MOVE_BLK 和 UMOVE_BLK 指令不能用于将数组或结构复制到 I、Q 或 M 存储区。

7）要复制字符串，应使用 S_MOVE 指令（字符串移动指令），可查阅技术帮助手册。

5.4 基本技能训练

技能训练1 PLC 控制三相交流异步电动机的应用

1. PLC 在继电-接触控制电路中的应用

三相异步电动机正反转控制电路如图 5-53 所示。在主电路两个接触器 KM1 和 KM2 的主触头的连线中，L1 和 L3 的主触头互相反接。电动机正转时，由接触器 KM1 控制，通入电动机定子绕组的电源相序为 L1→L2→L3。电动机反转时，由接触器 KM2 控制，电动机定子绕组的电源相序为 L3→L2→L1。这就达到了改变相序来改变电动机转向的目的。

三相异步电动机正反转控制电路的工作原理如下：

（1）电动机正转 按下正转起动按钮 SB2，SB2 的常闭触头先断开，切断 KM2 线圈支路进行联锁保护。SB2 的常开触头再闭合，使 KM1 线圈得电，KM1 的常闭触头先断开，切断 KM2 线圈支路进行双重联锁保护。KM1 的自锁触头闭合，使 KM1 可以连续得电。KM1 的主触头闭合，接通主电路，使电动机正转。

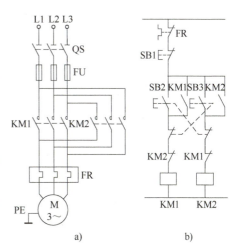

（2）电动机反转 按下反转起动按钮 SB3，SB3 的常闭触头先断开，切断 KM1 线圈支路进行联锁保护。SB3 的常开触头再闭合，使 KM2 线圈得电，KM2 的常闭触头先断开，切断 KM1 线圈支路进行双重联锁保护。KM2 的自锁触头闭合，使 KM2 可以连续得电。KM2 的主触头闭合，接通主电路，使电动机反转。

图 5-53 三相异步电动机正反转控制电路
a）主电路 b）控制电路

（3）电动机停止 按下停止按钮 SB1，SB1 的常闭触头断开，切断了 KM1 和 KM2 的线圈支路，使 KM1 或 KM2 线圈断电，主触头断开，电动机停止。

该电路具有短路保护、零电压保护、过载保护和联锁保护。

2. 采用 PLC 控制的编程

用 PLC 控制的 I/O 配置及接线如图 5-54 所示，采用 PLC 控制的梯形图如图 5-55 所示。类似继电-接触控制，图 5-55 中利用 PLC 输入继电器 I0.2 和 I0.3 的常闭触头实现双重互锁，以防止反转换接时的短路。

按下正转起动按钮 SB2 时，输入继电器 I0.2 的常开触头闭合，接通输出继电器 Q0.0 线圈并自锁，接触器 KM1 得电，电动机正向起动，并稳定运行。

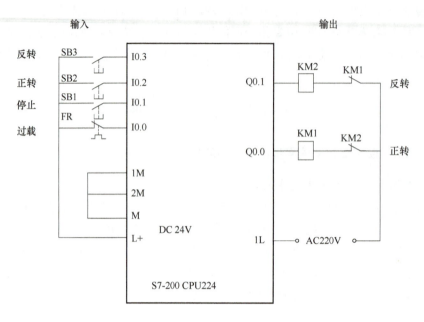

图 5-54　PLC 控制的 I/O 配置及接线图

图 5-55　PLC 控制的梯形图

按下反转起动按钮 SB3 时，输入继电器 I0.3 的常闭触头断开 Q0.0 线圈，KM1 释放，同时 I0.3 的常开触头闭合，接通 Q0.1 线圈并自锁，接触器 KM2 得电，电动机反转起动，并稳定运行。

按下停止按钮 SB1，输入继电器 I0.1 的常闭触头断开，使 KM1 或 KM2 释放，电动机停止运行。过载保护 FR 在 I/O 接线图中连接的是常闭触头，所以梯形图中输入继电器 I0.0 要用常开触头。

技能训练 2　PLC 在交通灯自动控制中的应用

某路口交通灯位置如图 5-56 所示，其基本控制要求如下：

十字路口南北方向绿灯显示亮 10s 后（同时东西方向亮红灯），黄灯以亮 1s 灭 1s 的周期闪烁 3 次（同时东西方向亮红灯），然后变为红灯（同时东西方向绿灯亮、黄灯闪烁），如此循环工作。

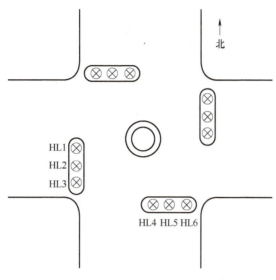

图 5-56 某路口交通灯的位置图

PLC 控制的 I/O 分配见表 5-49，PLC 控制的接线图如图 5-57 所示。梯形图、语句表及程序说明见表 5-50。

表 5-49 I/O 分配

输入			输出		
起动按钮	SB1	I0.0	东西红灯	HL1	Q0.0
停止按钮	SB2	I0.1	东西黄灯	HL2	Q0.1
			东西绿灯	HL3	Q0.2
			南北红灯	HL4	Q0.4
			南北黄灯	HL5	Q0.5
			南北绿灯	HL6	Q0.6

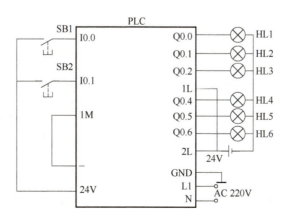

图 5-57 PLC 控制的接线图

表 5-50 交通灯自动控制梯形图、语句表及程序说明

梯形图	说明	语句表
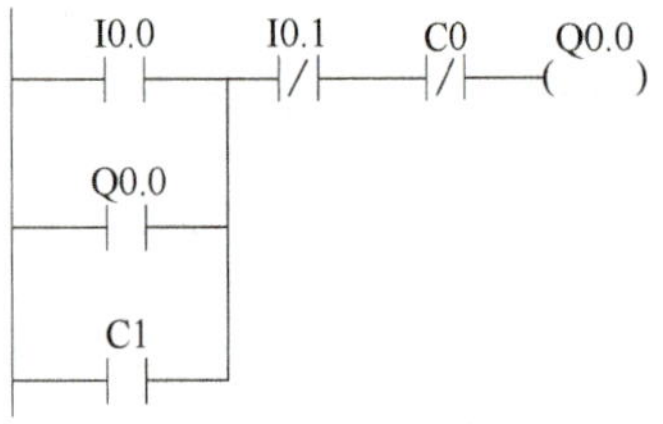	//东西红灯控制	网络 1 LD　　I0.0 O　　　Q0.0 O　　　C1 AN　　I0.1 AN　　C0 =　　　Q0.0
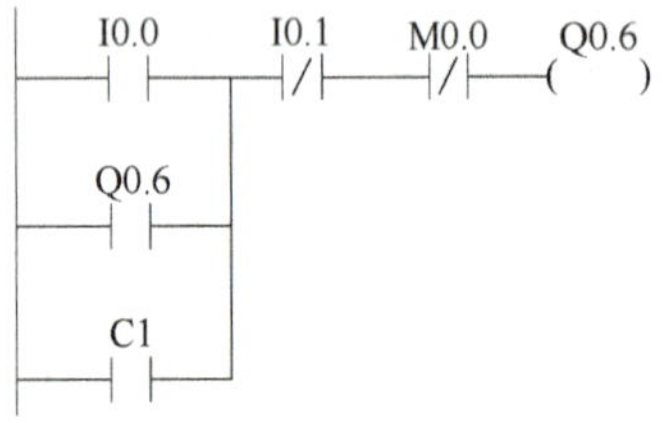	//南北绿灯控制	网络 2 LD　　I0.0 O　　　Q0.6 O　　　C1 AN　　I0.1 AN　　M0.0 =　　　Q0.6
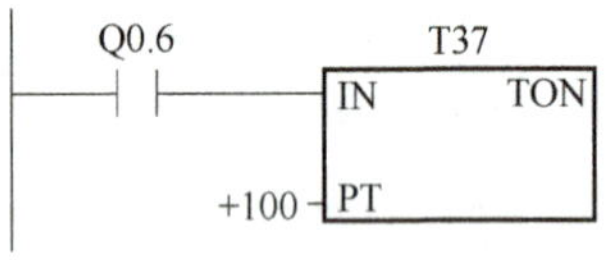	//南北绿灯亮 10s，定时器 T37 定时时间为 10s	网络 3 LD　　Q0.6 TON　　T37，+100
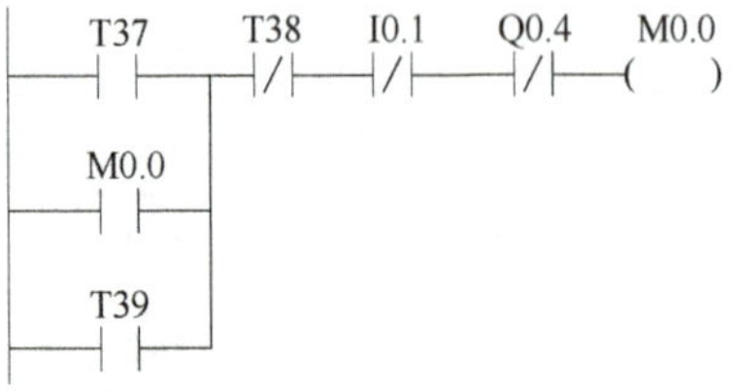	//熄灭南北绿灯点亮南北黄灯	网络 4 LD　　T37 O　　　M0.0 O　　　T39 AN　　T38 AN　　I0.1 AN　　Q0.4 =　　　M0.0
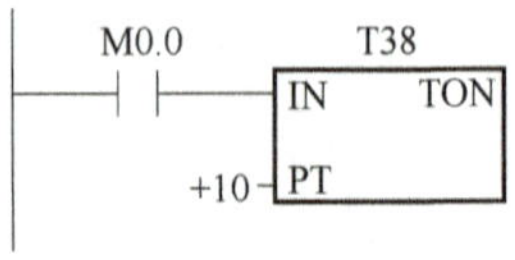	// 南北黄灯亮 1s 定时控制	网络 5 LD　　M0.0 TON　　T38，+10
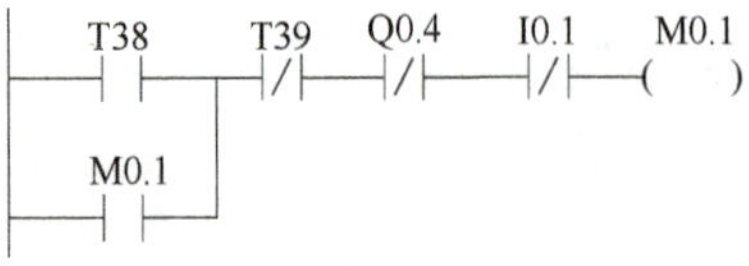	//南北黄灯灭 1s 控制	网络 6 LD　　T38 O　　　M0.1 AN　　T39 AN　　Q0.4 AN　　I0.1 =　　　M0.1

180

（续）

梯形图	说明	语句表
M0.1　　　　T39 ├─┤ ├─┤IN　　TON│ 　　　　+10─┤PT│	//南北黄灯灭 1s 定时控制	网络 7 LD　　M0.1 TON　　T39, +10
M0.0　M0.1　Q0.4　I0.1　　Q0.5 ├─┤ ├─┤/├─┤/├─┤/├─( ) Q0.5 ├─┤ ├─	//南北黄灯输出控制	网络 8 LD　　M0.0 O　　Q0.5 AN　　M0.1 AN　　Q0.4 AN　　I0.1 =　　　Q0.5
T38　　　　C0 ├─┤ ├─┤CU　　CTU│ Q0.4 ├─┤ ├─┤R│ 　　　　+3─┤PV│	//南北黄灯亮 3 次控制	网络 9 LD　　T38 LD　　Q0.4 CTU　　C0, +3
C0　　C1　　I0.1　　Q0.4 ├─┤ ├─┤/├─┤/├─( ) Q0.4 ├─┤ ├─	//南北路口红灯亮控制	网络 10 LD　　C0 O　　Q0.4 AN　　C1 AN　　I0.1 =　　　Q0.4
C0　　T47　　I0.1　　Q0.2 ├─┤ ├─┤/├─┤/├─( ) Q0.2 ├─┤ ├─	//东西路口绿灯亮控制	网络 11 LD　　C0 O　　Q0.2 AN　　T47 AN　　I0.1 =　　　Q0.2
Q0.2　　　　T47 ├─┤ ├─┤IN　　TON│ 　　　　+100─┤PT│	//东西路口绿灯亮 10s	网络 12 LD　　Q0.2 TON　　T47, +100
T47　　T48　　Q0.0　M0.2 ├─┤ ├─┤/├─┤/├─( ) M0.2 ├─┤ ├─ T49 ├─┤ ├─	//东西路口黄灯亮	网络 13 LD　　T47 O　　M0.2 O　　T49 AN　　T48 AN　　Q0.0 =　　　M0.2

181

（续）

梯形图	说明	语句表
M0.2　　T48 ├─┤ ├─┤IN　　TON│ 　　+10─┤PT│	//东西路口黄灯亮 1s 定时	网络 14 LD　　M0.2 TON　　T48，+10
T48　T49　Q0.0　I0.1　M0.3 ├─┤ ├─┤/├─┤/├─┤/├─( ) M0.3 ├─┤ ├─	//东西路口黄灯灭	网络 15 LD　　T48 O　　 M0.3 AN　　T49 AN　　Q0.0 AN　　I0.1 =　　　M0.3
M0.3　　T49 ├─┤ ├─┤IN　　TON│ 　　+10─┤PT│	//东西路口黄灯灭 1s 定时	网络 16 LD　　M0.3 TON　　T49，+10
M0.2　M0.3　Q0.0　I0.1　Q0.1 ├─┤ ├─┤/├─┤/├─┤/├─( ) Q0.1 ├─┤ ├─	//东西路口黄灯控制	网络 17 LD　　M0.2 O　　 Q0.1 AN　　M0.3 AN　　Q0.0 AN　　I0.1 =　　　Q0.1
T49　　　C1 ├─┤ ├─┤CU　CTU│ Q0.0 ├─┤ ├─┤R 　　+3─┤PV│	//东西路口黄灯亮 3 次计数	网络 18 LD　　T49 LD　　Q0.0 CTU　　C1，+3

复习思考题

1. PLC 的工作方式有几种？分别工作在什么情况下？

2. S7-200 系列 PLC 有哪些输出方式？各适用于什么类型的负载？

3. S7-200 系列 PLC 有哪些内部软元件？

4. 梯形图程序能否转换成语句表程序？

5. 设计一个周期为 5s，占空比为 20% 的方波信号发生器。

6. 设计三个通风机监视系统，监视通风机的运转。具体要求如下：如果两个或两个以上通风机在运转，信号灯就持续点亮；如果只有一个通风机在运转，信号灯就以 0.5Hz 的频率闪烁；如果三个通风机都不运转，信号灯就以 1Hz 的频率闪烁。

7. 有一个 8 点彩灯图案，启动后从 1 点到 8 点每隔 2s 亮一点，全亮后，间隔 1s 闪 3 次后，从后到前间隔 3s 依次熄灭，完成一次循环，每隔 5s 循环一次，10 次循环后自动停止。请设计控制程序。

直流调速系统原理与应用

 培训学习目标

熟悉开环、单闭环直流调速系统的基本原理；熟悉双闭环直流调速系统的基本原理；掌握 PWM 直流调速系统的工作原理及应用。

自动控制系统分为调速系统、位置随动系统（伺服系统）、张力控制系统、多电动机同步控制系统等多种类型，各种系统往往都是通过控制转速来实现的，因此，调速系统是最基本的现代自动控制系统。调速系统根据驱动电动机类型的不同主要分为直流调速系统和交流调速系统两大类。

6.1　直流调速系统概述

直流调速系统将工业生产中的三相交流电变为可控可调的直流电，驱动直流电动机运转，从而实现一系列的控制。交流调速系统将固定的交流电变为电压和频率可调的交流电，驱动交流电动机运转，从而实现一系列的控制。

直流调速系统由于控制对象是直流电动机，因此具有良好的起动、制动性能，容易控制，可在大范围内实现平滑调速，因此在许多需要转速精确控制或快速正反转的场合得到了广泛的应用。

6.1.1　直流电动机的调速方式

对直流电动机进行起动、制动和调速控制的系统，称为直流调速系统。直流电动机的转速公式为

$$n = \frac{U_a - I_a R}{K_e \Phi} \tag{6-1}$$

式中，n 为转速（r/min）；U_a 为电枢电压（V）；I_a 为电枢电流（A）；R 为电枢回路总电阻（Ω）；Φ 为励磁磁通（Wb）；K_e 为电动势常数。

由式（6-1）可以看出，要想改变直流电动机的转速 n，有以下三种调速方法：

（1）调压调速　调压调速即通过调节电枢供电电压 U_a 来调节直流电动机的转速 n。由于直流电动机的正常工作电压一般不允许超过其额定电压，因此电枢电压只能在额定电

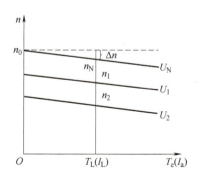

图 6-1　调压调速的机械特性曲线

压以下进行调节。从图 6-1 可以看出，直流电动机电压越低，稳态转速也越低。调压调速的优点是：电源电压能够平稳调节，可以实现无级平滑调速；由于机械特性硬度较高（曲线斜率较小），负载变化时，速度变化小、稳定性好；无论轻载还是重载，调速范围相同；电能损耗小。如果想改变直流电动机旋转的方向，可通过改变电枢供电电压的极性来实现。

（2）弱磁调速　弱磁调速即通过减弱励磁磁通 Φ 来提高直流电动机的转速 n。弱磁调速的优点是：在电流较小的励磁回路中进行调节时，其控制方便、能量损耗小、设备简单并且调速平滑性好。弱磁调速的缺点是：机械特性会变软，转速受负载波动影响较大，其最高转速受到直流电动机换向能力和机械强度的限制，调速范围不是很大。

（3）串联电阻调速　串联电阻调速即通过改变电枢回路电阻 R 来改变直流电动机的转速。串联电阻调速的优点是：设备简单、操作方便。串联电阻调速的主要缺点是：这种调速方式属于有级调速，调速平滑性差；机械特性变软，转速稳定性差；轻载时调速范围小；损耗较大、效率较低、经济性差。

对于要求在一定范围内实现无级平滑调速的系统来说，以调压调速方式为最好。串联电阻调速只能实现有级调速；弱磁调速虽然能够平滑调速，但调速范围不大，往往只是配合调压调速方案，在基速（额定转速）以上做小范围的升速。因此，自动控制的直流调速系统往往以调压调速为主。

6.1.2　调压调速用可控直流电源

要想实现直流电动机的调压调速，就必须给直流电动机提供一个可调的直流电压。常用的可控直流电源有旋转变流机组（G-M 系统）、晶闸管-电动机调速系统（V-M 系统）、脉宽调制调速系统（PWM 系统）三种类型。

1. 旋转变流机组（G-M 系统）

在旋转变流机组中，由交流电动机拖动直流发电机 G 实现变流，由直流发电机给需要调速的直流电动机 M 供电，调节直流发电机 G 的励磁电流，改变其输出电压，就可以调节直流电动机 M 的转速，如图 6-2a 所示。旋转变流机组供电的直流调速系统在 20 世纪 60 年代前后广泛使用，系统的主要优点是容易实现电动机的正反转，以及在停车或改变转向时可以实现回馈制动。但该系统至少需要两台与被调速直流电动机功率相当的发电机组，还要有一台励磁发电机，因此系统的设备多、体积大、费用高、损耗大、效率低，且需要安装预制基座，运行有噪声，维护不方便。现在旋转变流机组基本已被晶闸管-电动机调速系统所取代。

2. 晶闸管-电动机调速系统（V-M 系统）

20 世纪 60 年代已有厂商生产出成套的晶闸管整流装置并开始取代旋转变流机组，这使直流调速技术发生了根本性的变革。用晶闸管整流装置给直流电动机提供可调的直流电压，从而调节直流电动机的转速，这种调速方式称为晶闸管-电动机调速系统（简称 V-M 系统），如图 6-2b 所示。

V-M 系统与旋转变流机组相比，前者使用的晶闸管整流装置不仅在经济性和可靠性上有了很大的提高，而且在技术性能上有较大的优势。晶闸管整流装置的门极可以直接用较小功率的触发电路控制，比旋转变流机组控制电路的功率小很多。在控制的响应时间上，旋转变流机组是秒级，而晶闸管整流装置是毫秒级，因此 V-M 系统提高了转速调节的快速性，使系统具有更好的动态性能。V-M 系统的主要优点是调速范围宽、工作可靠、效率高、经济性好。

185

V-M 系统发展至今技术已经比较成熟，是工业生产中应用最为广泛的直流调速系统。

3. 脉宽调制调速系统（PWM 系统）

在干线和工矿电力机车、有轨和无轨电车、地铁列车、电动自行车、新能源电动汽车等电力牵引设备上，常采用恒定直流电源（蓄电池或不可控整流电源）供电，拖动串励或复励直流电动机运行，如图 6-2c 所示，并且利用现代电力电子器件（如 GTR、GTO、MOSFET、IGBT 等）的通断控制进行脉宽调制，以产生可变的平均直流电压进行电动机调速。调速系统若采用简单的单管控制，称为直流斩波器；若采用微处理器的数字输出控制开关器件的通断，称为脉宽调制（PWM）变换器。PWM 系统具有以下优点：

1）主电路简单，需要的功率器件少。

2）开关频率高，电流连续并且谐波少，使电动机转矩脉动小、发热少。

3）低速性能好，稳速性能高，调速范围宽。

4）转速调节迅速，动态性能好，抗干扰能力强。

5）器件工作在开关状态，损耗小，装置的效率较高。

6）与 V-M 系统相比，PWM 系统采用不可控整流电路，其从电网侧看进去的设备功率因数较高。

基于以上优点，同时随着微型计算机控制技术的飞速发展，PWM 系统的性能有了较大的提高，应用也逐步扩大，是直流调速系统的一个重要发展方向。

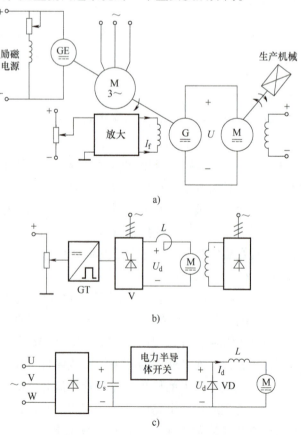

图 6-2 可控直流电源

a) G-M 系统　b) V-M 系统　c) PWM 系统

6.1.3　直流调速系统的类别

直流调速系统根据主电路结构的不同，目前最为常用的是 V-M 系统和 PWM 系统。

1. 直流调速系统按控制电路的控制方法分类

（1）开环直流调速系统　这种系统采用转速开环控制，转速的控制精度不高，且受负载波动、电网电压变化等影响较大，常应用于生产工艺要求低的场合。如果需要调速的生产机械对转速精度有要求，开环直流调速系统往往不能满足要求。

（2）单闭环直流调速系统　这种系统采用转速闭环控制或电压负反馈，稳态转速精度较高且受负载波动影响小，常应用于负载波动较大、转速精度要求较高的场合。

（3）双闭环直流调速系统　这种系统采用转速、电流闭环控制，是精度最高、动态响应速度最快、应用最为广泛的直流调速系统，也是受负载波动、电网电压变化等影响最小的直流调速系统。双闭环直流调速系统起动时间短，可实现高精度、高动态性能的转速控制，常应用于转速精度高、动态响应好的场合。

2. 直流调速系统根据直流电动机能否实现正反转控制分类

（1）不可逆直流调速系统　这种系统只能实现直流电动机的正转或反转，只应用于不要求正反转的场合。

（2）可逆直流调速系统　这种系统能实现直流电动机的正、反转，又能快速起动、制动，实现四象限运行。常应用于动态性能要求高，并且需要快速加减速的可逆运行的场合，如起重提升设备、电梯、龙门刨床等。

6.2　自动控制系统的基本原理

自动控制系统可在没有人直接参与的情况下，利用控制装置，对生产过程、工艺参数、目标要求等做自动调节与控制，使之按照预定的方案达到要求的技术指标。

6.2.1　开环控制系统和闭环控制系统

自动控制系统按输出量对输入量有无直接影响，分为开环控制系统和闭环控制系统。

1. 开环控制系统

控制输入不受输出影响的控制系统称为开环控制系统。在开环控制系统中，不存在由输出端到输入端的反馈通道，因此开环控制系统又称为无反馈控制系统。开环控制系统由控制器与被控对象组成。控制器通常具有功率放大的功能。同闭环控制系统相比，开环控制系统结构简单、容易实现并且比较经济。开环控制系统的缺点是控制精度和抑制干扰的性能都比较差，而且对系统参数的变动很敏感。

2. 闭环控制系统

信号正向通路和反馈通路构成闭合回路的自动控制系统即闭环控制系统，闭环控制系统可将输出量直接或间接反馈到输入端，因此又称反馈控制系统。闭环控制系统根据系统输出变化的信息来进行控制，即通过比较系统行为（输出）与期望行为之间的偏差并予以消除来获得预期的系统性能。在闭环控制系统中，既存在由输入端到输出端的信号前向通道，也包含从输出端到输入端的信号反馈通道。闭环控制是自动控制的主要形式。在工程上常把在运行中使输出量和期望值保持一致的闭环控制系统称为自动调节系统，而把用来精确地跟随或复现某种过程的闭环控制系统称为伺服系统或随动系统。

闭环控制系统由控制器、受控对象和反馈通道组成。在闭环控制系统中，只要被控制量偏离规定值，就会产生相应的控制作用去消除偏差。因此，闭环控制系统具有抑制干扰的能力，对元件特性变化不敏感，并能改善系统的响应特性。

6.2.2 自动控制系统的组成

一个自动控制系统是由若干个部分组成的，每个部分有其特定的功能。自动控制系统的组成和信号的传递情况常用框图来表示。图 6-3 所示为自动控制系统组成框图，其主要由以下各部分组成：

1）给定元件：输入量，又称控制量。

2）检测元件：检测输出量并引回到输入端，产生反馈量。

3）比较环节：比较输入量和反馈量。

4）放大元件：将比较差值放大。

5）执行元件：包括电动机、减速器等。

6）被控对象：输出量，又称为被控制量。

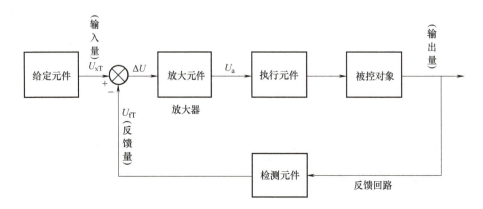

图 6-3　自动控制系统组成框图

各个元件在排列时，通常将给定元件放在最左端，被控对象放在最右端；即输入量在最左端，输出量在最右端。从左至右（即从输入至输出）的通道称为顺馈通道或前向通道，将输出信号引回输入端的通道称为反馈通道或反馈回路。

如果是开环控制系统，则包括给定元件、放大元件、执行元件、被控对象；如果是闭环控制系统，则包括给定元件、放大元件、执行元件、被控对象，还有比较环节和检测元件。

6.2.3 自动控制系统的性能要求

不同的自动控制系统，其性能差别很大，一般生产机械对自动控制系统的性能要求，主要从稳定性、准确性和快速性这三个方面考虑。也就是用是否"稳、准、快"来评价一个系统性能的优劣。

1. 稳定性

稳定性是判别一个自动控制系统能否实际应用的前提条件。

（1）稳定系统 当系统运行中受到扰动（或给定值发生变化），输出量将会偏离原来的稳定值，这时，由于反馈通道的作用，通过系统内部的自动调节，系统可回到（或接近）原来的稳定值（或跟随给定值）并最终稳定下来，这种系统就是稳定系统，如图6-4a所示。

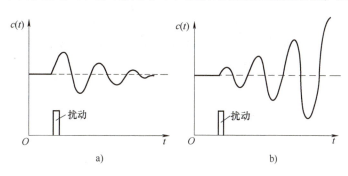

图6-4 系统的稳定性

a）稳定系统 b）不稳定系统

（2）不稳定系统 当系统运行中受到扰动，由于内部的相互作用，系统输出量出现发散而处于不稳定状态，这样的系统就是不稳定系统，如图6-4b所示。

（3）分析系统的稳定性的注意事项

1）系统的稳定性分析只针对闭环控制系统，所以开环控制系统一般不存在稳定性问题。

2）通常用最大超调量 σ 和振荡次数 N 作为反映稳定性的性能指标，一般这两个指标数值越小，系统的稳定性就越好。

2. 准确性

准确性是指当系统重新达到稳定状态后，其输出量保持的准确度，它反映了系统的准确度。一般自动控制系统输出量偏差越小，准确度越高。

通常用稳态误差 e_{ss} 描述系统的稳态准确度，如图6-5所示，当系统受到扰动时，输出量会出现偏差，这种偏差称为稳态误差 e_{ss}。当 $e_{ss} \neq 0$ 时，称为有静差系统；当 $e_{ss} = 0$ 时，称为无静差系统。

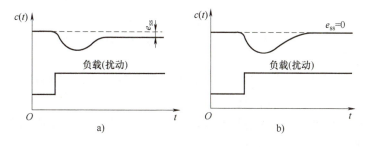

图6-5 系统的准确性

a）有静差系统 b）无静差系统

3. 快速性

快速性是指系统从一种稳定状态达到新稳定状态的过渡过程的时间长短。过渡过程的时间长，说明系统的快速性差、响应迟缓。通常，自动控制系统希望过渡过程越短越好，这样运行效率也就越高。

快速性可以用调节时间 t_s、最大超调量 σ、振荡次数 N 和上升时间 t_r 等动态性能指标来衡量，如图 6-6 所示。

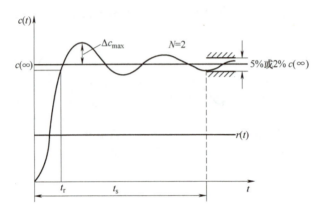

图 6-6　系统的动态性能指标

（1）调节时间 t_s　调节时间指从系统过渡过程开始到系统输出量进入并一直保持在新的稳态值允许误差带，即稳态值的 $1\pm(2\%\sim5\%)$ 内所需要的时间。其大小反映了系统的快速性，调整时间 t_s 越小，系统快速性越好。

（2）最大超调量 σ　最大超调量是输出量 $c(t)$ 与稳态值 $c(\infty)$ 的最大偏差 Δc_{max} 与稳态值 $c(\infty)$ 之比，即 $\sigma=\Delta c_{max}/c(\infty)\times100\%$。

（3）振荡次数 N　振荡次数是指在调节时间内，输出量在稳态值上下摆动的次数。

（4）上升时间 t_r　上升时间是系统输出从稳态值的 10% 上升到 90% 所需要的时间。

6.2.4　调速系统的性能指标及分析

1. 调速系统的稳态性能指标

对于任何一个调速系统，其生产工艺对调速性能都有一定的要求，总体来说，对于调速系统的要求主要有以下三个方面：

（1）调速　在一定的最高转速和最低转速的范围内，分档（有级）或平滑（无级）地调节转速。

（2）稳速　以一定的准确度在所需转速上稳定运行，在各种干扰下不允许有过大的转速波动，以确保产品质量。

（3）加、减速　频繁起、制动的设备要求加、减速尽量快，以提高生产效率不宜经受剧烈速度变化的机械则要求起、制动尽量平稳。

调速系统的稳态性能指标主要包括调速范围和静差率等。调速范围用来描述调速性能的好坏，静差率用来描述稳速性能的好坏。

（1）调速范围 D　调速范围是指电动机在额定负载下，生产机械要求电动机提供的最高转速 n_{max} 和最低转速 n_{min} 之比，即

$$D=\frac{n_{max}}{n_{min}}\qquad(6\text{-}2)$$

式中，$n_{\max}$ 为电动机额定负载时的最高转速，一般为额定转速 n_N；$n_{\min}$ 为电动机额定负载时的最低转速。

对于少数负载很轻的机械，例如精密磨床，也可用实际负载时的最高和最低转速来代替。

（2）静差率 s　静差率是指当电动机在某一转速下运行时，负载由理想空载增加到额定值时所对应的转速降落 Δn_N 与理想空载转速 n_0 之比，即

$$s = \frac{\Delta n_N}{n_0} \times 100\% \tag{6-3}$$

式中，$\Delta n_N = n_0 - n_N$。

静差率是用来衡量调速系统在负载变化时转速的稳定度。

（3）静差率与机械特性硬度的区别　静差率与机械特性的硬度有关，机械特性硬度越高，静差率越小，转速的稳定性越好。然而静差率和机械特性的硬度是有区别的，一般调压调速系统中电动机在不同转速下的机械特性是互相平行的。对于同样硬度的特性，理想空载转速越低时，静差率越大，转速的稳定性也就越差。如图6-7所示，a、b两条机械特性曲线硬度相同，但其静差率不同。

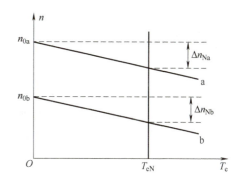

图6-7　机械特性硬度相同、转速不同时的静差率

在直流调速系统中，假设电动机额定转速 n_N 为最高转速，可以推出调速范围、静差率和额定转速降之间的关系为

$$D = \frac{n_N s}{\Delta n_N (1-s)} \tag{6-4}$$

通常，对于调速系统来讲，其调速范围越大越好，静差率越小越好。对于同一个调速系统，如果 Δn_N 值一定，由式（6-4）可见，如果对静差率要求越严，即要求 s 值越小时，系统能够允许的调速范围也越小。调速范围和静差率是相互制约的关系。一个调速系统的调速范围，是指在最低速时还能满足所需静差率的转速可调范围。调速系统的静差率指标应以最低速时所能达到的数值为准。

2. 开环直流调速系统及分析

（1）系统组成　开环直流调速系统主要由主电路和控制电路两部分组成。主电路由晶闸管可控整流器、直流电动机等组成，控制电路由给定电位器、晶闸管触发电路、继电保护电路组成。由晶闸管可控整流器向直流电动机供电的开环直流调速系统结构原理如图6-8所示。

（2）工作原理　如图6-8所示，调节给定电位器的阻值，改变控制电压 U_c 就可改变晶闸管触发电路脉冲的相位来改变触发延迟角 α，从而改变整流电路的输出电压 U_d（即直流电动机的电枢电压），直流电动机的转速相应改变，以达到调速的目的。由电力电子变流技术知识可知，当 U_c 从零开始增大时，触发延迟角 α 从90°减小，使得整流输出电压 U_d 从零增大。直流电动机调压调速时，当直流电动机的电枢电压从零增大，直流电动机的转速 n 也从零升高，从而实现直流电动机的速度调节。

开环直流调速系统的给定输入信号 U_c 一定时，直流电动机就以恒定的转速旋转。当系统

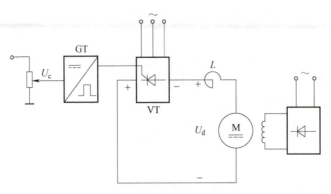

图 6-8　开环直流调速系统结构原理

外界有扰动（如负载发生变化）时，转速就会产生较大的波动，使其偏离目标值，但开环直流调速系统不能自动进行补偿和调节。当直流电动机负载转矩 T_L 发生变化时，直流电动机的转速 n 也发生变化，当负载转矩 T_L 增大时，直流电动机的电磁转矩 T_e 小于负载转矩 T_L，直流电动机转速 n 下降，使得电枢电动势 E 减小，如整流输出电压 U_d 不变，电枢电流 I_a 将增大，使得直流电动机输出的电磁转矩 T_e 增大，最终使得电磁转矩 T_e 与负载转矩 T_L 相等，从而达到一个新的平衡。此时，直流电动机的转速已经降低，即

$$T_L \uparrow \xrightarrow{T_e < T_L} n \downarrow \xrightarrow{E = K_e \Phi n} E \downarrow \xrightarrow{I_a = \frac{U_d - E}{R_a}} I_a \uparrow \xrightarrow{T_e = K_T \Phi I_a} T_e \uparrow$$

直到 $T_e = T_L$，此过程才结束

由于开环直流调速系统无法自动调节负载变化等引起的对直流电动机转速的影响，因此只用于转速精度要求不高的场合。

6.3　转速负反馈直流调速系统

为了提高系统的静态性能和动态指标，人们对开环直流调速系统的控制电路进行了改进，增加了转速负反馈环节，形成了转速负反馈直流调速系统。

6.3.1　基本的转速负反馈直流调速系统

直流调速系统的主要目的是去平稳调节并稳定所带直流电动机的转速。转速负反馈直流调速系统就是将直流电动机的转速作为被控量，引入负反馈，直接检测直流电动机的转速并转换为电信号反馈到给定输入端进行比较并调节，从而提高调速系统的性能。

1. 闭环系统的主要组成

转速负反馈直流调速系统的原理如图 6-9 所示。系统主要由晶闸管可控整流器、直流电动机、转速检测环节、比较放大电路等组成。闭环系统在开环系统的基础上增加了两个部分：转速检测环节和比较放大电路。

（1）转速检测环节　检测转速的设备有很多，常用设备有测速发电机和旋转编码器。测速发电机的转速输出是模拟量，其输出电压既可以表示转速的大小，也可以表示转速的方向。测速发电机分为直流测速发电机和交流测速发电机两种。旋转编码器的转速输出是数字量，

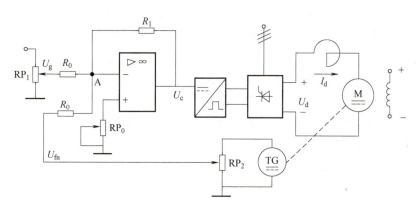

图 6-9　转速负反馈直流调速系统的原理

且多为脉冲量，通过计速器输入到 PLC 或计算机进行控制，一般用于测速精度高、测速范围大的系统中。

在此环节中，转速反馈需要的是模拟量，因此采用直流测速发电机作为转速检测装置。转速检测环节的作用是将电动机转速转变为电压信号。图 6-9 中，TG 为与直流电动机 M 同轴相连的测速发电机，产生与直流电动机 M 的转速 n 成正比的电压信号，经过可调电阻 RP_2 分压后产生测速反馈电压 U_{fn}。测速反馈电压 U_{fn} 与直流电动机 M 的转速 n 成正比，即

$$U_{fn} = an \tag{6-5}$$

式中，a 为转速反馈系数。

（2）比较放大电路　比较放大电路采用的是由集成运算放大器构成的比例调节器（也称为 P 调节器），在转速负反馈直流调速系统中，比例调节器的输入端通常有两个输入信号：一个是来自给定电位器的给定电压 U_g，另一个是来自测速发电机的转速反馈电压 U_{fn}，两个信号并联输入到比例调节器，构成反相加法运算电路，进行信号的比较与放大，如图 6-10 所示。比例调节器的输出电压 U_c 为

$$U_c = -\frac{R_1}{R_0}(U_g + U_{fn}) = K_p(U_g + U_{fn}) = K_p \Delta U \tag{6-6}$$

为了稳定直流电动机的转速，转速负反馈直流

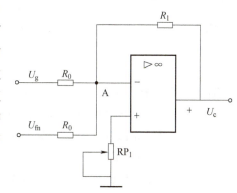

图 6-10　两个输入的比例调节器

调速系统引入了负反馈，给定电压 U_g 与反馈电压 U_{fn} 的极性相反，如 U_g 为负电压，U_{fn} 就为正电压，$\Delta U = U_g + U_{fn}$，为给定信号与反馈信号的差值，即偏移电压，再经过比例调节器产生控制电压 U_c，从而调节触发电路的触发延迟角 α，进而控制可控整流电路的输出电压 U_d，最终实现对直流电动机转速 n 的调节。由于系统中的比例调节器是用来调节并稳定直流电动机的转速的，因此也将此比例调节器称为速度调节器或转速调节器。

2. 转速负反馈直流调速系统的工作原理

在图 6-9 中，可通过调节给定电位器 RP_1 来改变给定电压 U_g 并调节直流电动机的转速。当 U_g 增大时，直流电动机的转速 n 升高，其具体调节过程如下：

$$U_g \uparrow \longrightarrow \Delta U \uparrow \longrightarrow U_c \uparrow \longrightarrow \alpha \downarrow \longrightarrow U_d \uparrow \longrightarrow n \uparrow$$

193

反之，当 U_g 减小时，转速 n 降低。在此调节过程中，$\Delta U \neq 0$，$U_g \neq U_{fn}$，直流电动机转速反馈值与给定目标值始终有偏差，通过偏差进行转速调节，此系统为有静差调速系统。

当给定电压 U_g 不变时，如果直流电动机所接负载发生变化，直流电动机的转速 n 也会发生变化。其调节过程分为直流电动机内部自动调节过程和转速负反馈自动调节过程。

直流电动机内部自动调节过程在开环调速系统时已经介绍过，在此不再赘述，这里主要看一下转速负反馈自动调节过程。以负载转矩 T_L 增加为例来进行说明，具体调节过程如下：当负载增加时，转速下降，反馈电压 U_{fn} 减小，在给定电压 U_g 不变的情况下，偏移电压 ΔU 增大，控制电压 U_c 增大，整流输出电压 U_d 增大，直流电动机电枢电流 I_d 增大，使得负载转矩 T_e 增大，从而达到新的平衡 $T_e = T_L$。此时，转速已经通过整流输出电压 U_d 增大而有所回升。

$$T_L \uparrow \xrightarrow{T_e < T_L} n \downarrow \xrightarrow{U_{fn}=an} U_{fn} \downarrow \xrightarrow{\Delta U = U_g - U_{fn}} \Delta U \uparrow \xrightarrow{U_c = K_p \Delta U} U_c \uparrow \xrightarrow{\alpha \downarrow} U_d \uparrow$$

$$n \uparrow \xleftarrow{\quad n = \dfrac{U_d - I_d R}{K_e \Phi} \quad}$$

$$I_d \uparrow \xleftarrow{\quad I_d = \dfrac{U_d - E}{R} \quad}$$

$$T_e \uparrow \xleftarrow{T_e = K_T \Phi I_d} I_d \uparrow$$

在转速负反馈直流调速系统中，当负载变化时，直流电动机的转速也跟着变化，其根本原因是由于电枢回路电压降的变化。根据转速负反馈直流调速系统调节过程分析可知，当负载增大时，为了达到新的平衡，直流电动机的电磁转矩 T_e 要增大，即直流电动机的电枢电流 I_d 要增大，由于系统中有电枢回路总电阻的存在，电枢电阻的压降 $I_d R$ 升高，同时直流电动机的反电动势 E 减小，转速下降。为了提高直流电动机的转速，使转速受负载变化的影响减小，人们引入了转速负反馈，通过检测转速的降低，增大了偏差电压 ΔU，提高整流输出电压 U_d，减小电枢电阻的压降升高对转速带来的影响，进而提高直流电动机的反电动势 E，使得直流电动机的转速在下降后又有所回升。

通过以上分析，可以得到以下几点结论：

1）转速负反馈自动调节过程依靠偏差电压 ΔU 来进行调节。

2）这种系统是以存在偏差为前提的，反馈环节只是检测偏差，减小偏差，而不能消除偏差，因此它是有静差调速系统。

3）经转速负反馈调整稳定后的转速将低于原来的转速。

3. 闭环系统的性能分析

（1）转速负反馈直流调速系统静特性方程　转速负反馈直流调速系统中各部分的稳态关系如下：

电压比较环节为

$$\Delta U = U_g - U_{fn} \tag{6-7}$$

比较放大电路为

$$U_c = K_p \Delta U$$

晶闸管可控整流器为

$$U_{d0} = K_s U_c \tag{6-8}$$

转速检测环节为

$$U_{fn} = an$$

开环系统机械特性为

$$n = \frac{U_{d0} - I_d R}{C_e} = \frac{K_s K_p U_g}{C_e} - \frac{I_d R}{C_e} = n_{0op} - \Delta n_{op} \tag{6-9}$$

闭环系统静特性为

$$n = \frac{U_a - I_a R}{K_e \Phi} = \frac{U_d - I_d R}{K_e \Phi} \Rightarrow n = \frac{K_p K_s U_g - I_d R}{C_e(1+K)} = \frac{K_p K_s U_g}{C_e(1+K)} - \frac{I_d R}{C_e(1+K)} = n_{0cl} - \Delta n_{cl} \tag{6-10}$$

式中，C_e 为直流电动机的电势常数；K_p 为比例调节器放大倍数；K_s 为晶闸管可控整流器的电压放大倍数；U_{d0} 为晶闸管可控整流器的理想空载输出电压；a 为转速反馈系数；K 为闭环系统的开环放大倍数，$K = \dfrac{K_p K_s a}{C_e}$；$R$ 为电枢回路总电阻；n_{0op} 为开环系统的理想空载转速，$n_{0op} = \dfrac{K_s K_p U_g}{C_e}$；$\Delta n_{op}$ 为开环系统的转速降，$\Delta n_{op} = \dfrac{I_d R}{C_e}$；$n_{0cl}$ 为闭环系统的理想空载转速，$n_{0cl} = \dfrac{K_p K_s U_g}{C_e(1+K)}$；$\Delta n_{cl}$ 为闭环系统的转速降，$\Delta n_{cl} = \dfrac{I_d R}{C_e(1+K)}$。

（2）开环系统机械特性和闭环系统静特性的关系

1）闭环系统静特性可以比开环系统机械特性硬得多。在相同的负载扰动下，开环系统的转速降 Δn_{op} 与闭环系统的转速降 Δn_{cl} 之间的关系是

$$\Delta n_{cl} = \frac{\Delta n_{op}}{1+K} \tag{6-11}$$

增加转速负反馈后闭环系统的转速降减小为开环系统转速降的 $1/(1+K)$，使其特性曲线变硬，如图 6-11 所示。

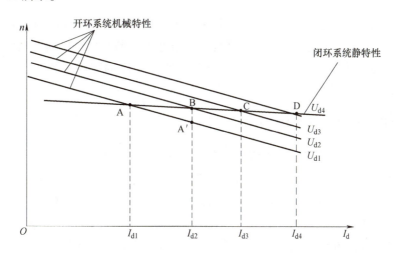

图 6-11 闭环系统静特性和开环机械特性的关系

2）如果比较同一开环和闭环系统，则闭环系统的静差率要小得多。如果使开环和闭环系统的理想空载转速相等（即 $n_{0op} = n_{0cl}$），开环系统的静差率 s_{op} 与闭环系统的静差率 s_{cl} 之间的关系是

$$s_{cl} = \frac{s_{op}}{1+K} \tag{6-12}$$

闭环系统的静差率减小为开环系统的 $1/(1+K)$，静差率用来衡量直流调速系统在负载变化时转速的稳定度，静差率越小，转速的稳定度越高，因此，闭环系统转速受负载的影响要比开环系统小。

3）当要求的静差率一定时，闭环系统可以大大提高调速范围。如果直流电动机的最高转速都是 n_{max}，而对静差率的要求相同，那么开环系统的调速范围 D_{op} 与闭环系统的调速范围 D_{cl} 之间的关系是

$$D_{cl} = (1+K) D_{op} \tag{6-13}$$

在静差率要求相同的情况下，闭环系统的调速范围增大为开环系统的 $(1+K)$ 倍。

4）要获得以上三项优势，闭环系统必须设置比较放大电路。通过设置比较放大电路，调节 K_p 的大小，可使得闭环系统的开环放大倍数 K 足够大。

闭环系统能够减少稳态速降的实质在于它的自动调节作用，即它能随着负载的变化而相应地改变电枢电压，以补偿电枢回路电阻压降的变化。开环系统的负载增加时，转速降低比较明显，而闭环系统在负载增加时，转速下降后又会有所回升。例如在图 6-11 中，当负载电流 I_d 由 I_{d1} 增大为 I_{d2} 时，若为开环系统，则转速从 A 点下降到 A′ 点；若为闭环系统，则转速从 A 点先下降到 A′ 点，再通过提升整流输出电压 U_{d1} 到 U_{d2}，使转速又回升到 B 点，从而减少了转速降。

闭环系统可以获得比开环系统硬得多的稳态特性，从而在保证一定静差率的要求下提高调速范围。

（3）闭环系统的基本特性

1）由比例调节器构成有静差调速系统，利用给定与反馈之间的偏差进行控制和调节转速。

2）转速跟随给定变化，闭环系统能够抑制包围在负反馈环内的前向通道上的所有扰动。

3）闭环系统的准确度受到给定和反馈检测环节准确度的影响。反馈检测环节的准确度对闭环系统的准确度来说起着决定性的作用。所以，高准确度的闭环系统还必须要有高准确度的转速检测元件作为保证。

6.3.2 转速负反馈无静差直流调速系统

采用比例（P）调节器控制的直流调速系统是有静差的调速系统，还存在系统准确度与稳定性的矛盾，而且采用比例（P）调节器控制必然要产生静差，K_p 越大，静差率越小，系统的准确度越高，但 K_p 过大，偏差信号 ΔU 微小的变化也会引起直流电动机转速较大的波动，从而降低系统的稳定性。

由于采用比例调节器，转速调节器的输出为 $U_c = K_p \Delta U$。若 $U_c \neq 0$，直流电动机正常运行，即 $\Delta U \neq 0$，若 $\Delta U = 0$，$U_c = 0$，直流电动机将停止运转。因而系统必须存在偏差，并利用偏差进行控制和调节转速。

要减小偏差或消除偏差，进一步提高系统的准确度，保证系统的稳定性，可采用积分（I）调节器或比例积分（PI）调节器代替比例调节器，构成无静差直流调速系统。

1. 积分（I）调节器及其特点

（1）积分（I）调节器 如图 6-12a 所示，由集成运算放大器可构成一个积分调节器，其

输出电压 U_o 与输入电压 U_i 的关系为

$$U_\mathrm{o} = -\frac{1}{R_0 C}\int U_\mathrm{i}\,\mathrm{d}t = -\frac{1}{\tau}\int U_\mathrm{i}\,\mathrm{d}t \tag{6-14}$$

式中，τ 为积分时间常数，$\tau = R_0 C$。

积分调节器的输出电压 U_o 与输入电压 U_i 对时间的积分成正比，且极性相反。

根据电路分析，当输入为阶跃信号时，输出电压 $U_\mathrm{o} = -\dfrac{U_\mathrm{i}}{\tau}t$，输出电压 U_o 随时间线性增加，直至达到饱和值为止，此时积分调节器的输出特性如图 6-12b 所示。

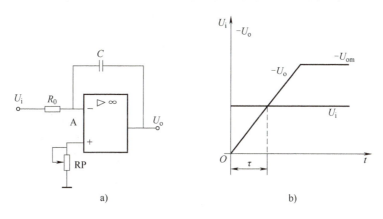

图 6-12　积分调节器
a）积分调节器原理　b）输入阶跃信号时的输出特性

（2）比例调节器与积分调节器的特点比较　在有静差直流调速系统中采用比例调节器，当负载转矩由 T_L1 突增到 T_L2 时，有静差直流调速系统的转速 n、偏差电压 ΔU 和控制电压 U_c 的变化过程如图 6-13 所示。无静差直流调速系统中采用积分调节器后，由于积分调节器的作用，只要有偏差电压 ΔU，控制作用就存在，当达到稳定时，必然有 $\Delta U = 0$ 的结果。如图 6-14 所示，当负载突增时，引起转速降并产生 ΔU，达到新的稳态时，ΔU 又恢复为零，但 U_c 已从 U_c1 上升到 U_c2，使电枢电压由 U_d1 上升到 U_d2，以克服因负载增大引起电流增加的压降。在这里，U_c 的改变并非仅仅依靠 ΔU 本身，而是依靠 ΔU 在一段时间内的积累。虽然稳定后 $\Delta U = 0$，但只要历史上有过 ΔU，其积分就有一定数值，足以产生稳态运行所需要的控制电压 U_c。比例调节器和积分调节器的根本区别就在于此。

总之，比例调节器的输出只取决于输入偏差量的现状，而积分调节器的输出是对输入偏差量时间的积累。

2. 比例积分（PI）调节器

从无静差的角度来看，积分调节器优于比例调节器，但是另一方面，在控制的快速性上，积分调节器却又不如比例调节器。因为在同样的阶跃输入信号作用之下，比例调节器的输出可以立即响应，而积分调节器的输出只能逐渐地变化。

可用集成运算放大器构成比例积分调节器，其电路如图 6-15 所示，输入电压与输出电压的关系是

$$U_\mathrm{o} = -\frac{R_1}{R_0}U_\mathrm{i} - \frac{1}{R_0 C_1}\int U_\mathrm{i}\,\mathrm{d}t = -K_\mathrm{p}U_\mathrm{i} - \frac{1}{\tau}\int U_\mathrm{i}\,\mathrm{d}t \tag{6-15}$$

197

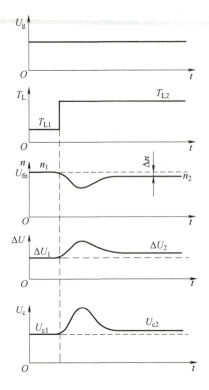

图 6-13　有静差直流调速系统
突加负载的变化过程

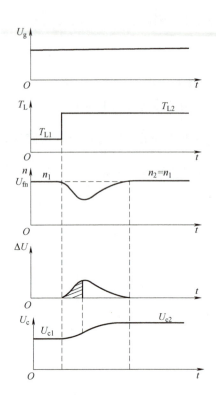

图 6-14　积分控制的无静差直流
调速系统突加负载的变化过程

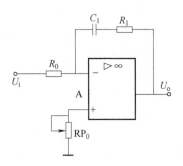

图 6-15　比例积分调节器

　　比例积分调节器的输出电压由比例和积分两部分叠加而成，输入电压和输出电压极性相反。

　　当输入电压是阶跃信号（见图 6-16a）时，输出电压先在瞬间放大了 K_p 倍，相当于比例调节器，实现调节的快速性，然后相当于积分调节器起作用，对输入电压进行积分，最终实现无静差。

　　当输入电压是转速偏差电压 ΔU（见图 6-16b）时，输出波形中比例部分①和 ΔU 成正比，积分部分②是 ΔU 的积分曲线，而 PI 调节器的输出电压 U_c 是这两部分之和（①+②）。可见，此时的 U_c 既具有快速响应性能，又足以消除静差，实现无静差。

　　比例积分调节器综合了比例调节器和积分调节器的优点，又克服了各自的缺点，比例部分能提高系统的响应速度，积分部分则可以实现无静差。

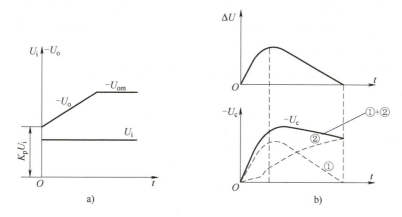

图 6-16　比例积分调节器输入输出特性

a）输入阶跃信号时的输出特性　b）输入转速偏差电压时的输出特性

3. 由比例积分调节器构成的转速负反馈无静差直流调速系统

由比例积分调节器构成的转速负反馈无静差直流调速系统如图 6-17 所示，它采用比例积分调节器以实现无静差。

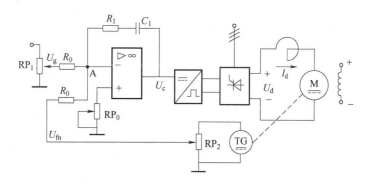

图 6-17　由比例积分调节器构成的转速负反馈无静差直流调速系统

系统稳定运行时，其稳态转速即为给定转速 n，稳态时，由于 $\Delta U_i = 0$，即 $U_g = U_{fn} = an$，故稳态时转速 $n = U_g/a$。可改变 U_g 的大小来调节直流电动机的转速 n。

当负载增大时，直流电动机的电磁转矩小于负载转矩，直流电动机的转速下降，转速检测反馈电压小于给定电压，使得 $\Delta U_i < 0$，系统自动调节过程如下：

$$T_L \uparrow \longrightarrow n \downarrow \longrightarrow U_{fn} \downarrow \longrightarrow \Delta U_i \downarrow \longrightarrow U_c \uparrow \longrightarrow \alpha \downarrow \longrightarrow U_d \uparrow \longrightarrow n \uparrow$$

$$\Delta U_i \uparrow \xleftarrow{\text{直到 } U_g = U_{fn}(\Delta U_i = 0)}$$

图 6-18 所示为负载增加时系统的调节过程曲线，在调节过程中，比例调节器的作用如曲线①所示，积分调节器的作用如曲线②所示，由于系统采用了比例积分调节器，调节作用如曲线③所示。在调节过程的前中期，比例调节器起主要作用，阻止转速降落，并使转速稳步回升。在调节过程的后期，转速偏差 Δn 很小，比例调节器作用不明显，积分调节器起主要作用，使转速回到原值，并最终消除偏差。调节过程结束时，$\Delta U = 0$，$\Delta n = 0$，但比例积分调节器的输出电压 U_c 从 U_{c1} 上升并稳定到 U_{c2}，使直流电动机又回升到给定转速下稳定运行。

199

无静差直流调速系统的理想静特性如图 6-19 所示。由于系统无静差，静特性是不同转速时的一簇水平线（图中实线所示）。当给定电压一定时，若负载发生变化，直流电动机的转速保持不变。但严格地说，"无静差"只是理论上的，实际由于集成运算放大器有零点漂移、测速发电机有误差、电容器有漏电等原因，静特性仍有很小的静差存在（图中虚线所示），但静差比有静差调速系统小得多。

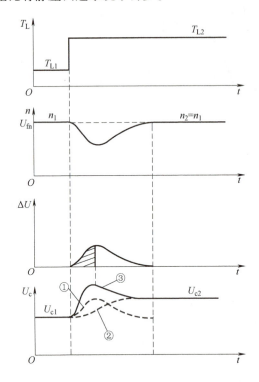

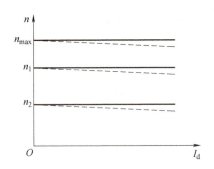

图 6-18　负载增加时系统的调节过程曲线　　　　图 6-19　无静差直流调速系统的理想静特性

6.3.3　带电流截止负反馈的直流调速系统

1. 引入电流截止负反馈的原因

直流电动机在起动、堵转或过载时会产生很大的电流，可能烧坏晶闸管和直流电动机本身，因而要设法对电流加以限制。若采用电流负反馈，会使系统的机械特性变软，为此可通过一个电压比较环节，使电流负反馈环节只有在电流超过某个允许值（称为阈值）时才起作用，这就是电流截止负反馈。

2. 电流截止负反馈环节

常用的电流截止负反馈环节如图 6-20 所示，电流负反馈信号取自与直流电动机电枢串联的小阻值取样电阻 R_s（零点几欧或几欧），$I_d R_s$ 正比于流过直流电动机的电流。I_{jz} 为临界截止电流，当流过直流电动机的电流 $I_d < I_{jz}$ 时，电流截止负反馈不起作用；当电流 $I_d = I_{jz}$ 时，电流截止负反馈起作用，将电流信号反馈到调节器的输入端。此时，可利用独立的直流电源作为比较电压，如图 6-20a 所示，其大小可通过电位器进行调节，相当于调节临界截止电流的大小。当 $I_d R_s \leqslant U_{com}$ 时，二极管 VD 截止，电流截止负反馈不起作用；当 $I_d R_s > U_{com}$ 时（即 $I_d > U_{com}/R_s$），二极管 VD 导通，电流截止负反馈起作用。其临界截止电流 $I_{jz} = U_{com}/R_s$。

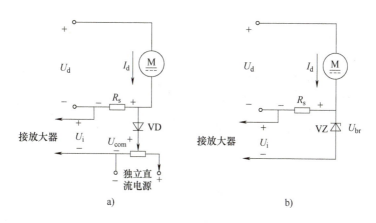

图 6-20　电流截止负反馈环节
a）利用独立直流电源作为比较电压　b）利用稳压二极管产生比较电压

图 6-20b 中，利用稳压二极管 VZ 的击穿电压 U_{br} 作为比较电压，当 $I_d R_s \leqslant U_{br}$ 时，则稳压二极管 VZ 截止，电流截止负反馈不起作用；当 $I_d R_s > U_{br}$ 时（即 $I_d > U_{br}/R_s$），稳压二极管 VZ 击穿导通，电流截止负反馈起作用。其临界截止电流 $I_{jz} = U_{br}/R_s$。这种电路结构简单，但是不能平滑地调节截止电流值的大小。

以上两种电流截止负反馈环节，由于在电枢回路中串联了电阻 R_s，会影响系统的静特性，增加转速降，使得特性曲线变软，所以在小容量调速系统中应用比较广泛，对中大容量的调速系统可以采用带电流互感器的电流截止负反馈环节，如图 6-21 所示。由于交流主电路中的电流与晶闸管可控整流器输出的电枢电流成正比，通过电流互感器检测交流主电路中的电流，再经过二极管整流变为直流电，经可调电位器 RP 分压后，通过稳压二极管 VZ 将截止电流信号反馈到给定输入端。通过调节电位器 RP 可以调节临界截止电流的大小。

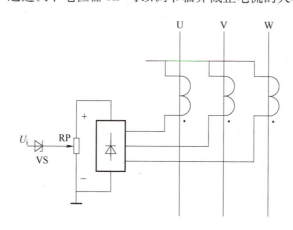

图 6-21　带电流互感器的电流截止负反馈环节

3. 带电流截止负反馈的直流调速系统的实现

在基本的直流调速系统的基础上，增加电流截止负反馈保护环节，可使系统具有过电流保护功能，提高系统运行的可靠性，完善系统的功能。如图 6-22 所示，在原有的转速负反馈有静差直流调速系统的基础上增加电流截止负反馈保护环节，就构成了带电流截止负反馈的直流调速系统。

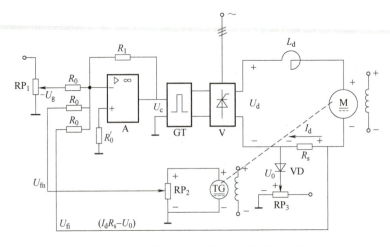

图 6-22　带电流截止负反馈的直流调速系统

（1）电流截止负反馈的调节原理　当电枢电流 I_d 小于临界截止电流 I_{jz} 时，电流截止负反馈不起作用。当电枢电流 I_d 大于临界截止电流 I_{jz} 时，电流截止负反馈起调节作用，具体调节过程如下：

当 $I_d > I_{jz}$，$\Delta U = -U_g + U_{fn} + U_{fi}$

$$I_d \uparrow \longrightarrow U_{fi} \uparrow \longrightarrow \Delta U \downarrow \longrightarrow U_c \downarrow \longrightarrow U_d(U_a) \downarrow$$

$$I_d = \frac{U_d(\downarrow) - E}{R_a} \longrightarrow I_d \downarrow \text{（限制过大电流）}$$

$$n = \frac{U_d(\downarrow) - I_d R_a(\uparrow)}{K_e \Phi} \longrightarrow n \downarrow\downarrow \text{（转速急剧下降）}$$

电流截止负反馈电压信号 $U_{fi} = I_d R_c - U_0$ 反馈到比例调节器的输入端，此时偏差电压 $\Delta U = -U_g + U_{fn} + U_{fi}$。当电流继续增加时，$U_{fi}$ 使 ΔU 的数值减小，U_c 降低，U_d 降低，从而限制电流 I_d 的过大增加。由于 U_d 的减小，又加上电流 I_d 总体是增大的，使得 $I_d R_a$ 也增加，根据 $n = \frac{U_d - I_d R_a}{K_e \Phi}$ 可知，转速 n 将急剧下降。

（2）带电流截止负反馈的直流调速系统的特点　电流截止负反馈的作用相当于在主电路中串联了一个大电阻，故直流电动机稳态速降极大，特性急剧下垂。如图 6-23 所示，系统在正常工作范围内有较硬的机械特性，而一旦过载，电流超过临界截止电流，电流截止负反馈起作用，限制电流的增加并使转速急剧下降，从而使其特性曲线即下垂成为很软的特性。

机械特性的这种两段式静特性常称为下垂特性或挖掘机特性。这种特性的系统在堵转时（或起动时）电流不是很大，这是因为在堵转时，虽然转速 $n = 0$，电动机反电动势 $E = 0$，但由于电流截止负反馈的作用，使得 U_d 大大降低，从而使电流 I_d 不至于过大，此时的电流称为堵转电流 I_{dm}。

（3）电流截止负反馈环节的参数设计　如图 6-23 所示，电动机的堵转电流 I_{dm} 应小于电动机允许的最大

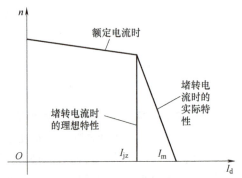

图 6-23　电流截止负反馈的挖掘机特性

202

电流，一般取 $I_{dm}=(1.5\sim2)I_N$。从直流调速系统的稳态性能上看，希望稳态运行范围足够大，临界截止电流应大于电动机的额定电流，一般取 $I_{jz}\geqslant(1.1\sim1.2)I_N$。

6.4 转速-电流双闭环直流调速系统

直流调速系统的转速准确度较高，采用比例积分调节器后可以实现无静差调速，但对于某些频繁起动、停止的生产机械，如纺织机械、造纸机械、龙门刨床、可逆轧钢机等，要求调速系统过渡过程要短，为了提高动态过程的快速性，可在直流调速系统中加入电流调节器，构成转速-电流双闭环直流调速系统。

采用转速负反馈和比例积分调节器的直流调速系统可以在保证系统稳定的前提下实现转速无静差。但是，如果对系统的动态性能要求较高，例如要求快速起制动，突加负载动态速降小等，这类系统就难以满足需要了。为了加快起动过程，缩短起动时间，可采用转速-电流双闭环直流调速系统。

6.4.1 转速-电流双闭环直流调速系统的组成

转速-电流双闭环直流调速系统的结构组成如图 6-24 所示。

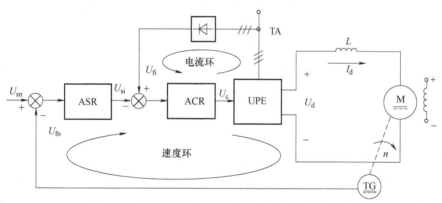

图 6-24 转速-电流双闭环直流调速系统的结构组成
ASR—转速调节器 ACR—电流调节器 TG—测速发电机
TA—电流互感器 UPE—晶闸管可控整流器

转速-电流双闭环直流调速系统中，把 ASR 的输出当作 ACR 的输入，再用 ACR 的输出去控制 UPE。ACR 和电流-检测反馈环节（TA）构成电流环；ASR 和转速-检测反馈环节（TG）构成速度环。从闭环结构上看，电流环在里面，称为内环；转速环在外边，称为外环。

ASR 与 ACR 串联，ASR 的输出决定 ACR 的输入，ACR 的输出控制 UPE 的触发电路。ASR 和 ACR 均采用比例积分调节器，实现无静差调节，其电路原理如图 6-25 所示。两个调节器的输出都是带限幅作用的，ASR 的输出限幅电压 U_{sim} 决定了电流给定电压的最大值；ACR 的输出限幅电压 U_{cm} 限制了 UPE 的最大输出电压 U_{dm}。

6.4.2 转速-电流双闭环直流调速系统的工作原理及自动调节过程

转速-电流双闭环直流调速系统中，直流电动机的转速是由给定电压 U_{sn} 来确定的，改变

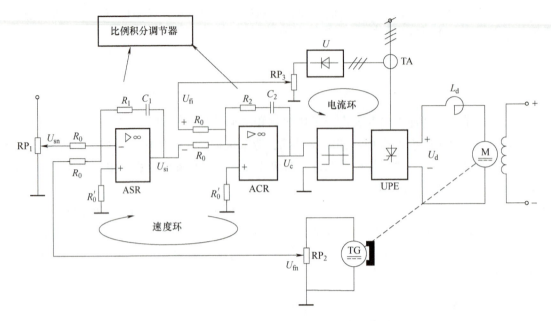

图 6-25 转速-电流双闭环直流调速系统电路原理

给定电压 U_{sn} 的大小就可以调节电动机的转速，ASR 的输入偏差电压 $\Delta U_n = U_{sn} - U_{fn}$，ASR 的输出电压 U_{si} 作为 ACR 的给定信号（ASR 输出电压的限幅值 U_{sim} 决定了 ACR 给定信号的最大值）；ACR 的输入偏差电压为 $\Delta U_i = U_{si} - U_{fi}$，ACR 的输出电压 U_c 作为 UPE 的控制电压（ACR 输出电压的限幅值 U_{cm} 决定了 UPE 输出电压的最大值 U_{dm}）；U_c 调节触发延迟角 α，从而决定了整流输出电压，进而控制了直流电动机的转速。为分析方便，将调节器的输入端都看作正相输入端。

1. ACR 的调节作用

电流环为 ACR 和电流负反馈组成的闭环，它的主要作用是稳定电流。ACR 为比例积分调节器，稳态时，当 U_{si} 一定，由于 ACR 的调节作用，UPE 输出电流 $I_d = U_{si}/\beta$。假设 $I_d > U_{si}/\beta$，则电流环的自动调节过程如下：

$$I_d\uparrow \xrightarrow{I_d > \frac{U_{si}}{\beta}} \Delta U_i = (U_{si} - \beta I_d) < 0 \longrightarrow U_c\downarrow \longrightarrow U_d\downarrow \longrightarrow I_d\downarrow$$

直至 $I_d = \dfrac{U_{si}}{\beta}$，$\Delta U = 0$，调节过程才结束

这种保持电流不变的特性，使系统具有了以下特性：

（1）自动限制最大电流　ASR 的输出限幅值为 U_{sim}，电流的最大值 $I_m = U_{sim}/\beta$。一般整定为 $I_m = 2 \sim 2.5 I_N$。

（2）能有效抑制电网电压波动的影响　当电网电压波动引起电流波动时，通过 ACR 的调节作用，使流过直流电动机的电流能很快恢复到原值。在转速-电流双闭环直流调速系统中，电网电压的波动对转速的影响很小。

2. ASR 的调节作用

速度环为 ASR 和转速负反馈组成的闭环，它的主要作用是保持转速稳定，并最后消除转

速静差。系统稳态时 $\Delta U_n = U_{sn} - U_{fn} = U_{sn} - an = 0$。

当 U_{sn} 一定时，由于 ASR 的调节作用，达到稳定时转速 $n = U_{sn}/a$。假设 $n < U_{sn}/a$，则速度环的自动调节过程如下：

$$n\downarrow \xrightarrow{n<\frac{U_{sn}}{a}} \Delta U_n=(U_{sn}-an)>0 \longrightarrow U_{si}\uparrow \longrightarrow \Delta U_i=(U_{si}-\beta I_d)>0 \longrightarrow U_c\uparrow \longrightarrow U_d\uparrow \longrightarrow n\uparrow$$

直至 $n = \dfrac{n<U_{sn}}{a}$，$\Delta U_n = 0$，调节过程才结束

由 $n = U_{sn}/a$ 可见，调节 U_{sn}（电位器 RP_1）即可调节转速 n。整定电位器 RP_2，即可整定转速反馈系数 a，以整定系统的额定转速。

3. 负载变化时的自动调节过程

当负载增大时，自动调速过程如下：

$$T_L\uparrow \longrightarrow n\downarrow \longrightarrow \Delta U_n\uparrow \longrightarrow U_{si}\uparrow \longrightarrow \Delta U_i\uparrow \longrightarrow U_c\uparrow \longrightarrow U_d\uparrow \longrightarrow I_d\uparrow \longrightarrow n\uparrow$$

$$\Delta U_i\downarrow \xleftarrow{\quad 直到\ \Delta U_i\ =\ 0 \quad}$$

$$\Delta U_n\downarrow \xleftarrow{\quad 直到\ \Delta U_n\ =\ 0 \quad}$$

转速环的主要作用是保持转速稳定，消除转速偏差；电流环的主要作用是稳定电流，即限制最大电流，抑制电网电压的波动。

对于调速系统，最重要的动态性能就是抗干扰性能，主要包括抗负载扰动和抗电网电压扰动的性能。从抗干扰性能方面分析，一般来说，转速-电流双闭环直流调速系统具有比较满意的动态性能。

6.4.3　直流电动机堵转过程

当 $I_d < I_{dm}$ 时，转速负反馈起主要调节作用。

当直流电动机发生严重过载或机械部件被卡住，而且 $I_d > I_{dm}$ 时，转速负反馈饱和，输出电压维持在最大值 U_{sim} 不再变化，故此时电流负反馈起主要调节作用，实现过电流保护。电流调节器将使 UPE 输出电压 U_d 明显降低，一方面限制了电流 I_d 继续增长，此时的电流就维持在最大值 $I_{dm} = U_{sim}/\beta$ 上，另一方面使转速急剧下降，于是出现了很陡的下垂特性，此时的调节过程如下：

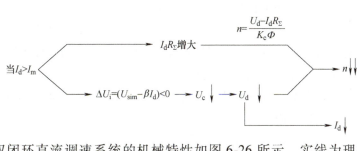

转速-电流双闭环直流调速系统的机械特性如图 6-26 所示，实线为理想的"挖掘机特性"，虚线为转速-电流双闭环直流调速系统的机械特性，它已很接近理想的"挖掘机特性"。

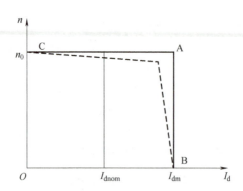

图 6-26 转速-电流双闭环直流调速系统的机械特性

6.4.4 转速-电流双闭环直流调速系统的特点

1. ASR 的作用

根据系统的起动过程、自调节过程和直流电动机堵转过程分析，在系统中 ASR 的作用主要体现在以下几点：

1）ASR 是系统的主导调节器，它使转速 n 很快地跟随给定电压变化，稳态时可减小转速误差，若采用比例积分调节器，则可实现无静差。

2）对负载变化起抗干扰作用。

3）其输出限幅值决定直流电动机允许的最大电流 I_{dm}（$I_{dm}=U_{sim}/\beta$）。

2. ACR 的作用

系统中 ACR 的作用主要体现在以下几点：

1）直流电动机起动时保证获得大而稳定的起动电流，缩短起动时间，从而加快动态过程。

2）作为电流环的调节器，在转速的调节过程中，使电流紧紧跟随其给定电压（即 ASR 的输出量）变化。

3）当直流电动机过载或堵转时，限制电枢电流的最大值，起到电流安全保护的作用（作用等同于电流截止负反馈）。故障消失后，系统能自动恢复正常。

4）对电网电压波动起快速抑制作用。

3. 转速负反馈直流调速系统与转速-电流双闭环直流调速系统的比较

相对于转速负反馈直流调速系统，转速-电流双闭环直流调速系统具有明显的优点：

1）具有良好的静特性（接近理想的"挖掘机特性"）。

2）具有较好的动态特性，起动时间短（动态响应快），超调量也较小。

3）系统抗扰动能力强，电流环能较好地克服电网电压波动的影响，而转速环能抑制被它包围的各个环节扰动的影响，并最后消除转速偏差。

4）由两个调节器分别调节电流和转速。这样，可以分别进行设计，分别调整（先调好电流环，再调速度环），调整方便。

6.5 脉宽调制调速系统

开关器件用全控型器件（GTR、IGBT 等），保持器件开关频率不变，通过控制开关器件的通、断时间的长短，即改变"占空比"，将固定的直流电压变为可调的直流平均电压，驱动直流电动机，实现直流电动机的转速控制。这种技术就是脉宽调制技术，也称为 PWM 技术。PWM 技术主要应用于直流牵引的电力拖动自动控制系统中，构成脉宽调制调速系统，也称为斩波器。

6.5.1 脉宽调制调速系统的组成

脉宽调制调速系统由脉宽调制器和主回路两大部分组成，如图 6-27 所示。

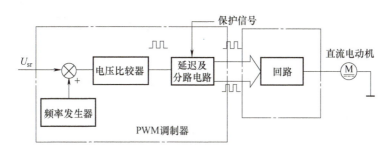

图 6-27 脉宽调制调速系统框图

1. 脉宽调制器（PWM 调制器）

PWM 调制器由频率发生器、电压比较器、延迟电路及分路电路四部分组成：

1）频率发生器用来产生一个固定频率（常用 2kHz）的波形，它可以是一个三角波或锯齿波发生器，它们都具有良好的线性段。

2）电压比较器将控制信号 U_{sr}（直流电平）与频率发生器送来的波形混合后生成调宽脉冲，其频率不变，而脉宽随控制信号 U_{sr} 的变化而变化，即脉冲的"占空比"正比于控制信号。

3）延迟电路是为开关放大器设置的。由于功率晶体管响应时间较慢，控制信号发出开关指令后必须等待一段时间才能再发出后一个开关指令，以保证前一个晶体管已经动作完，否则后一个开关指令将影响前一个开关指令的完成，甚至引起短路。

4）分路电路将用一个调宽脉冲按一定逻辑关系分别送到主回路各功率晶体管的基极，以保证主回路各功率晶体管正确协调工作，同时为保证主回路的可靠工作，各种保护信号（如过电流保护）也在分路电路内实现。

PWM 调制器目前常采用集成芯片来实现其功能。如集成脉宽调制器 SG3525 就是这类控制电路的核心之一，它采用恒频脉宽调制控制方案，适合于各种开关电源、斩波器的控制。其内部包含有精密基准源、锯齿波振荡器、误差放大器、比较器、分频器和保护电路等。调节 U_{sr} 的大小，可输出两个幅值相等、频率相等、相位相互错开 180°、占空比可调的矩形波（即 PWM 信号）。

2. 主回路

PWM 调制器的作用是用脉冲宽度调制的方法，把恒定的直流电源电压调制成频率一定、宽度可变的脉冲电压序列，从而改变平均输出电压的大小，以调节直流电动机转速。PWM 调制器电路有多种形式，可分为不可逆与可逆两大类。

207

6.5.2 不可逆 PWM 调制器

1. 简单的不可逆 PWM 调制器-直流电动机系统

简单的不可逆 PWM 调制器-直流电动机系统如图 6-28 所示，其中功率开关器件为 IGBT（或用其他任意一种全控型开关器件），这样的电路又称为直流降压斩波器。

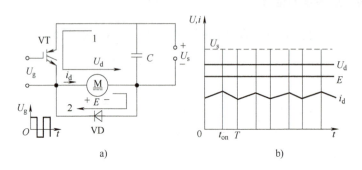

图 6-28　简单的不可逆 PWM 调制器-直流电动机系统
a）电路原理　b）电压和电流波形

VT 的门极由脉宽可调的脉冲电压序列 U_g 驱动。在一个开关周期内，当 $0 \leqslant t < t_{on}$ 时，U_g 为正，VT 导通，电源电压通过 VT 施加到直流电动机电枢两端；$t_{on} \leqslant t < T$ 时，U_g 为负，VT 关断，电枢失去电源，经 VD 续流。这样，电动机两端得到的平均电压为

$$U_d = \frac{t_{on}}{T} U_s = \rho U_s \tag{6-16}$$

改变占空比 $\rho (0 \leqslant \rho \leqslant 1)$ 即可调节直流电动机的转速。

若令 $\gamma = \dfrac{U_d}{U_s}$ 为 PWM 电压系数，则在不可逆 PWM 调制器中有

$$\gamma = \rho \tag{6-17}$$

由于电磁惯性，电枢电流 $i_d = f(t)$ 的变化幅值比电压波形小，但仍旧是脉动的，其平均值等于负载电流 $I_{dL} = \dfrac{T_L}{C_m}$。图 6-28 中还绘出了电动机的反电动势 E，由于 PWM 调制器的开关频率高，电流的脉动幅值不大，再影响到转速和反电动势，其波动就更小，一般忽略不计。

2. 有制动电流通路的不可逆 PWM 调制器

在简单的不可逆电路中电流 i_d 不能反向，因而没有制动能力，只能单象限运行。需要制动时，必须为反向电流提供通路，如图 6-29 所示为具有此能力的双管交替开关电路。当 VT_1 导通时，流过正向电流 $+i_d$，VT_2 导通时，流过反向电流 $-i_d$。应注意，这个电路还是不可逆的，只能工作在第一、二象限，因为它的平均电压的极性不能改变。

图 6-29 所示电路的电压和电流波形有三种不同情况。无论何种状态，功率开关器件 VT_1 和 VT_2 的驱动电压都是大小相等、极性相反的，即 $U_{g1} = -U_{g2}$。在一般电动状态中，i_d 始终为正值。设 t_{on} 为 VT_1 的导通时间，则在 $0 \leqslant t < t_{on}$ 时，U_{g1} 为正，VT_1 导通，U_{g2} 为负，VT_2 关断。此时，电源电压 u_s 施加到电枢绕组的两端，电流 i_d 沿图中的回路 1 流通。在 $t_{on} \leqslant t < T$ 时，U_{g1} 和 U_{g2} 都改变极性，VT_1 关断，但 VT_2 却不能立即导通，因为 i_d 沿回路 2 经二极管 VD_2 续流，在 VD_2 两

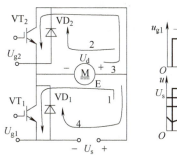
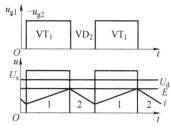

图 6-29　有反向电流通路的不可逆 PWM 调制器

端产生的压降给 VT_2 施加反向电压，使它失去导通的可能。因此，实际上是由 VT_1 和 VD_2 交替导通，虽然电路中多了一个功率开关器件 VT_2，但并没有被用上。一般电动状态下的电压和电流波形也就和简单的不可逆电路波形完全一样。

在制动状态中，i_d 为负值，VT_2 就发挥作用了。这种情况发生在电动运行过程中需要降速的时候。这时，先减小控制电压，使 U_{g1} 的正脉冲变窄，负脉冲变宽，从而使平均电枢电压 U_d 降低。但是，由于机电惯性，转速和反电动势还来不及变化，因而造成 $E > U_d$，很快使电流 i_d 反向，VD_2 截止，在 $t_{on} \leqslant t < T$ 时，U_{g2} 变正，于是 VT_2 导通，反向电流沿回路 3 流通，产生能耗制动作用。在 $T \leqslant t < T + t_{on}$（即下一周期的 $0 \leqslant t < t_{on}$）时，VT_2 关断，$-i_d$ 沿回路 4 经 VD_1 续流，向电源回馈制动，与此同时，VD_1 两端压降钳住 VT_1 使它不能导通。在制动状态中，VT_2 和 VD_1 轮流导通，而 VT_1 始终是关断的。

另有一种特殊情况，即轻载电动状态，这时平均电流较小，以致在 VT_1 关断后 i_d 经 VD_2 续流时，还没有到达周期 T，电流就已经衰减到零，对 $t_{on} \sim T$ 期间的 $t = t_2$ 时刻，这时 VD_2 两端电压也降为零，VT_2 便提前导通了，使电流反向，产生局部时间的制动作用。轻载时，电流可在正负方向之间脉动，平均电流等于负载电流。

6.5.3　桥式可逆 PWM 调制器

可逆 PWM 调制器主电路有多种形式，最常用的是桥式（也称为 H 型）电路。这时，直流电动机 M 两端电压 U_{AB} 的极性随开关器件驱动电压极性的变化而改变，其控制方式有双极式、单极式、受限单极式等多种，这里只着重分析最常用的双极式控制可逆 PWM 调制器。

双极式控制可逆 PWM 调制器如图 6-30 所示，其 4 个驱动电压的关系是：$U_{g1} = U_{g4} = -U_{g2} = -U_{g3}$。在一个开关周期内，当 $0 \leqslant t < t_{on}$ 时，$U_{AB} = U_s$，电枢电流 i_d 沿回路 1 流通；当 $t_{on} \leqslant t < T$ 时，驱动电压反号，i_d 沿回路 2 经二极管续流，$U_{AB} = -U_s$。因此，U_{AB} 在一个周期内具有正负相间的脉冲波形，这就是"双极式"的由来。

i_{d1} 相当于一般负载时的情况，此时脉动电流的方向始终为正；i_{d2} 相当于轻载时的情况，电流可在正负方向之间脉动，但平均值仍为正，等于负载电流。在不同情况下，器件的导通、电流的方向与回

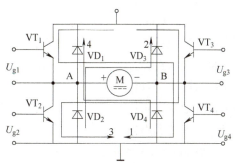

图 6-30　双极式控制可逆 PWM 调制器

路都和有制动电流通路的不可逆 PWM 调制器（见图 6-29）相似。直流电动机的正反转则体现在驱动电压正、负脉冲的宽窄上。当正脉冲较宽时，$t_{on}>T/2$，则 U_{AB} 的平均值为正，电动机正转，反之则反转。如果正、负脉冲相等，$t_{on}=T/2$，平均输出电压为零，则直流电动机停止。图 6-29 所示波形是直流电动机正转时的情况。

双极式控制可逆 PWM 调制器的输出平均电压为

$$U_d = \frac{t_{on}}{T}U_s - \frac{T-t_{on}}{T}U_s = \left(\frac{2t_{on}}{T}-1\right)U_s \tag{6-18}$$

若占空比 ρ 和电压系数 γ 的定义与不可逆 PWM 调制器中相同，则在双极式控制可逆 PWM 调制器中 $\gamma=2\rho-1$，此时就和不可逆 PWM 调制器中的关系不一样了。

调速时，ρ 的可调范围为 0~1，相应地，γ 的范围是 -1~1。当 $\rho>1/2$ 时，γ 为正，直流电动机正转；当 $\rho<1/2$ 时，γ 为负，直流电动机反转；当 $\rho=1/2$ 时，$\gamma=0$，直流电动机停止。但直流电动机停止时电枢电压并不等于零，而是正负脉宽相等的交变脉冲电压，因而电流也是交变的。这个交变电流的平均值为零，不产生平均转矩，只会增大直流电动机的损耗，这是双极式控制的缺点。但它也有好处，在直流电动机停止时仍有高频微振电流，从而消除了正、反向时的静摩擦死区，起到"动力润滑"的作用。

总体来说，双极式控制可逆 PWM 调制器有下列优点：

1）电流一定连续。

2）可使直流电动机在四象限运行。

3）直流电动机停止时有微振电流，能消除静摩擦死区。

4）低速平稳性好，系统的调速范围可达 1∶20000 左右。

5）低速时，每个开关器件的驱动脉冲仍较宽，有利于保证器件的可靠导通。

双极式控制方式的不足之处是：在工作过程中，4 个开关器件可能都处于开关状态，开关损耗大，而且在切换时可能发生上、下桥臂直通的事故，为了防止发生直通现象，在上、下桥臂的驱动脉冲之间，应设置逻辑延时措施。为了克服上述缺点，可以采用单极式控制，使部分器件处于常通或常断状态，以减少开关次数和开关损耗，提高可靠性，但系统的静、动态性能会略有降低。

6.5.4 电能回馈与泵升电压的限制

PWM 调制器的直流电源通常由交流电网经不可控的二极管整流器产生，并采用大电容 C 滤波，以获得恒定的直流电压。对于 PWM 调制器中的滤波电容，其作用除滤波外，还有当直流电动机制动时吸收运行系统动能的作用。由于直流电源靠二极管整流器供电，不可能回馈电能，直流电动机制动时只好对滤波电容充电，这将使电容两端电压升高，称为"泵升电压"。

泵升电压的限制可以采用制动电阻消耗电容上的过多储能来解决，如图 6-31 所示。当然对大容量的系统，为了提高效率，可以在直流回路接入逆变器，把多余的能量逆变回馈到电网。

脉宽调制调速系统的应用日益广泛，特别是在中、小容量的高动态性能系统中，已经取代了 V-M 系统。

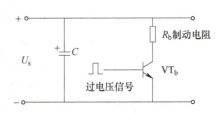

图 6-31 泵升电压的限制控制

复习思考题

1. 直流调速系统按控制方法分类有哪些？

2. 自动控制系统由哪几个环节组成？

3. 比较开环控制与闭环控制的特征、优缺点和应用场合的不同。

4. V-M 系统中，有环流和无环流相比各自应用特点是什么？

5. ASR、ACR 为何要限幅？如何调整？

6. 如何测定速度反馈的极性？如何调整反馈系数？

7. 脉宽调制调速系统和 V-M 系统相比，有什么特点？

8. 脉宽调制调速系统有什么优点？

交流调速系统原理与应用

培训学习目标

熟悉交流调压调速和串级调速系统的工作原理及应用；熟悉变频器的基本工作原理；掌握变频器的安装、接线及参数设定方法；熟悉变频器的应用及维护方法。

7.1 交流调压调速系统

三相异步电动机的转速公式为

$$n = n_1(1-s) = 60f\frac{1-s}{p} \tag{7-1}$$

式中，n 为三相异步电动机的转速（r/min）；n_1 为同步转速（r/min）；p 为极对数；s 为转差率；f 为频率（Hz）。

由式（7-1）可知，通过改变极对数、转差率和频率的方法，可实现对三相异步电动机的调速。改变转差率调速包括调压调速、绕线转子异步电动机转子串联电阻调速、绕线转子异步电动机串级调速、电磁转差离合器调速。前两种方法转差损耗大，效率低，对三相异步电动机特性都有一定的局限性，变频调速是通过改变定子电源频率来改变同步频率实现三相异步电动机调速的，只要平滑地调节三相异步电动机的供电频率 f，就可以平滑地调节三相异步电动机的转速。

7.1.1 调压调速原理

调压调速是通过调节接入三相异步电动机的三相交流电压的大小，来调节转子转速的方法，三相异步电动机的机械特性方程式为

$$T_e = \frac{3pU_1^2\dfrac{R_2'}{s}}{\omega_1\left[\left(R_1 + \dfrac{R_2'}{s}\right)^2 + \omega_1^2(L_{11}+L_{12}')^2\right]} \tag{7-2}$$

三相异步电动机的拖动转矩与供电电压的二次方成正比，因此降低供电电压，拖动转矩就减小，三相异步电动机就会降到较低的运行速度。不同供电电压对应的机械特性曲线如图 7-1 所示，图中左侧的垂直虚线为恒转矩负载线，可以看出调压调速对于恒转矩负载，调速范围很小（A-B-C），而对于风机类负载调速范围则较大（F-E-D）。

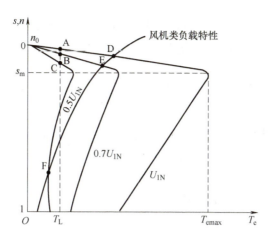

图 7-1　不同供电电压对应的机械特性曲线

7.1.2　调压调速方法

调压调速的三种方法如下：

（1）自耦调压器法　这种方式主要用于小功率电动机，设备的体积和质量大，多余的能量没有被回收。

（2）饱和电抗器法　这种方法的原理是控制铁心电感的饱和程度改变串联阻抗，设备的体积和质量大，多余的能量被电阻以热能的形式消耗掉。

（3）晶闸管三相交流调压器法　这种方法用电力电子装置调压调速，设备的体积小，轻便，是交流调压器的主要形式，没有多余的能量产生。

1. 晶闸管单相交流调压电路

晶闸管单相交流调压电路的种类很多，但应用最广的是反并联电路。晶闸管单相反并联电路带电阻性负载如图 7-2 所示。

控制晶闸管的触发延迟角即可控制输出电压的大小，触发延迟角与输出电压的关系如图 7-3 所示。在电源电压 u 的正半周内，晶闸管 VT_1 承受正向电压，当 $\omega t = \alpha$ 时，触发 VT_1 使其导通，则负载上得到缺 α 角的正弦半波电压，当电源电压过零时，VT_1 的电流下降为零而关断。在电源电压 u 的负半周，VT_2 承受正向电压，当 $\omega t = \pi + \alpha$ 时，触发 VT_2 使其导通，则负载上又得到缺 α 角的正弦负半波电压。持续这样的控制，在负载电阻上便得到每半波缺 α 角的正弦电压。改变 α 的大小，便改变了输出电压有效值的大小。

213

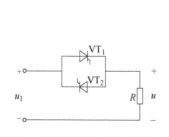

图 7-2　晶闸管单相交流调压电路

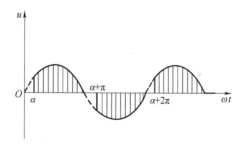

图 7-3　晶闸管单相交流调压电路输出电压

设 $u = \sqrt{2} U \sin \omega t$，随着 α 的增大，u 逐渐减小；当 $\alpha = \pi$ 时，$u = 0$。因此，晶闸管单相交流

调压电路对于电阻性负载，其电压的输出调节范围为 $0 \sim U$，触发延迟角 α 的移相范围为 $0 \sim \pi$。

输出电压与 α 的关系：移相范围为 $0 \leqslant \alpha \leqslant \pi$。$\alpha = 0$ 时，输出电压为最大，$u = U_1$。随着 α 的增大，u 降低，$\alpha = \pi$ 时，$u = 0$。

功率因数 λ 与 α 的关系：$\alpha = 0$ 时，功率因数 $\lambda = 1$，α 增大，输入电流滞后于电压且畸变，λ 降低。

2. 三相交流调压电路

三相异步电动机是控制中最常用的电动机，晶闸管交流调压电路广泛应用于三相交流调压电路。将三对反并联的晶闸管分别接至三相负载即构成了一个典型的三相交流调压电路。根据联结的不同，三相交流调压电路具有多种形式，如图7-4~图7-8所示。

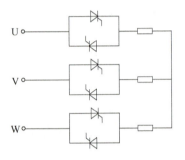

图7-4　三相全波星形联结交流调压电路

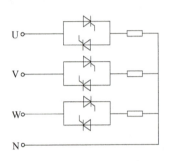

图7-5　带零线的三相全波星形联结交流调压电路

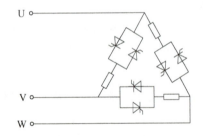

图7-6　三相半控星形联结交流调压电路

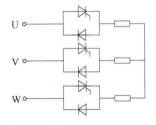

图7-7　晶闸管与负载接成内三角形联结交流调压电路

3. 三相交流调压电路的工作原理

以典型的三相全波星形联结交流调压电路为例，如图7-9所示。晶闸管导通顺序为 $VT_1 \rightarrow VT_2 \rightarrow VT_3 \rightarrow VT_4 \rightarrow VT_5 \rightarrow VT_6$，晶闸管脉冲依次相差 $60°$。

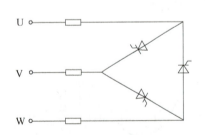

图7-8　晶闸管三角形联结交流调压电路

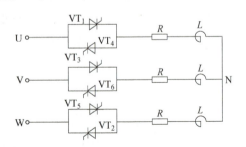

图7-9　典型的三相全波星形联结交流调压电路

三相交流调压电路在纯电阻负载时的工作情况：

1）$\alpha = 0°$ 时，其波形如图7-10所示。

2）$\alpha = 30°$时，其波形如图 7-11 所示。

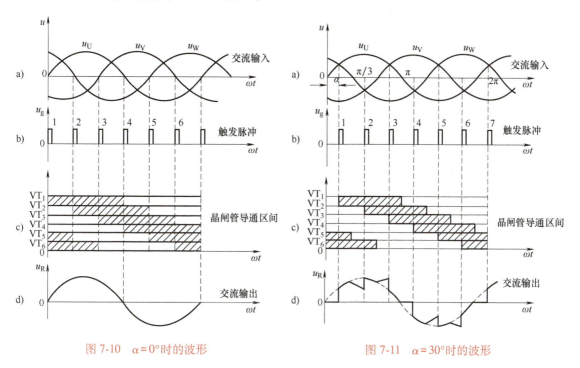

图 7-10　$\alpha = 0°$时的波形　　　　　图 7-11　$\alpha = 30°$时的波形

3）$\alpha = 60°$时，其波形如图 7-12 所示。

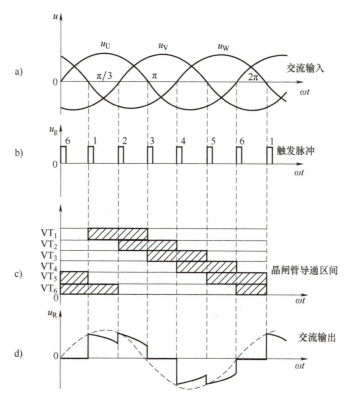

图 7-12　$\alpha = 60°$时的波形

$\alpha = 0°$、$30°$、$60°$时，晶闸管在触发脉冲到来时导通；在对应的电源半周过零时关断。

4）$\alpha = 90°$时，其波形如图 7-13 所示。

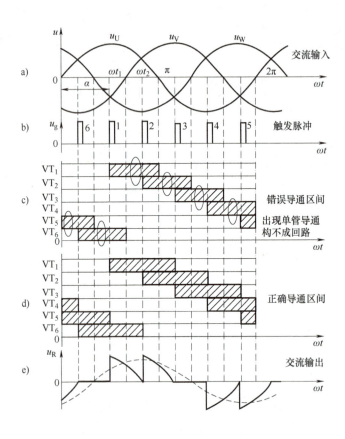

图 7-13　$\alpha = 90°$时的波形

触发延迟角为 $90°$时，VT_1触发时 VT_6还有触发脉冲存在，这时可能构成 U-VT_1-R-VT_6-V 回路，但光有脉冲还不够，还需要一个条件，就是晶闸管要承受正向电压。从电源电压波形图上可以看出：U 相电压高于 V 相电压，因此触发 VT_1时，VT_1与 VT_6构成回路。该通路持续导通到正压消失，即 U、V 相电压的交点。同理，当触发 VT_2时，因 VT_1有触发脉冲，所以 VT_2与 VT_1一起导通，构成 UW 相回路，直到 U、W 相电压的交点，正压消失为止。

5）$\alpha = 120°$时，其波形如图 7-14 所示。$\alpha = 90°$、$120°$时，晶闸管在触发脉冲到来时，与前一管一起导通，在两相间的正压消失时关断。

6）$\alpha \geqslant 150°$时，负载上是没有交流电压输出的，以 VT_1触发为例，当 u_{g1}发出时，即使 VT_6的触发脉冲仍存在，但电压已过了 $U_U > U_V$区间，这样，VT_1、VT_6即使有脉冲也没有正向电压，别的管没有触发，更不可能导通，因此从电源到负载构不成通路，输出电压为零。所以，当 α 由 $0°$至 $150°$递增时，输出电压由全电压向零电压递减。

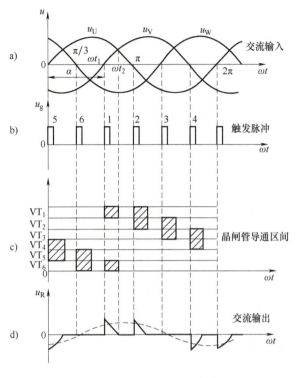

图 7-14　$\alpha = 120°$ 时的波形

7.2　串级调速系统

串级调速是三相异步电动机调速的一种类型，串级调速的方法就是将三相异步电动机的转子电压经过三相桥式整流电路变为直流电压，再在其直流侧由晶闸管可控逆变电路产生与其相反的直流电动势与三相桥式整流电路产生的直流电压串联，通过改变逆变角的大小来改变直流电动势的大小，达到调速的目的，同时还能提高三相异步电动机的运行效率和调速的经济性。

7.2.1　串级调速的基本原理

根据外加直流电源的不同，绕线转子异步电动机的串级调速分为三种基本类型：第一种是恒转矩电动机型串级调速，它的直流电动势由直流发电机（由另外的设备拖动）产生，调节直流发电机输出电压即可调速；第二种是恒功率电动机型串级调速，它的直流电动势由直流发电机（由被调速的绕线转子电动机的拖动）产生，这两种形式都受到技术经济指标的限制；第三种是晶闸管串级调速。

晶闸管串级调速系统如图 7-15 所示，图中的整流器把三相异步电动机转子的转差电动势和电流变成直流，逆变器就是给转子回路提供外接直流电动势的电源，并且将转差功率大部分返送回交流电源。

由于转子回路采用不可控整流，转差功率也仅仅是单方向地由转子侧送出并回馈给电网，

217

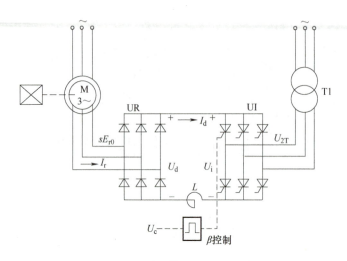

图 7-15　晶闸管串级调速系统

与双馈调速相比，串级调速系统结构简单、易于实现、控制方便，但是在相同的调速范围和额定负载下，调速装置的容量应增大一倍，因此往往用于调速范围不大的场合，功率因数较低。

7.2.2　晶闸管串级调速系统的控制方法

1. 起动

（1）起动条件　对晶闸管串级调速系统而言，起动时应有足够大的转子电流 I_r 或足够大的整流后直流电流 I_d，所以，转子整流电压 U_d 与逆变电压 U_β 间应有较大的差值。

（2）起动控制　控制逆变角，使在起动开始的瞬间，U_d 与 U_β 的差值能产生足够大的 I_d，以满足所需的电磁转矩，但又不超过允许的电流值，这样三相异步电动机就可在一定的动态转矩下加速起动。随着转速的增高，相应地增大 β 值以减小 U_β，从而维持加速过程中动态转矩基本恒定。

2. 调速

通过改变 β 值的大小，可调节三相异步电动机的转速。

随着转速的增高，可相应地增大 β 值以减小 U_β，调速过程如下：

$$\beta \uparrow \longrightarrow U_i \downarrow \longrightarrow I_d \uparrow \longrightarrow T_e \uparrow \longrightarrow n \uparrow$$
$$T_e = T_L \longleftarrow I_d \downarrow \longleftarrow K_1 s E_{r0} \downarrow \hookleftarrow$$

3. 停止

晶闸管串级调速系统没有制动功能，只能靠减小 β 逐渐减速，并依靠负载阻转矩的作用自由停止。

晶闸管串级调速系统的特点如下：

1）晶闸管串级调速系统能够靠调节逆变角 β 实现平滑无级调速。

2）晶闸管串级调速系统能把三相异步电动机的转差功率回馈给交流电网，从而使扣除装置损耗后的转差功率得到有效利用，大大提高了调速系统的效率。

3）装置容量与调速范围成正比，省投资，适用于调速范围在额定转速 70% ~ 90% 的生产机械上。

4) 调速装置故障时可以切换至全速运行，避免停产。

5) 晶闸管串级调速系统功率因数偏低，谐波影响较大。

6) 晶闸管串级调速系统适合于风机、水泵及轧钢机、矿井提升机、挤压机上使用。

7.3 变频调速技术

三相异步电动机定子绕组每相感应电动势 E 的有效值为

$$E = 4.44 K_1 f_1 N_1 \Phi_M \tag{7-3}$$

式中，f_1 为三相电源频率（Hz）；K_1 为定子绕组系数，与定子绕组结构有关，略小于 1；N_1 为定子每相绕组的匝数（V）；Φ_M 为旋转磁场的每极磁通（Wb），通常指忽略漏磁后每极主磁通的最大值。

如果 f_1 大于额定频率 f_{1N}，那么气隙磁通量 Φ_M 就会小于额定气隙磁通量 Φ_{MN}。此时三相异步电动机的铁心没有得到充分利用，在机械条件允许的情况下长期使用不会损坏三相异步电动机。

如果 f_1 小于额定频率 f_{1N}，那么气隙磁通量 Φ_M 就会大于额定气隙磁通量 Φ_M。此时三相异步电动机的铁心产生过饱和，从而导致过大的励磁电流，严重时会因绕组过热而损坏三相异步电动机。

要实现变频调速，在不损坏三相异步电动机的条件下，充分利用三相异步电动机铁心，发挥三相异步电动机转矩的能力，最好在变频时保持每极磁通量 Φ_M 为额定值不变。以下两种控制方式是变频器最常用控制方式。

（1）基频以下调速 由式（7-3）可知，要保持 Φ_M 不变，当频率 f_1 从额定值 f_{1N} 向下调节时，必须同时降低 E，使 E/f_1 = 常数，即采用电动势与频率之比恒定的控制方式。然而，绕组中的感应电动势是难以直接控制的，当电动势的值较高时，可以忽略定子绕组的漏磁阻抗压降，定子相电压 $U_1 \approx E$，这是恒压频比的控制方式。在恒压频比条件下改变频率时，机械特性曲线基本上是平行下移的，如图 7-16 所示。

（2）基频以上调速 在基频以上调速时，频率可以从 f_{1N} 往上增高，但电压 U_1 却不能超过额定电压 U_{1N}，最多只能保持 $U_1 = U_{1N}$。由式（7-3）可知，这将迫使磁通随频率升高而降低，相当于直流电动机弱磁升速的情况。在基频 f_{1N} 以上变频调速时，由于电压 $U_1 = U_{1N}$ 不变，当频率提高时，同步转速随之提高，最大转矩减小，机械特性曲线上移，如图 7-17 所示。由

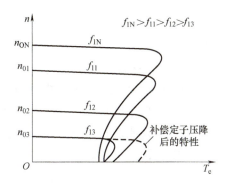

图 7-16 基频以下调速机械特性

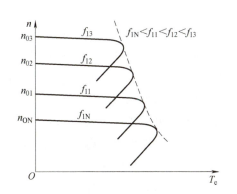

图 7-17 基频以上调速机械特性

于频率提高而电压不变，气隙磁动势必然减弱，导致转矩减小。由于转速升高了，可以认为输出功率基本不变，所以，基频以上调速属于弱磁恒功率调速。

当 $f_1 \leqslant f_{1N}$ 时，变频装置必须在改变输出频率的同时改变输出电压的幅值，才能满足对三相异步电动机变频调速的基本要求。

7.3.1　变频器的分类

1. 按电路结构分

（1）交-交变频器　交-交变频器把频率固定的交流电直接变换成频率连续可调的交流电。其主要优点是没有中间环节，故变换效率高。但其连续可调的频率范围窄，一般为额定频率的 1/2 以下，它主要用于容量较大的低速拖动系统中。

（2）交-直-交变频器　交-直-交变频器先把频率固定的交流电整流成直流电，再把直流电逆变成频率连续可调的三相交流电。在这类装置中，用不可控整流器，输入功率因数不变，用 PWM 逆变器，输出谐波可以减小。

2. 按主电路的滤波方式分

（1）电压源型变频器　在交-直-交变频器中，当中间直流环节采用大电容滤波时，直流电压波形比较平直，在理想情况下是一个内阻抗为零的电压源，输出交流电压是矩形波或阶梯波，此类变频器叫作电压源型变频器，其结构组成如图 7-18 所示。

（2）电流源型变频器　当交-直-交变频器的中间直流环节采用大电感滤波时，直流电流波形比较平直，因而电源内阻抗很大，对负载来说基本上是一个电流源，输出交流电流是矩形波或阶梯波，此类变频器叫作电流源型变频器，其结构组成如图 7-19 所示。

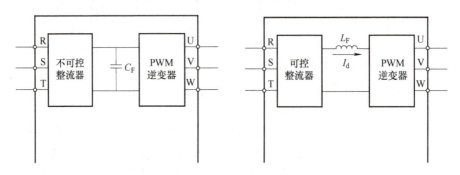

图 7-18　电压源型变频器的结构组成　　图 7-19　电流源型变频器的结构组成

电压源型和电流源型变频器的差异如下：

主电路中电压源型变频器和电流源型变频器的结构区别仅在于中间直流环节滤波器的形式不同，但这却造成了两类变频器在性能上相当大的差异，主要表现如下：

（1）无功能量的缓冲　对于变频调速系统来说，变频器的负载是三相异步电动机，属电感性负载，在中间直流环节与三相异步电动机之间，除了有功功率的传送外，还存在无功功率的交换。逆变器中的电力电子开关器件无法储能，无功能量只能靠直流环节中作为滤波器的储能元件来缓冲，使它不致影响到交流电网，因此也可以说，两类变频器的主要区别在于用什么储能元件（电容或电感）来缓冲无功能量。

（2）调速时的动态响应　由于电流源型变频器的直流电压可以迅速改变，所以由它供电的调速系统动态响应比较快，而由电压源型变频器供电的调速系统动态响应就慢得多。

（3）回馈制动　如果把不可控整流器改为可控整流器，虽然电力电子器件具有单向导电性，电流 I_d 不能反向，但可控整流器的输出电压是可以迅速反向的，因此，电流源型变频器容易实现回馈制动，从而便于四象限运行，适用于需要制动和经常正、反转的机械。与此相反，电压源型变频器要实现回馈制动和四象限运行却比较困难，因为其中间直流环节有大电容钳制着电压，使之不能迅速反向，而电流也不能反向，所以在原装置上无法实现回馈制动，必须制动时，只好采用在直流环节中并联电阻的能耗制动，或者与可控整流器反并联设置另一组反向整流器，工作在有源逆变状态，以通过反向的制动电流，并维持电压极性不变，实现回馈制动。

（4）适用范围　由于滤波电容上的电压不能发生突变，所以电压源型变频器的电压控制响应慢，适用于作为多台三相异步电动机同步运行时的供电电源但不要求快速加减速的场合；电流源型变频器则相反，由于滤波电感上的电流不能发生突变，所以电流源型变频器对负载变化的反应迟缓，不适用于多台三相异步电动机供电，而更适合于一台变频器给一台电动机供电，但可以满足快速起动、制动和可逆运行的要求。

3. 按控制方式分

（1）U/f 控制　按一定规律对变频器的电压和频率进行控制，称为 U/f 控制方式。它在基频以下可以实现恒转矩调速，基频以上则可以实现恒功率调速。

（2）矢量控制　矢量控制又可分为磁通矢量控制、电压矢量控制和转矩矢量控制等。

7.3.2　西门子 MM420 变频器面板的操作

西门子 MM420 变频器是用于控制三相异步电动机速度的变频器系列。从单相电源电压/额定功率 120W，到三相电源电压/额定功率 11kW，有多种型号可供用户选用。MM420 变频器由微处理器控制，并采用绝缘栅双极型晶体管（IGBT）作为功率输出器件。其脉宽调制的开关频率是可选的，因而降低了三相异步电动机运行的噪声。全面而完善的保护功能为该系列变频器和三相异步电动机提供了良好的保护。

MM420 变频器具有默认的工厂设置参数和全面而完善的控制功能，在设置相关参数以后，它也可用于更高级的电动机控制系统。MM420 变频器既可用于单机驱动系统，也可集成到自动化系统中。MM420 变频器的电路简图如图 7-20 所示。

图 7-21 所示为 MM420 变频器的接线端子图。可根据控制要求，进行硬件接线和对该端子进行参数设置，实现相应控制要求，如图 7-22 所示。

1. MM420 变频器的调试方法

MM420 变频器在标准供货方式时装有状态显示板（SDP），利用 SDP 和缺省的工厂设置参数，就可以使 MM420 变频器成功地投入运行。如果缺省的工厂设置参数不适合设备情况，可利用基本操作板（BOP）或高级操作板修改参数，使之匹配起来。利用可选件基本操作面板，可以改变 MM420 变频器默认的工厂设置参数以满足特定的应用对象的需要，可访问第一级、第二级和第三级参数设置值。BOP 具有以下功能：根据需要显示速度、频率、电动机转动方向和电流等。对于直接控制，BOP 直接安装在 MM420 变频器的前面板上。BOP 及按键编号如图 7-23 所示，BOP 的显示屏和按键功能见表 7-1。

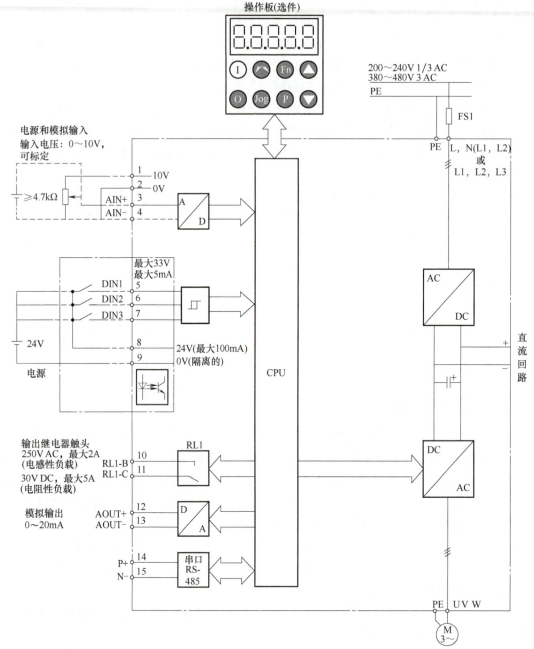

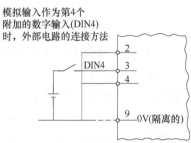

图 7-20 MM420 变频器的电路简图

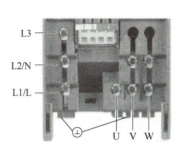

图 7-21　MM420 变频器的接线端子

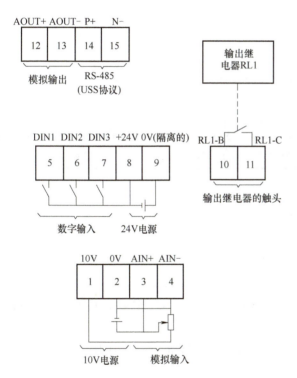

图 7-22　控制端子图

图 7-23　BOP 显示屏

223

表 7-1　BOP 的显示屏和按键功能

名称及编号	功能	功能的说明
显示屏	状态显示	显示屏用来显示变频器当前的设定值
1	改变电动机的转动方向	按此键可以改变电动机转动方向。电动机的反向转动用负号（－）表示或用闪烁的小数点表示。默认值运行时此键是被封锁的，为了使此键的操作有效，应设定 P0700 为"1"
2	起动变频器	按此键起动 MM420 变频器。默认值运行时此键是被封锁的。为了使此键的操作有效，应设定 P0700 为"1"
3	停止变频器	按此键，MM420 变频器将按选定的斜坡下降速率减速停车。默认值运行时此键被封锁；为了允许此键操作，应设定 P0700 为"1" 按此键两次（或一次，但时间较长），电动机将在惯性作用下自由停车，此功能总是"使能"的

（续）

名称及编号	功能	功能的说明
4	电动机点动	在 MM420 变频器无输出的情况下按此键，将使电动机起动，并按预设定的点动频率运行。释放此键时，变频器停止。如果变频器/电动机正在运行，按此键将不起作用
5	访问参数	按此键即可访问参数
6	减少数值	按此键即可减少 BOP 上显示的参数数值
7	增加数值	按此键即可增加 BOP 上显示的参数数值
8	功能	用于浏览辅助信息，MM420 变频器运行时，在显示任何一个参数时按下此键并保持 2s 不动，将显示以下参数值（在变频器运行中，从任何一个参数开始）： 1）直流回路电压（用 d 表示，单位为 V） 2）输出电流（单位为 A） 3）输出频率（单位为 Hz） 4）输出电压（用 o 表示，单位为 V） 5）由 P0005 选定的数值（如果 P0005 选择显示参数 1）~4）中的任何一个数（3、4 或 5），这里将不再显示。 连续多次按下此键，将轮流显示参数 1）~5） 跳转功能在显示任何一个参数（rXXXX 或 PXXXX）时短时间按下此键，将立即跳转到 r0000，如果需要的话，可以接着修改其他参数。跳转到 r0000 后，按此键将返回原来的显示点

2. MM420 变频器 BOP 的操作

利用变频器的操作面板和相关参数设置，即可实现变频器的某些基本操作，如正反转、点动等运行。具体操作如下：

修改参数：P0010 为"0"（为了正确地初始化运行命令）；P0700 为"1"（使能 BOP 操作板上的起动/停止按钮）；P1000 为"1"（使能电动电位计的设定值）。

按下绿色按钮，起动电动机。按下"数值增加"按钮，电动机转动，其转动速度逐渐增加到 50Hz 所对应的速度。

当变频器的输出频率达到 50Hz 时，按下"数值降低"按钮，电动机的速度及其显示值逐渐下降。

用绿色按钮可以改变电动机的转动方向。

按下红色按钮，电动机停车。

3. BOP 修改设置参数的方法

MM420 变频器在默认设置时，用 BOP 控制电动机的功能是被禁止的。如果要用 BOP 进行控制，参数 P0700 应设置为"1"，参数 P1000 也应设置为"1"。用 BOP 可以修改任何一个参数，修改参数的数值时，BOP 有时会显示"busy"，表明变频器正忙于处理优先级更高的任务。下面就以设置 P1000 为"1"的过程为例，来介绍通过 BOP 修改设置参数的流程，见表 7-2。

表 7-2　BOP 修改设置参数流程

步骤	操作内容	BOP 显示结果
1	按 ⒫ 键，访问参数	r0000
2	按 ⬆ 键，直到显示"P1000"	P1000

（续）

步骤	操作内容	BOP 显示结果
3	按 ⓟ 键，直到显示"in000"，即 P1000 的第 0 组值	in000
4	按 ⓟ 键，显示当前值"2"	2
5	按 ⊘ 键，达到所要求的值"1"	1
6	按 ⓟ 键，存储当前设置	P1000
7	按 ⓕⓝ 键，显示"r0000"	r0000
8	按 ⓟ 键，显示频率	50.00

7.3.3　MM420 变频器常用参数

MM420 变频器常用参数见表 7-3，表中有关信息的含义如下：Default 为设备出厂时的设置值；Level 为用户访问的等级；DS 为变频器的状态（C 为调试；U 为运行；T 为运行准备就绪）；QC 为快速调试（Q 为该参数在快速调试状态时可以进行修改；N 为该参数在快速调试状态时不可以进行修改）。

表 7-3　MM420 变频器常用参数

参数号	参数名称	Default	Level	DS	QC
r0000	驱动装置只读参数的显示值	—	2	—	—
P0003	用户的参数访问级	1	1	C	—
P0004	参数过滤器	0	1	CUT	—
P0010	调试用的参数过滤器	0	1	CT	N
P3950	访问隐含的参数	0	4	CUT	—
P0100	适用于欧洲/北美地区	0	1	C	Q
P3900	"快速调试"结束	0	1	C	Q
P0970	复位为工厂设置值	0	1	C	—
r0206	变频器的额定功率[kW]/[hp]	—	2	—	—
r0207	变频器的额定电流	—	2	—	—
r0208	变频器的额定电压	—	2	—	—
P0210	电源电压	230	3	CT	—
P0292	变频器的过载报警信号	15	3	CUT	—
P0294	变频器的 I^2t 过载报警	95.0	4	CUT	—
P1800	脉宽调制频率	4	2	CUT	—
P1820[1]	输出相序反向	0	2	CT	—
P3980	调试命令的选择	—	4	T	—
P0300[1]	选择电动机类型	1	2	C	Q
P0304[1]	电动机额定电压	230	1	C	Q
P0305[1]	电动机额定电流	3.25	1	C	Q

225

（续）

参数号	参数名称	Default	Level	DS	QC
P0307[1]	电动机额定功率	0.75	1	C	Q
P0308[1]	电动机额定功率因数	0.000	2	C	Q
P0309[1]	电动机额定效率	0.0	2	C	Q
P0310[1]	电动机额定频率	50.00	1	C	Q
P0311[1]	电动机额定速度	0	1	C	Q
r0313[1]	电动机的极对数	—	3	—	
P0320[1]	电动机的磁化电流	0.0	3	CT	Q
r0332[1]	电动机额定功率因数	—	3	—	
P0335[1]	电动机的冷却方式	0	2	CT	Q
P0640[1]	电动机的电流限制	150.0	2	CUT	Q
P0700	选择命令源	2	1	CT	Q
P0701[1]	选择数字输入1的功能	1	2	CT	—
P0702[1]	选择数字输入2的功能	12	2	CT	—
P0703[1]	选择数字输入3的功能	9	2	CT	—
P0704[1]	选择数字输入4的功能	0	2	CT	—
P0719	选择命令和频率设定值	0	3	C	
P0840[1]	BI：ON/OFF1	722.0	3	CT	—
P0842[1]	BI：ON/OFF1，反转方向	0：0	3	CT	—
P0844[1]	BI：1.OFF2	1：0	3	CT	—
P0845[1]	BI：2.OFF2	19：1	3	CT	—
P0848[1]	BI：1.OFF3	1：0	3	CT	—
P0849[1]	BI：2.OFF3	1：0	3	CT	—
P0852[1]	BI：脉冲使能	1：0	3	CT	—
P1020[1]	BI：固定频率选择，位0	0：0	3	CT	—
P1021[1]	BI：固定频率选择，位1	0：0	3	CT	—
P1022[1]	BI：固定频率选择，位2	0：0	3	CT	—
P1035[1]	BI：使能MOP（升速命令）	19.13	3	CT	—
P1036[1]	BI：使能MOP（减速命令）	19.14	3	CT	—
P1055[1]	BI：使能正向点动	0.0	3	CT	—
P1056[1]	BI：使能反向点动	0.0	3	CT	—
P1000[1]	选择频率设定值	2	1	CT	Q
P1001	固定频率1	0.00	2	CUT	—
P1002	固定频率2	5.00	2	CUT	—
P1003	固定频率3	10.00	2	CUT	—
P1004	固定频率4	15.00	2	CUT	—
P1005	固定频率5	20.00	2	CUT	—
P1006	固定频率6	25.00	2	CUT	—
P1007	固定频率7	30.00	2	CUT	—
P1016	固定频率方式：位0	1	3	CT	—
P1017	固定频率方式：位1	1	3	CT	—

（续）

参数号	参数名称	Default	Level	DS	QC
P1018	固定频率方式：位2	1	3	CT	—
P1080	最小频率	0.00	1	CUT	Q
P1082	最大频率	50.00	1	CT	Q
P1120[1]	斜坡上升时间	10.00	1	CUT	Q
P1121[1]	斜坡下降时间	10.00	1	CUT	Q

7.3.4 MM420变频器的控制操作

1. 通过MM420变频器的BOP控制电动机的起动、正反转、点动和调速

（1）按要求接线 系统接线如图7-24所示，检查电路正确无误后，合上主电源断路器QF。

图7-24 系统接线

（2）设置参数 设置P0010为"30"和P0970为"1"，按下$\mathbb{P}$键，开始复位，复位过程大约3min，这样就可保证变频器的参数回复到默认值。

为了使电动机与MM420变频器相匹配，需要设置电动机参数，见表7-4。电动机参数设置完成后，设P0010为"0"，MM420变频器当前处于准备状态，可正常运行。

表7-4 设置电动机参数

参数号	出厂值	设置值	说明
P0003	1	1	设定用户访问级为标准级
P0010	0	1	快速调试
P0100	0	50	功率以kW为单位，频率为50Hz
P0304	230	380	电动机额定电压（单位为V）
P0305	3.25	1.05	电动机额定电流（单位为A）
P0307	0.75	0.37	电动机额定功率（单位为kW）

227

（续）

参数号	出厂值	设置值	说明
P0310	50	50	电动机额定频率（单位为 Hz）
P0311	0	1400	电动机额定转速（单位为 r/min）

BOP 设置参数见表 7-5。

表 7-5 BOP 设置参数

参数号	出厂值	设置值	说明
P0003	1	1	设用户访问级为标准级
P0010	0	0	正确地进行运行命令的初始化
P0004	0	7	命令和数字 I/O
P0700	2	1	由键盘输入设定值（选择命令源）
P0003	1	1	设置用户访问级为标准级
P0004	0	10	设置值通道和斜坡函数发生器
P1000	2	1	由键盘（电动电位计）输入设置值
P1080	0	0	电动机运行的最低频率（单位为 Hz）
P1082	50	50	电动机运行的最高频率（单位为 Hz）
P0003	1	2	设置用户访问级为扩展级
P0004	0	10	设置值通道和斜坡函数发生器
P1040	5	20	设置键盘控制的频率值（单位为 Hz）
P1058	5	10	正向点动频率（单位为 Hz）
P1059	5	10	反向点动频率（单位为 Hz）
P1060	10	5	点动斜坡上升时间（单位为 s）
P1061	10	5	点动斜坡下降时间（单位为 s）

（3）MM420 变频器调试运行

1）变频器起动：在变频器的 BOP 上按下运行键 ⓘ，变频器将驱动电动机升速，并运行在由 P1040 所设定的 20Hz 频率对应的 560r/min 的转速上。

2）正反转及加减速运行：电动机的转速（运行频率）及转动方向可直接通过按 BOP 上的增加键/减少键（▲/▼）来改变。

3）点动运行：按下变频器 BOP 上的点动键 ⓙⓞⓖ，则变频器驱动电动机升速，并运行在由 P1058 所设置的正向点动 10Hz 频率值上。当松开变频器 BOP 上的点动键后，则变频器将电动机降速至零。这时，如果按下一变频器前操作面板上的换向键 ⌒，再重复上述的点动运行操作，电动机可在变频器的驱动下反向点动运行。

4）电动机停车：在变频器的 BOP 上按停止键 ⓞ，则变频器将驱动电动机降速至零。

2. MM420 变频器的外部运行操作

MM420 变频器在实际使用中，电动机经常要根据各类机械的某种状态而进行正转、反转、点动等运行，MM420 变频器的给定频率信号、电动机的起动信号等都是通过控制端子给出的，即 MM420 变频器的外部运行操作，这大大提高了生产过程的自动化程度。

MM420 变频器出厂默认 3 个数字输入端口 DIN1、DIN2、DIN3，默认功能分别为正转、反转、复位。通过设定，模拟输入 AIN 也可改为数字输入端子，且功能可设定，接线如图 7-25 所示。

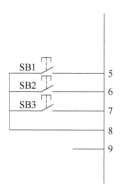

图 7-25　MM420 变频器的数字输入端口

MM420 变频器的 3 个数字输入端口（DIN1~DIN3），即端口"5""6"和"7"，每一个数字输入端口功能很多，用户可根据需要进行设置。参数号 P0701~P0704 对应数字输入 1~数字输入 4 的功能，每一个数字输入的功能设置参数值范围均为 0~99。以下列出其中几个常用的参数值，各参数值的具体含义见表 7-6。

表 7-6　数字输入的功能设置参数值的具体含义

参数值	具体含义
0	禁止数字输入
1	ON/OFF1（接通正转、停车命令 1）
2	ON/OFF1（接通反转、停车命令 1）
3	OFF2（停车命令 2），按惯性自由停车
4	OFF3（停车命令 3），按斜坡函数曲线快速降速
9	故障确认
10	正向点动
11	反向点动
12	反转
13	MOP（电动电位计）升速（增加频率）
14	MOP 降速（减少频率）
15	固定频率设定值（直接选择）
16	固定频率设定值（直接选择+ON 命令）
17	固定频率设定值（二进制编码选择+ON 命令）
25	直流注入制动

用按钮 SB1 和 SB2，以及外部线路控制 MM420 变频器的运行，实现电动机正转和反转控制。其中端口"5"（DIN1）设为正转控制，端口"6"（DIN2）设为反转控制，端口"7"

（DIN3）设为点动控制，对应的功能分别由 P0701、P0702 和 P0703 的参数值决定。

（1）按要求接线　MM420 变频器外部运行操作接线如图 7-26 所示。

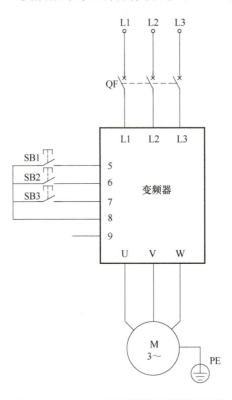

图 7-26　MM420 变频器外部运行操作接线

（2）设置参数　接通断路器 QF，MM420 变频器在通电的情况下设置参数，具体设置见表 7-7。

表 7-7　变频器具体设置

参数号	出厂值	设置值	说明
P0003	1	1	设置用户访问级为标准级
P0004	0	7	命令和数字 I/O
P0700	2	2	命令源选择"由端子排输入"
P0003	1	2	设置用户访问级为扩展级
P0004	0	7	命令和数字 I/O
P0701	1	1	ON 接通正转，OFF 停止
P0702	1	2	ON 接通反转，OFF 停止
P0703	9	10	正向点动
P0003	1	1	设置用户访问级为标准级
P0004	0	10	设定值通道和斜坡函数发生器
P1000	2	1	由键盘（电动电位计）输入设定值
P1080	0	0	电动机运行的最低频率（单位为 Hz）
P1082	50	50	电动机运行的最高频率（单位为 Hz）

（续）

参数号	出厂值	设置值	说明
P1120	10	5	斜坡上升时间（单位为 s）
P1121	10	5	斜坡下降时间（单位为 s）
P0003	1	2	设置用户访问级为扩展级
P0004	0	10	设定值通道和斜坡函数发生器
P1040	5	20	设置键盘控制的频率值
P1058	5	10	正向点动频率（单位为 Hz）
P1060	10	5	点动斜坡上升时间（单位为 s）
P1061	10	5	点动斜坡下降时间（单位为 s）

（3）MM420 变频器运行操作

1）正向运行：当按下按钮 SB1 时，MM420 变频器数字端口"5"为 ON，电动机按 P1120 所设置的 5s 斜坡上升时间正向起动运行，经 5s 后稳定运行在 560r/min 的转速上，此转速与 P1040 所设置的 20Hz 对应。放开按钮 SB1，数字端口"5"为 OFF，电动机按 P1121 所设置的 5s 斜坡下降时间停止运行。

2）反向运行：当按下按钮 SB2 时，MM420 变频器数字端口"6"为 ON，电动机按 P1120 所设置的 5s 斜坡上升时间反向起动运行，经 5s 后稳定运行在 560r/min 的转速上，此转速与 P1040 所设置的 20Hz 对应。放开按钮 SB2，数字端口"6"为 OFF，电动机按 P1121 所设置的 5s 斜坡下降时间停止运行。

3）正向点动运行：当按下按钮 SB3 时，MM420 变频器数字端口"7"为 ON，电动机按 P1060 所设置的 5s 点动斜坡上升时间正向起动运行，经 5s 后稳定运行在 280r/min 的转速上，此转速与 P1058 所设置的 10Hz 对应。放开按钮 SB3，数字端口"7"为 OFF，电动机按 P1061 所设置的 5s 点动斜坡下降时间停止运行。

4）电动机的速度调节：分别更改 P1040 和 P1058 的值，按上述的过程操作，就可以改变电动机正常运行速度和正向点动运行速度。

3. MM420 变频器的模拟量控制

MM420 变频器可通过 3 个数字输入端口对电动机进行正反转运行、正反转点动运行的方向控制；通过 BOP 按频率调节按键可增加和减少输出频率，从而设置正反向转速的大小；可通过模拟输入端控制电动机转速的大小，即通过输入端的模拟量控制电动机转速的大小。

MM420 变频器的"1""2"输出端为给定单元，提供了一个高精度的 10V 直流稳压电源。可将转速调节电位器串联在电路中，通过调节电位器改变输入端 AIN1+给定的模拟输入电压，变频器的输入量将紧紧跟随给定量的变化，从而平滑无级地调节电动机转速的大小。

MM420 变频器提供两对模拟输入端口"3""4"。设置 P0701 的参数值，可使数字输入端口"5"具有正转控制功能；设置 P0702 的参数值，可使数字输入端口"6"具有反转控制功能；模拟输入端口"3""4"外接电位器，通过端口"3"输入大小可调的模拟电压信号，控制电动机转速的大小。即由数字输入端控制电动机转速的方向，由模拟输入端控制转速的大小。

4. MM420 变频器的多段速运行操作

由于现场工艺上的要求，很多生产机械在不同的转速下运行。为方便拖动这种负载，大多数变频器决提供了多档频率控制功能。用户可以通过几个开关的通、断组合来选择不同的运行频率，实现不同转速下运行的目的。

MM420 变频器的多段速运行操作及参数设置多段速功能，也称作固定频率组合设置，就是设置参数 P1000 为"3"的条件下，用开关量端子选择固定频率的组合，实现电动机多段速度运行。可通过以下三种方法实现。

（1）直接选择　直接选择就是激活哪个数字输入，那么该数字输入对应的固定频率就会送出去，如果几个数字输入被同时激活，那么最终送出的固定频率将是这几个数字输入的和。在这种操作方式下，一个数字输入选择一个固定频率，端子与参数设置的对应关系见表 7-8。

表 7-8　端子与参数设置的对应关系

端子编号	对应参数	对应频率设置值	说明
5	P0701	P1001	1）频率给定源 P1000 必须设置为"2"
6	P0702	P1002	2）当多个选择同时被激活时，选定的频
7	P0703	P1003	率是它们的和

（2）直接选择+ON 命令　直接选择+ON 命令是指当数字输入选定某固定频率后，还需要有一个启动信号，频率才会送出去。在这种方法中，数字量输入既选择固定频率（端子与参数设置的对应关系见表 7-10），又具备启动功能端。

（3）二进制编码选择+ON 命令　MM420 变频器的 3 个数字输入端 DIN1～DIN3 可通过 P0701～P0703 设置实现多频段控制。每一频段的频率分别由 P1001～P1007 参数设置，最多可实现 8 频段控制，各个固定频率的数值选择见表 7-9。在多频段控制中，电动机的转速方向是由 P1001～P1007 参数所设置的频率正负决定的。4 个数字输入端哪些作为电动机的运行、停止控制，哪些作为多段频率控制，是可以由用户任意确定的，一旦确定了某一数字输入端的控制功能，其内部的参数设置值必须与输入端的控制功能相对应。

表 7-9　固定频率的数值选择

频率设定	DIN3	DIN2	DIN1
P1001	0	0	1
P1002	0	1	0
P1003	0	1	1
P1004	1	0	0
P1005	1	0	1
P1006	1	1	0
P1007	1	1	1

7.4　基本技能训练

技能训练 1　模拟量控制电动机转速的大小

（1）训练内容　用按钮 SB1、SB2 控制实现电动机正反转和起停功能，由模拟输入端控制电动机转速的大小。

（2）训练工具、材料和设备　MM420 变频器 1 台、三相异步电动机 1 台、电位器 1 个、断路器 1 个、按钮 1 个、通用电工工具 1 套、导线若干。

（3）操作方法和步骤

1）按要求接线。MM420 变频器模拟信号控制接线如图 7-27 所示。检查电路正确无误后，合上电源断路器 QF。

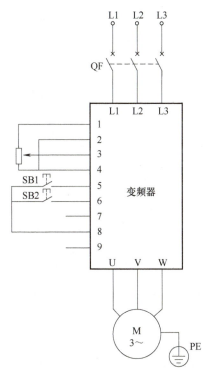

图 7-27　MM420 变频器模拟信号控制接线

2）参数设置。恢复变频器出厂值，设定 P0010 为 "30"，P0970 为 "1"，按下ℙ键，开始复位。

设置三相异步电动机参数，见表 7-10，设置完成后，设 P0010 为 "0"，MM420 变频器当前处于准备状态，可正常运行。

表 7-10　设置三相异步电动机参数（技能训练 1）

参数号	出厂值	设置值	说明
P0003	1	1	设置用户访问级为标准级
P0010	0	1	快速调试
P0100	0	0	功率以 kW 为单位，频率为 50Hz
P0304	230	380	电动机额定电压（单位为 V）
P0305	3.25	0.95	电动机额定电流（单位为 A）
P0307	0.75	0.37	电动机额定功率（单位为 kW）
P0308	0	0.8	电动机额定功率因数

（续）

参数号	出厂值	设置值	说明
P0310	50	50	电动机额定频率（单位为 Hz）
P0311	0	2800	电动机额定转速（单位为 r/min）

设置模拟信号操作控制参数，见表 7-11。

表 7-11　模拟信号操作控制参数

参数号	出厂值	设置值	说明
P0003	1	1	设置用户访问级为标准级
P0004	0	7	命令和数字 I/O
P0700	2	2	命令源选择由端子排输入
P0003	1	2	设置用户访问级为扩展级
P0004	0	7	命令和数字 I/O
P0701	1	1	ON 接通正转，OFF 停止
P0702	1	2	ON 接通反转，OFF 停止
P0003	1	1	设置用户访问级为标准级
P0004	0	10	设置值通道和斜坡函数发生器
P1000	2	2	频率设置值选择为模拟输入
P1080	0	0	电动机运行的最低频率（单位为 Hz）
P1082	50	50	电动机运行的最高频率（单位为 Hz）

3）变频器运行操作。

① 三相异步电动机正转与调速：按下正转按钮 SB1，数字输入端 DIN1 为"ON"，三相异步电动机正转运行，转速由外接电位器来控制，模拟电压信号在 0~10V 之间变化，对应变频器的频率在 0~50Hz 之间变化，对应三相异步电动机的转速在 0~1500r/min 之间变化。当松开按钮 SB1 时，三相异步电动机停止运转。

② 三相异步电动机反转与调速：按下反转按钮 SB2，数字输入端 DIN2 为"ON"，三相异步电动机反转运行，与正转相同，反转转速的大小仍由外接电位器来调节。当松开按钮 SB2 时，三相异步电动机停止运转。

234

技能训练 2　变频器的多段速运行操作

（1）训练内容　实现 3 段速控制，连接线路，设置功能参数，操作 3 段速运行。

（2）训练工具、材料和设备　MM420 变频器 1 台、三相异步电动机 1 台、断路器 1 个、按钮 3 个、导线若干、通用电工工具 1 套等。

（3）操作方法和步骤

1）按要求接线。按图 7-28 所示连接电路，检查线路正确后，合上电源断路器 QF。

2）参数设置。恢复出厂值，设定 P0010 为"30"，P0970 为"1"。按下⑩键，开始复位。

设置三相异步电动机参数，见表 7-12，设置完成后，设 P0010 为"0"，MM420 变频器当前处于准备状态，可正常运行。

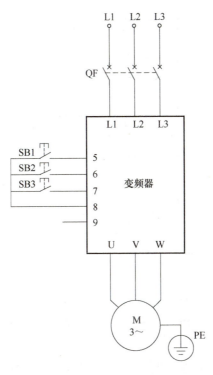

图 7-28 3 段速控制接线

表 7-12 设置三相异步电动机参数（技能训练 2）

参数号	出厂值	设置值	说明
P0003	1	1	设置用户访问级为标准级
P0010	0	1	快速调试
P0100	0	0	工作地区：功率以 kW 为单位，频率为 50Hz
P0304	230	380	电动机额定电压（单位为 V）
P0305	3.25	0.95	电动机额定电流（单位为 A）
P0307	0.75	0.37	电动机额定功率（单位为 kW）
P0308	0	0.8	电动机额定功率因数
P0310	50	50	电动机额定频率（单位为 Hz）
P0311	0	2800	电动机额定转速（单位为 r/min）

设置变频器 3 段速控制参数，见表 7-13。

表 7-13 变频器 3 段速控制参数

参数号	出厂值	设置值	说明
P0003	1	1	设置用户访问级为标准级
P0004	0	7	命令和数字 I/O
P0700	2	2	命令源选择由端子排输入
P0003	1	2	设置用户访问级为拓展级
P0004	0	7	命令和数字 I/O
P0701	1	17	选择固定频率

（续）

参数号	出厂值	设置值	说明
P0702	1	17	选择固定频率
P0703	1	1	ON 接通正转，OFF 停止
P0003	1	1	设置用户访问级为标准级
P0004	2	10	设置值通道和斜坡函数发生器
P1000	2	3	选择固定频率设定值
P0003	1	2	设置用户访问级为拓展级
P0004	0	10	设置值通道和斜坡函数发生器
P1001	0	20	选择固定频率 1（单位为 Hz）
P1002	5	30	选择固定频率 2（单位为 Hz）
P1003	10	50	选择固定频率 3（单位为 Hz）

3）变频器运行操作。当按下按钮 SB1 时，数字输入端"5"为"ON"，允许三相异步电动机运行。

① 第 1 频段控制：当按下按钮 SB2、松开按钮 SB3 时，MM420 变频器数字输入端"5"为"ON"，"6"为"OFF"，MM420 变频器工作在由 P1001 参数所设定的频率为 20Hz 的第 1 频段上。

② 第 2 频段控制：当松开按钮 SB2，按下按钮 SB3 时，MM420 变频器数字输入端"5"为"OFF"，"6"为"ON"，MM420 变频器工作在由 P1002 参数所设定的频率为 30Hz 的第 2 频段上。

③ 第 3 频段控制：当按下按钮 SB2、SB3 时，MM420 变频器数字输入端"5""6"均为"ON"，MM420 变频器工作在由 P1003 参数所设定的频率为 50Hz 的第 3 频段上。

④ 三相异步电动机停车：当松开 SB2、SB3 按钮时，MM420 变频器数字输入端"5""6"均为"OFF"，三相异步电动机停止运行，或在三相异步电动机正常运行的任何频段，松开 SB1，使数字输入端"1"为"OFF"，三相异步电动机也能停止运行。

注意：3 个频段的频率值可根据用户要求的 P1001、P1002 和 P1003 参数来修改。当需要反向运行时，只要将向对应频段的频率值设定为负就可以实现。

复习思考题

1. 三相异步电动机的调压调速有哪些方法？
2. 晶闸管串级调速系统有什么特点？
3. 交流调压调速有什么应用特点？
4. 电力拖动系统中应用变频调速有哪些优点？
5. 变频器常用的控制方式有哪些？
6. 变频器按滤波方式分类有哪些类型？
7. 电压源型变频器和电流源型变频器在性能上有较大的差异，主要表现在哪些方面？

项目 8

自动控制电路装调与维修

培训学习目标

熟悉单片机控制系统的结构、功能及应用；掌握单片机应用程序的编译方法及步骤；掌握单片机应用程序烧录的操作方法；掌握单片机控制装置的装调及维修技能；了解单片机程序设计及单片机控制电路的设计思路。

8.1 单片机控制电路装调

8.1.1 单片机内部结构

一台计算机正常工作，需要以下几部分结构：CPU（运算、控制）、RAM（数据存储器）、ROM（程序存储器）、输入/输出设备（串行口、并行口等）。如果把这些部分集成到一块芯片中，就构成了单片机，可以说单片机实质上是一块芯片。

单片机的内部结构如图 8-1 所示。

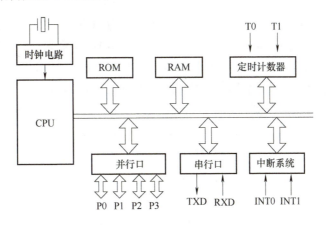

图 8-1　单片机的内部结构

237

1. 中央处理器（CPU）

中央处理器是单片机的核心部分，它的主要作用是协调单片机各部分协同工作，实现运算和控制功能。单片机的中央处理器内部由算术逻辑单元 ALU（Arithmetic Logic Unit）、累加器 A（8 位）、寄存器 B（8 位）、程序状态字 PSW（8 位）、程序计数器 PC（有时也称为指令指针，即 IP，16 位）、地址寄存器 AR（16 位）、数据寄存器 DR（8 位）、指令寄存器 IR（8

位）、指令译码器 ID、控制器等部件组成。

2. 存储器

存储器是用来存放程序和数据的部件，MCS-51 系列单片机芯片内部的存储器包括程序存储器和数据存储器两类。

（1）程序存储器（ROM） 程序存储器一般用来存放固化了的用户程序和数据。它的优点是程序写入后能长期保存，不会因断电而丢失。MSC-51 系列单片机内部有 4KB 的程序存储空间，其地址为 0000H~0FFFH，也可以通过外接存储芯片扩展到 64KB。

ROM 的分类：

1）掩膜 ROM：只读存储器，生产完成后程序不能再修改。

2）紫外线可擦除的程序存储器（EPROM）：离线时用紫外线照射可擦除成空白芯片，可以反复使用。

3）电可擦除的程序存储器（EEPROM）：以电子信号来修改其中的程序，能做到即插即用、在线编程，目前使用比较广泛。

4）FLASH EEPROM：它是 EEPROM 的改进版，读写速度更快，但不能像 EEPROM 一样进行字节的读写。

（2）数据存储器（RAM） 数据存储器是用来存放临时数据的。其优点是能够实现随机写入或读出，读写速度快，读写方便；其缺点是数据会因断电而丢失。MCS-51 系列单片机内部有 128B 的数据存储空间，其地址与 ROM 的低 128 位地址重叠，为 00H~7FH。目前有很多单片机内部集成的 RAM 容量很大，不需要再外扩片外 RAM，若需要扩展，则最大可以扩展到 64KB。

RAM 将 128B 的存储空间分成了三个区域，分别是工作寄存器区、位寻址区和用户 RAM 区。具体分区方式如图 8-2 所示。

RAM 中有 4 组（32 位）工作寄存器，字节地址为 00H~1FH，每组工作寄存器中有 8 个寄存单元（每单元 8 位），以 R0~R7 命名，其作用是暂存运算数据和中间结果。用汇编语言编写程序时，由用户来设定工作寄存器区；用 C 语言编写程序时，编译系统自动完成工作寄存器区的选择与设定，无须程序员进行设定。

图 8-2 RAM

RAM 中位寻址区的字节地址为 20H~2FH，剩余的 80 个单元是供用户使用的 RAM 区，地址为 30H~7FH，用作数据存储或堆栈使用。

RAM 的分类：

1）静态随机访问存储器（SRAM）：具有静止存取功能，不需要刷新电路即能保存它内部存储的数据。

2）动态随机访问存储器（DRAM）：为了保持数据，DRAM 使用电容存储，所以必须隔一段时间刷新一次，否则数据会丢失。

3）同步静态随机访问存储器（SSRAM）：内部的命令发送与数据传输都以时钟为基准，SSRAM 的所有访问都在时钟的上升/下降沿启动。

4）同步动态随机访问存储器（SDRAM）：工作方式与 SSRAM 类似。

（3）特殊功能寄存器（SFR）　MSC-51 系列单片机中地址为 00H ~ 7FH 的 RAM 占了低 128 位，而在（高 128 位）80H ~ FFH 地址范围内，离散的分布着 21 个特殊功能寄存器（SFR）。特殊功能寄存器一般用来控制单片机芯片内部的特定设备，每个存储单元（每个位）都有特殊的含义。而对于 MCS-52 系列单片机来说，在 80H ~ FFH 范围内还有 128 位的通用 RAM，对其操作时必须采用"间址"寻址方式，而对这片地址范围内离散分布的特殊功能寄存器只能采用"直接"寻址方式进行操作。特殊功能寄存器地址分布见表 8-1。

表 8-1　特殊功能寄存器地址分布

标识符号	地址	寄存器名称	标识符号	地址	寄存器名称
ACC	E0H	累加器	P3	B0H	I/O 口 3 寄存器
B	F0H	B 寄存器	PCON	87H	电源控制及波特率选择寄存器
PSW	D0H	程序状态字	SCON	98H	串行口控制寄存器
SP	81H	堆栈指针	SBUF	99H	串行数据缓冲寄存器
DPTR	82H、83H	数据指针（16 位）含 DPL 和 DPH	TCON	88H	定时控制寄存器
IE	A8H	中断允许控制寄存器	TMOD	89H	定时器方式选择寄存器
IP	B8H	中断优先控制寄存器	TL0	8AH	定时器 0 低 8 位
P0	80H	I/O 口 0 寄存器	TH0	8CH	定时器 0 高 8 位
P1	90H	I/O 口 1 寄存器	TL1	8BH	定时器 1 低 8 位
P2	A0H	I/O 口 2 寄存器	TH1	8DH	定时器 1 高 8 位

3. 定时/计数器

在 MSC-51 系列单片机中有两个 16 位的定时/计数器 T0 和 T1，它们分别由两个 8 位的 RAM 单元组成，最大计数量是 2^{16}，即 65536，当计数计到 65536 就会产生溢出。在单片机中，脉冲计数与时间之间的关系十分密切，每输入一个脉冲，计数器的值就会自动累加 1，只要相邻两个计数脉冲之间的时间间隔相等，计数值就代表了时间的流逝，即可以实现定时的功能。

与定时/计数器相关的特殊功能寄存器有 6 个：定时器方式选择寄存器 TMOD、定时控制寄存器 TCON、定时器 0 高 8 位 TH0、定时器 0 低 8 位 TL0、定时器 1 高 8 位 TH1 和定时器 1 低 8 位 TL1。

4. 并行口

MSC-51 系列单片机共有 4 个 8 位的 I/O 口（并行口），记作 P0、P1、P2、P3，也被归入特殊功能寄存器之列，可以按字节寻址，也可以按位寻址。

与并行口相关的特殊功能寄存器有四个：I/O 口 0 寄存器 P0、I/O 口 1 寄存器 P1、I/O 口 2 寄存器 P2 和 I/O 口 3 寄存器 P3。

5. 串行口

MSC-51 系列单片机有两个串行口，采用的通信方式是串行通信，即将所要传输的数据按一定顺序进行发送或接收，传输的规律为：先传送低位，后传送高位。在串行通信中，根据数据在两个站点之间的传送方向，可分为 3 种制式：单工、半双工和全双工。MSC-51 系列单片机采用的是全双工制式，能够同时接收和发送数据，接收和发送数据均可以工作在查询方式和中断方式，能方便地与上位机或其他外设实现双机、多机通信。

MSC-51 系列单片机的串行口是可编程端口，涉及两个特殊功能寄存器：串行口控制寄存器 SCON 和电源控制寄存器 PCON。

6. 中断控制系统

中断是指 CPU 在正常运行程序时，由于内部或者外部事件引起 CPU 暂时中止执行现行程序，转去执行请求 CPU 为其服务的外设或事件的服务程序，待该服务程序执行完毕后 CPU 又会返回到被中止的程序的过程。

MSC-51 系列单片机的中断系统有 5 个中断请求源：外部中断 0 请求 INT0、外部中断 1 请求 INT1、定时器/计数器 T0 溢出中断请求、定时器/计数器 T1 溢出中断请求和串口中断请求；与中断相关的特殊功能寄存器有两个：中断优先控制寄存器 IP 和中断允许控制寄存器 IE；中断优先级有两个，可实现两级中断服务程序嵌套。

7. 时钟电路

时钟电路是单片机能否正常工作的关键所在，单片机时钟电路是用来配合外部晶体振荡器实现振荡的电路，也可以说单片机是在时钟驱动下的时序逻辑电路。MSC-51 系列单片机每执行一条指令需要 12 个时钟周期，若没有时钟电路，单片机就不能执行指令和进行相关操作。时钟信号可以由两种方式产生：一种是内部方式，利用芯片内部的振荡电路产生时钟信号；另一种是外部方式，时钟信号由外部引入。

8.1.2　单片机引脚功能

MCS-51 系列单片机是标准的 40 引脚双列直插式封装，其引脚分布如图 8-3 所示，以上方中间缺口为基准，从缺口左侧第一个引脚沿逆时针方向依次确定为引脚 1~40。

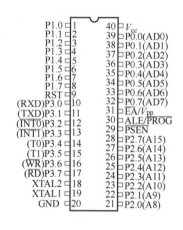

图 8-3　MCS-51 系列单片机引脚分布

按引脚功能不同将其分类如下：

（1）4 组 I/O 口

1）P0 口是 8 位双向端口，P0.0~P0.7 分别为引脚 39~32，其功能有两个：①通用 I/O 口；②当需要外扩存储器时，P0.0~P0.7 作为数据总线或者地址总线的低 8 位使用。

2）P1 口是 8 位双向端口，P1.0~P1.7 分别为引脚 1~8，只能作为通用 I/O 口使用。

3）P2 口是 8 位双向端口，P2.0~P2.7 分别为引脚 21~28，其功能有两个：①通用 I/O 口；②当需要外扩存储器时，P2.0~P2.7 作为地址总线的高 8 位使用。

4）P3 口是 8 位双向端口，P3.0~P3.7 分别为引脚 10~17，其功能有两个：①通用 I/O 口；②用于控制，每个引脚功能不同，见表 8-2。

表 8-2　P3 口的第二功能

端口	复用功能
P3.0	RXD（串行口输入）
P3.1	TXD（串行口输出）
P3.2	INT0（外部中断 0 输入）

（续）

端口	复用功能
P3.3	$\overline{\text{INT1}}$（外部中断1输入）
P3.4	T0（定时器0的外部输入）
P3.5	T1（定时器1的外部输入）
P3.6	$\overline{\text{WR}}$（片外数据存储器"写选通"输出）
P3.7	$\overline{\text{RD}}$（片外数据存储器"读选通"输出）

（2）控制引脚

1）程序存储允许输出信号端（$\overline{\text{PSEN}}$）（引脚29）。单片机控制该引脚输出低电平有效，以实现外部ROM单元的读操作，当需要外接ROM时，$\overline{\text{PSEN}}$与外接ROM的$\overline{\text{OE}}$相接。

2）地址锁存允许信号端/编程脉冲的输入端（ALE/$\overline{\text{PORG}}$）（引脚30）。

ALE：不访问片外存储器时，输出正向脉冲信号，频率为1/6振荡频率；访问片外存储器时，ALE接地址锁存器的G端，当单片机控制ALE引脚输出高电平时，地址锁存器输出地址；当单片机芯片控制ALE引脚输出由高电平向低电平转换时，地址锁存器锁存地址。

$\overline{\text{PORG}}$：单片机控制该引脚输出低电平有效，在进行程序下载时使用。

3）外部ROM地址允许输入端/ROM编程电压端（$\overline{\text{EA}}/V_{\text{pp}}$）（引脚31）。

$\overline{\text{EA}}$：当单片机控制$\overline{\text{EA}}$输出高电平时，访问片内ROM；当单片机控制$\overline{\text{EA}}$输出低电平时，访问片外ROM。

V_{pp}：片内ROM擦除和写入时提供编程脉冲，采用片内ROM时需要接高电平。

（3）电源引脚

1）电源正极（V_{cc}）（引脚40）。单片机在工作时都有一个工作电压范围，其标准供电电压一般有两种：5V和3.3V。供电电压为3.3V的单片机相较于供电电压为5V的单片机来说功耗更低，开关速度更快，但同等情况下抗干扰能力也要弱一些，例如STC中LE系列单片机的标准供电电压就是3.3V。

2）接地（GND）（引脚20）。

（4）复位引脚（RST）（引脚9）　将单片机的复位引脚与外部电路相接，可组成复位电路。复位电路是一种用来使电路恢复到起始状态的电路结构，复位电路启动的手段主要有4种：单片机通电时称为上电复位；工作时发现异常可以实现手动复位；在写程序时可以写入复位程序，利用程序进行复位；复位功能最完善的是"看门狗"复位，它是一个独立的模块，内部有不间断工作的计时器，单片机需要在设定的时间内将该计时器清零，否则计时器一直加1到溢出，单片机会自动复位。

（5）时钟引脚（XTAL1/XTAL2）（引脚19/引脚18）　MCS-51系列单片机的XTAL2和XTAL1用来给片内的时钟电路提供外部振荡源，以构成时钟电路。时钟电路为单片机提供基准脉冲，时钟电路正常工作后，会产生振荡周期，12个振荡周期等于1个机器周期，单片机执行一条指令需要1~4个机器周期，也就是说单片机执行指令时的时间跟时钟电路有着直接关系，所以时钟电路能否正常起振直接关系到单片机能否正常工作。

241

能够使单片机正常工作的最小硬件单元电路，叫作单片机最小系统，MCS-51 系列单片机中的 STC89C51 单片机的最小系统仿真电路连接如图 8-4 所示。

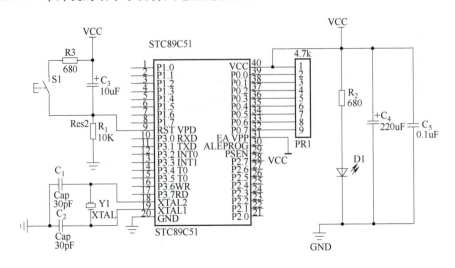

图 8-4　单片机最小系统仿真电路连接

8.1.3　单片机编程软件和烧录软件的应用

如果说单片机硬件设备为整个单片机系统提供了物质保障，那么单片机程序就是用来指挥硬件设备工作的大脑。想要单片机系统正常工作，就要借助编程软件编写程序，还要借助烧录软件将程序下载到单片机的 ROM 中，以此控制整个单片机系统进行工作。

Keil 软件是比较常用的单片机编程软件，而 STC-ISP 软件是使用起来比较简单的一款单片机烧录软件，在应用单片机之前应掌握这两个软件的基本功能。

1. Keil 软件的应用

Keil 软件内建了一个仿真 CPU 来模拟执行程序，该仿真 CPU 可以在没有硬件和仿真器的情况下进行程序的调试。但软件模拟与真实的硬件执行程序有一些区别，最明显的就是时序，表现为程序执行的速度和用户使用的计算机有关，计算机性能越好，运行速度越快。Keil 软件的基本应用步骤如下：

1）安装 Keil 软件。

2）打开 Keil 软件，新建并保存工程"EX1"，如图 8-5、图 8-6 所示。

图 8-5　打开 Keil 软件

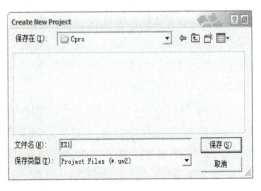

图 8-6　新建并保存工程

3）确定所建工程的内核为 AT89C51，当出现询问是否添加启动文件的对话框时，单击"是"按钮，如图 8-7、图 8-8 所示。

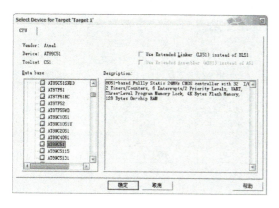

图 8-7　确定工程内核

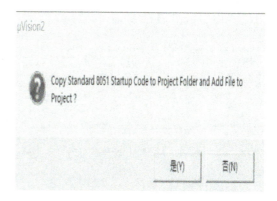

图 8-8　是否添加启动文件对话框

4）新建空白文件，并将其命名为"Text2.c"，如图 8-9、图 8-10 所示。

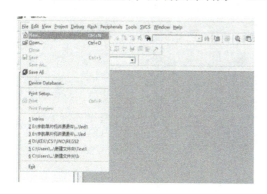

图 8-9　新建空白文件

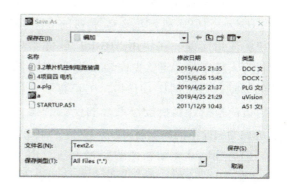

图 8-10　文件命名

5）选择文件并将文件添加到工程名下，如图 8-11、图 8-12 所示。

图 8-11　添加文件

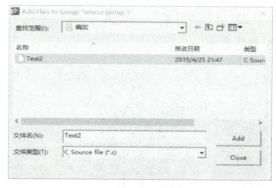

图 8-12　选择需要添加的文件

243

6）设置目标属性，使其能正常设置仿真方式和生成 hex 文件（后期烧录时要用到），如图 8-13、图 8-14 所示。

7）基本设置完成后，用 C 语言进行编程，并且编译，生成 hex 文件，如图 8-15 所示。

图 8-13　设置仿真方式

图 8-14　生成 hex 文件

2. STC-ISP 软件的应用

STC-ISP 是一款单片机下载编程烧录软件，是针对 STC 系列单片机而设计的，可支持 STC89、STC90 和 STC12 等系列的 STC 单片机，使用简便。在使用 STC-ISP 软件给单片机写入程序时，需要先安装 USB 转串口芯片的驱动程序，例如 CH340。在安装驱动程序时，应根据计算机操作系统的位数和操作系统类型选择不同的安装方法。

（1）CH340 驱动软件的安装方法　由于 Windows 10（64 位）操作系统在默认状态下，

图 8-15　编译程序

对于没有数字签名的驱动程序是不能安装成功的，在安装 STC-ISP 驱动前，需要先跳过数字签名，具体操作步骤如下：

1）从 STC 官网下载 STC-ISP 软件压缩包。

2）单击"开始"→"设置"→"更新和安全"→"恢复"→"立即重新启动"，如图 8-16 ~ 图 8-19 所示。

图 8-16　找到"设置"选项

图 8-17　单击"更新与安全"

图 8-18　单击"恢复"选项

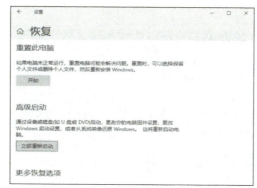

图 8-19　单击"立即重新启动"

在计算机重启前，会先进入如图 8-20 所示启动界面，单击"疑难解答"→"高级选项"→"查看更多恢复选项"→"启动设置"，如图 8-21~图 8-23 所示。

图 8-20　单击"疑难解答"

图 8-21　单击"高级选项"

图 8-22　单击"查看更多恢复选项"

图 8-23　单击"启动设置"

如图 8-24 所示，若出现此界面，可单击"重启"按钮重启计算机，计算机重启后会弹出"启动设置"界面，如图 8-25 所示，按<F7>键选择"禁用驱动程序强制签名"。

计算机启动完成后，用下载线将单片机与计算机连接，打开"设备管理器"，此时驱动还没有安装，所以在设备管理器中会显示一个未知设备，右键单击此未知设备，选择"更新驱

245

动程序"，如图 8-26、图 8-27 所示。

图 8-24　单击"重启"按钮

图 8-25　选择"禁用驱动程序强制签名"

图 8-26　显示未知设备

图 8-27　选择"更新驱动程序"

　　在弹出的驱动安装程序选择对话框中，选择"浏览我的计算机以查找驱动程序软件"，如图 8-28 所示，在图 8-29 中选择"浏览"，找到安装压缩包中适合 64 位操作系统的安装软件，单击"下一步"，若出现如图 8-30 所示的警告时，应选择"始终安装此驱动程序软件"，当出现图 8-31 所示界面时，说明驱动安装成功。

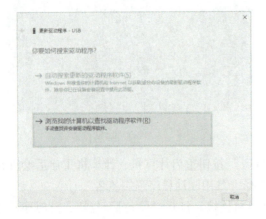

图 8-28　选择"浏览我的计算机"项

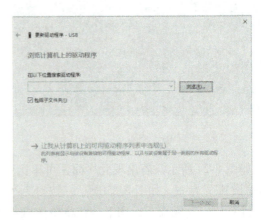

图 8-29　选择"浏览"

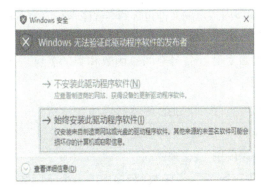

图 8-30 选择"始终安装此驱动程序软件"

图 8-31 驱动安装成功

（2）STC-ISP 软件基本功能的应用　打开 STC-ISP 软件，分别设置单片机型号、串口号（用下载线将单片机和计算机连接时，串口号已经自动扫描）、波特率（一般为默认）并打开程序文件（程序编译后的 hex 文件），具体设置如图 8-32 所示。

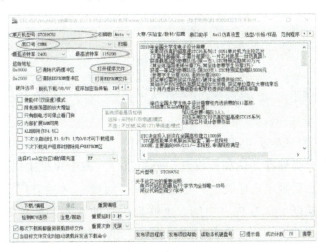

图 8-32 STC-ISP 软件设置

8.1.4 单片机 C 语言编程的使用方法

单片机的程序相当于用来指挥外部设备工作的大脑。目前，许多单片机学习者都以汇编语言作为编程语言，因为汇编语言有其独特的优点。但作为一种高级的程序设计语言，C 语言也具有很强的功能性、结构性和可移植性，是一门非常实用的单片机编程语言，因此这里以 C 语言为主，来讲解单片机基本指令的使用方法。

1. C 语言编程结构

（1）C 语言的基本结构

1）头文件的指定。C 语言的头文件中包括了各个标准库函数的函数原型，所以凡是在程序中调用一个库函数时，程序都必须包含该函数原型所在的头文件，例如：

```
#include<reg52.h>      //定义单片机 SFR 的名称和物理地址
#include<math.h>       //定义数学函数
#include<stdio.h>      //定义 I/O 函数
```

这里的#include 称为文件包含命令，其意义是把< >内指定的文件包含到本程序来，成为本程序的一部分。被包含的文件通常是由系统提供的，其扩展名为.h，因此也称为头文件或首部文件。

2）声明区。声明可将名称引入到程序中，例如变量、命名空间、函数和类的名称。声明还指定了类型信息以及正在声明的对象的其他特征，例如：

```
unsigned int[a]              //定义一个 0~65535 的整形变量 a
unsigned char[b]             //定义一个 0~255 的字符变量 b
#define[LED][P2]             //将 P2 口用 LED 来命名
void Delay(unsigned int a)   //声明一个 Delay 函数（程序中的一个子函数）
```

3）主函数。一般来说，每个正常运行的程序中都需要有一个主函数，它是可执行程序的入口函数，其他各函数、方法的调用都从主函数开始驱动。正是因为主函数担负着程序入口和出口的重任，因此在编写主程序时，应该遵循逻辑简单明了的原则，将程序中更多的细节展示在被调用的子函数中，方便程序的维护和扩展。例如：

```
void main()                  //无返回值
{
LED=0x00;
P2=LED;                      //将 P2 口赋值为 0000 0000,语句结束要用分号（英文）表示
}
```

（2）C 语言的变量和数据类型　在现实生活中，为了让物品的摆放有条不紊和方便找寻，人们都会将物品分类储存，例如针线盒、药品箱等。在单片机中也是这样，人们要在内存中找寻两块区域，然后规定它存放一个整数或者一个小数，再给它们不同的名字用来区分。在单片机的应用中，数据是放在内存中的，也就是说这两块不同的区域就是"针线盒"和"药品箱"，因为区域的名字可以变，所以"针线盒"和"药品箱"在单片机中称为变量（变量的名字不能用规定好的关键字，且区分大小写）；而整数、小数还有一些其他类型的数据则统称为数据类型。例如：

```
int a;                       //在 32 位 MCU 中变量 a 是整型数据,且长度为 4 个字
                               节,取值范围-2147483648~2147483647,在 8 位
                               MCU 中占 2 个字节

unsigned int a;              //在 32 位 MCU 中变量 a 是无符号整型数据,且长度为
                               4 个字节,取值范围 0~4294967295,在 8 位 MCU 中
                               占 2 个字节

char a;                      //变量 a 是字符型数据,且长度为 1 个字节,取值范围
                               -128~127

unsigned char a;             //变量 a 是无符号字符型数据,且长度为 1 个字节,取
                               值范围 0~255

short a;                     //变量 a 是短整型数据,且长度为 2 个字节,取值范围
                               -32768~32767
```

```
unsigned short a;          //变量 a 是无符号短整型数据,且长度为 2 个字节,取
                             值范围 0~65536
long a;                    //变量 a 是长整型数据,且长度为 4 个字节,取值范围
                             -2147483648~2147483647
unsigned long a;           //变量 a 是无符号长整型数据,且长度为 4 个字节,取
                             值范围 0~4294967295
float a;                   //变量 a 是单精度浮点型数据,且长度为 4 个字节
double a;                  //变量 a 是双精度浮点型数据,且长度为 8 个字节
void a;                    //无类型
sfr SCON=0X98;             //SFR 声明,长度为 1 个字节,取值范围 0~255
sfr16 T2=0xCC;             //SFR 声明,长度为 2 个字节,取值范围 0~65536
sbit LED=P0^2;             //定义位,长度为 1 位,取值 0 或者 1
```

（3）C 语言的运算符　C 语言的运算符异常丰富，除了控制语句和输入输出以外的几乎所有的基本操作都可作为运算符处理。在解释运算符之前应先掌握几个概念。

1）操作数（Operand）是程序操纵的数据实体，该数据可以是数值、逻辑值或其他类型。该操作数既可以是常量也可以是变量。例如：

```
int a=3;
int b=a+2;
```

加运算符"+"，取出变量 a 中的值 3，与常量 2 相加，并把求和表达式 a+2 的结果 5 保存到变量 b 中，所以说变量 a、b 和常量 2 都是操作数。

2）运算符（Operator）是可以对数据进行相应操作的符号。如对数据求和操作可用加法运算符"+"，求积操作使用乘法运算符"＊"等。

常见的运算符包括算术运算符、关系运算符、逻辑运算符、位操作运算符和指针运算符，见表 8-3。

表 8-3　单片机 C 语言常用运算符

运算符		范例	说明
算术运算	+	a+b	a 变量值和 b 变量值相加
	−	a−b	a 变量值和 b 变量值相减
	＊	a＊b	a 变量值乘以 b 变量值
	/	a/b	a 变量值除以 b 变量值
	%	a%b	取 a 变量值除以 b 变量值的余数
	=	a=5	a 变量赋值，即 a 变量值等于 5
	+=	a+=b	等同于 a=a+b，将 a 和 b 相加的结果存回 a
	−=	a−=b	等同于 a=a−b，将 a 和 b 相减的结果存回 a
	＊=	a＊=b	等同于 a=a＊b，将 a 和 b 相乘的结果存回 a
	/=	a/=b	等同于 a=a/b，将 a 和 b 相除的结果存回 a
	%=	a%=b	等同于 a=a%b，将 a 和 b 相除的余数存回 a
	++	a++	a 的值加 1，等同于 a=a+1
	−−	a−−	a 的值减 1，等同于 a=a−1

（续）

运算符		范例	说明
关系运算	>	a>b	测试 a 是否大于 b
	<	a<b	测试 a 是否小于 b
	==	a==b	测试 a 是否等于 b
	>=	a>=b	测试 a 是否大于或等于 b
	<=	a<=b	测试 a 是否小于或等于 b
	!=	a!=b	测试 a 是否不等于 b
逻辑运算	&&	a&&b	a 和 b 做与（AND）运算，两个变量都为真时结果才为真
	||	a||b	a 和 b 做或（OR）运算，只要有一个变量为真，结果就为真
	!	!a	将 a 变量的值取反，即原来为真则变为假，原来为假则变为真
位操作运算	>>	a>>b	将 a 按位右移 b 个位，高位补 0
	<<	a<<b	将 a 按位左移 b 个位，低位补 0
	|	a|b	a 和 b 按位做或运算
	&	a&b	a 和 b 按位做与运算
	^	a^b	a 和 b 按位做异或运算
	~	~a	将 a 的每一位取反
	&	a=&b	将变量 b 的地址存入 a 寄存器
指针运算	*	*a	用来取 a 寄存器所指地址内的值

2. 单片机程序实例

（1）流水灯控制　本程序主要功能是实现流水灯控制，P0 口接 8 个 LED，利用库函数写法实现移位控制，从而实现流水灯，每个灯变化的时间间隔为 0.5s，利用延时子函数进行延时，等待下一个 LED 亮起。

```
#include "reg52.h"
#include "intrins.h" //头函数
#define uint unsigned int
#define uchar unsigned char//宏定义变量名
void delay_ms(uint z);//延时子函数声明
void delay_ms(uint z)//延时函数
{
    uint x,y;
    for(x=z;x>0;x--)
    {
        for(y=115;y>0;y--)
        {;}//空语句
    }
}
void main(void)//主函数
```

```
{
    uchar i;
  while(1)
  {
    P0 = 0XFE; //给初值
    for(i=7;i>0;i--) //左移
    {
      delay_ms(500); //延时 0.5s
      P0 = _crol_(P0,1); //左移一位
    }
    for(i-7;i>0;i--)
    {
      delay_ms(500); //延时 0.5s
      P0 = _cror_(P0,1); //右移一位
    }
  }
}
```

（2）按键数码管控制　本程序主要功能是实现按键控制数码管进行加减计数，P0 口接数码管的段选，P2 口接 4 位数码管的位选和加、减计数按键。

```
main.c
#include "reg52.h"
#include "intrins.h"
#include "display.h"

sbit KEY = P1^4;
sbit KEY1 = P1^5;
u32 a = 6;
void main(void)
{
  while(1)
  {
    display_num(a);
    if(KEY==0)
    {
      delay_ms(100);
      if(KEY==0)
```

```
        {
            if(a<9999)
            {a++;}
            else
            {a=0;}
            while(KEY==0);
        }


        }
    if(KEY1==0)
    {
      delay_ms(100);
      if(KEY1==0)
      {
            if(a>0)
            {a--;}
            else
            {a=9999;}
            while(KEY1==0);
        }


        }
    }

}
Display.c
#include "reg52.h"
#include "intrins.h"
#include "display.h"
u8 table[]={0xc0,0xf9,0xa4,0xb0,0x99,0x92,0x82,0xf8,0x80,0x90};
//0~9共阳极数码管段选

sbit SMG_G=P1^0;
sbit SMG_S=P1^1;
sbit SMG_B=P1^2;
sbit SMG_Q=P1^3;
void delay(void);
void display_num(u32 num)
```

```
{
    SMG_G=0;
    P0=table[num% 10];
    delay();
    P0=0XFF;
    SMG_G=1;

    SMG_S=0;
    P0=table[num% 100/10];
    delay();
    P0=0XFF;
    SMG_S=1;

    SMG_B=0;
    P0=table[num% 1000/100];
    delay();
    P0=0XFF;
    SMG_B=1;

    SMG_Q=0;
    P0=table[num/1000];
    delay();
    P0=0XFF;
    SMG_Q=1;
}
void delay(void)
{
    unsigned char i=10;
    while(i--);
}
void delay_ms(u32 z)
{
    u32 x,y;
    for(x=0;x<z;x++)
    {
        for(y=0;y<115;y++)
        {;}
```

```
    }
}
Display.h
#ifndef__DISPLAY_H__
#define__DISPLAT_H__
#define u8 unsigned char
#define u32 unsigned int
void delay(void);
void display_num(u32 num);
void delay_ms(u32 z);
#endif
```

8.2 风冷热泵冷水机组电控设备的维修

风冷热泵冷水机组将制冷、制热功能集中一体，既可供冷，又可供热，能实现夏季降温，冬季采暖。风冷热泵冷水机组的特点如下：

1）风冷热泵冷水机组属中小型机组，适用于 $200 \sim 10000 m^2$ 的建筑物。

2）冷热源合一，适用于同时有采暖和制冷需求的用户。

3）风冷热泵冷水机组在户外安装，省去了冷冻机房，节约了建设成本。

4）无须冷却塔，同时省去了冷却水泵和管路，减少了附加设备的投资。

5）无冷却水系统动力消耗，无冷却水损耗，更适用于缺水地区。

6）风冷热泵冷水机组的一次能源利用率可达90%，节约了能源消耗，大大降低了成本。

8.2.1 风冷热泵冷水机组系统构成

风冷热泵冷水机组由蒸发器、压缩机、冷凝器和节流装置四部分组成，如图 8-33 所示。由于采用风冷冷凝器，而蒸发器是水冷的，夏天制冷时提供冷水，冬季制热时提供热水。风

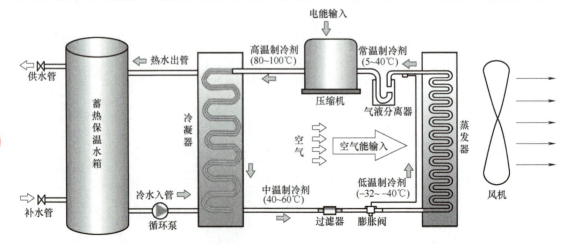

图 8-33 风冷热泵冷水机组系统构成

机盘管是空调系统的末端装置，装在室内。如同把水从低处提升到高处而采用水泵那样，采用热泵可以把热量从低温物体中抽吸到高温物体中。

风冷热泵冷水机组控制系统通过对多台模块主机、循环水泵、水管阀门等设备的集中控制，合理分配多台模块主机、循环水泵的起停，提高设备利用率，实现智能控制。

1. 风冷热泵冷水机组工作原理

风冷热泵冷水机组以环境空气作为冷、热源。制冷时，制冷剂从储液罐经过膨胀阀变为低压液态，在蒸发器中吸收冷媒的热量变为低温低压气态，经过压缩机变为高温高压气态，经过冷凝器放出热量变为高温液态回至储液罐。制热时，制冷剂从储液罐经过膨胀阀变为低压液态，在冷凝器中吸收环境空气的热量变为低温低压气态，经过压缩机变为高温高压气态，经过蒸发器放出热量变为高温液态回至储液罐。

风冷热泵冷水机组在消耗一定的电能的基础上，通过冷媒系统的逆循环，把冷媒（水）的温度降低（制冷）或增高（供热），冷媒（水）的温度降低或升高后，经水泵增压达到一定的流动速度后，携带冷、热量进入室内机组，再通过室内机组的风机循环室内空气，吸收空气中的热量或向室内空气传递热量，达到降低或升高室内空气的温度，实现制冷或供热的目的。同时，把室内空气中的热量或冷量通过冷、热媒（水）带到室外机组中，通过冷媒系统的循环，散发到室外空气中，实现整个循环过程。风冷热泵冷水机组的循环过程如图8-34所示。

由图8-34可见，冷媒在压缩机的作用下在系统内循环流动。它在压缩机内完成气态的升压升温过程（温度高达100℃），在进入换热器后释放出热量，同时自己被冷却并转化为液态，当冷媒运行到吸热器后，液态冷媒迅速吸热蒸发再次转化为气态，同时温度下降至$-30 \sim -20℃$，这时吸热器周边的空气就会源源不断地将低温热量传递给冷媒。冷媒不断地循环就实现了空气中的低温热量转变为高温热量并加热冷水的过程。

2. 风冷热泵冷水机组的电气控制系统

现代的模块化风冷热泵冷水机组的电气控制系统采用了PLC技术，使用液晶显示器作为控制面板，并设计了人机对话操作界面。模块化机组的电气控制系统由数个模块电控单元和一个主控制单元组成，如图8-35所示。主控制系统的核心是PLC。PLC输出控制信号到各模块电控单元，控制各模块的运行。同时PLC接受各模块的输入信号，对各模块运行中出现的工作变动或异常做出及时反应。用户通过对主控单元的触摸屏面板的操作来控制机组的运行，并查询机组的工作情况，如图8-36所示。

8.2.2 风冷热泵冷水机组的安装

1. 安装要求

（1）对电源配电系统的要求 机组采用50Hz，380V电压，三相五线制。每个单一模块配电容量不低于40kV·A。每个模块单独引进电源线，导线截面积为$4 \times 25mm^2$。用户配电柜中必须为每个模块的电源配备额定电流为100A的断路器。

（2）传感器安装 控制系统的传感器用于测量进水温度，安装在总进水管处。传感器接线要求使用三芯屏蔽双绞线。

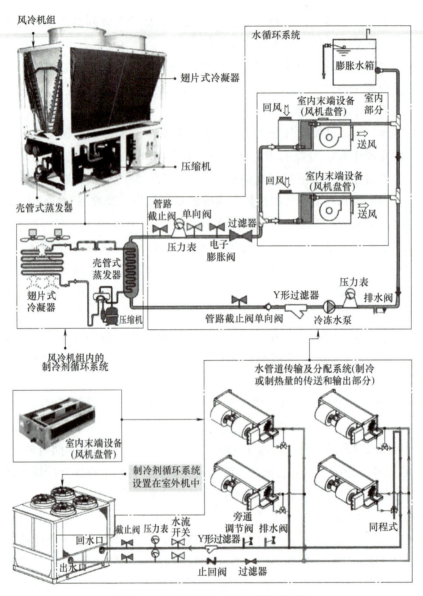

图 8-34 风冷热泵冷水机组的循环过程

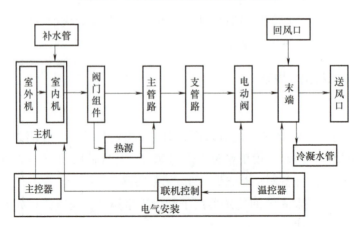

图 8-35 模块化风冷热泵冷水机组的控制系统

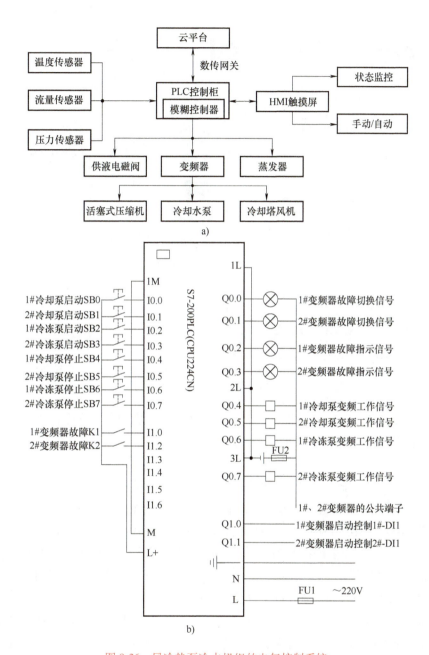

图 8-36　风冷热泵冷水机组的电气控制系统

（3）外部接线

1）水泵控制输出（主控电器柜 XT）接水泵控制接触器线圈（AC 220V）。

2）故障报警输出（主控电器柜 XT）为一对触点输出，可接报警装置。

3）辅助电加热控制输出端（主控电器柜 XT）接辅助电加热控制接触器线圈（AC 220V）。

2．风冷热泵冷水机组的电控系统功能（见图 8-37）

1）自动制热、制冷运行功能：机组设置为自动制热或自动制冷运行时，控制系统通过对当前进水温度与设定值的比较运算，来决定投入运行的模块台数，以达到自动控制水温的目的。

257

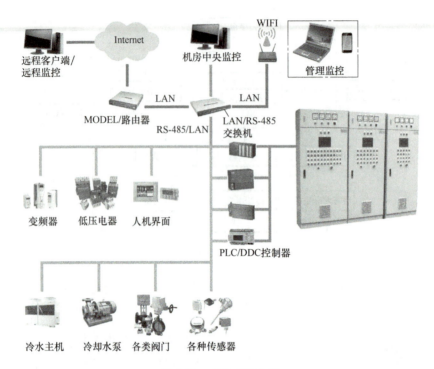

图 8-37　电控系统功能

2）无人值守（程序运行）功能：用户可设定机组一年内的运行程序，实现无人值守。

3）均衡磨损功能：机组自动运行过程中，控制系统能通过内部算法实现各模块等磨损程度的运行。

4）水泵运行控制功能：机组设有水泵运行控制输出，用户只需将输出线连接到水泵控制接触器（AC 220V 线圈）即可。自动运行时将自动起动水泵。

5）融霜功能：制热运行时，机组具有自动融霜功能，保证了制热运行的可靠性和高效率。制热工况下，若蒸发器翅片温度低于-5℃时，PLC 开始自动计时，待连续运行 50（T1）min 后，开始融霜（停风机、四通阀）。5（T2）min 后，开风机 2min（吹干水分），然后开四通阀，转入正常运行。T1、T2 参数可通过控制面板设定。

6）防冻功能：该功能用于防止冬季水管冻裂。机组停机状态下（系统通电并设定防冻功能），若水温低于 6℃，每小时开启水泵使水循环 10min，若水温再降低至 3℃，机组自动开机制热至水温高于 8℃。

7）辅助电加热控制功能：其主要作用为制热运行前将水温预加热至 8℃，以防止吸气压力过低对压缩机造成伤害。当机组制热量不足时，辅助电加热可起到补偿作用。

8）压缩机停机延时功能：压缩机停机后，3min 后方可再次起动，以保护压缩机。

9）断电保持功能：电源断电后，重新供电时，控制系统能自动恢复断电前的工作状态。

10）密码保护功能：控制系统可对重要的工作参数及调试运行功能设置密码保护，以防止无关人员修改参数造成的系统紊乱。

11）故障自诊及处理功能：控制系统可随时检查机组运行中发生的故障，对故障及时处理并显示记录故障类型、故障发生的地点。控制系统还提供一对故障报警输出触点供用户使用。

12）查询功能：使用查询功能，用户可随时掌握机组的运行情况。控制系统在控制面板上显示进出水温度及机组各模块工作状态，可查询各模块累计运行时间及控制参数和机组故障情况。

13）遥控功能：控制系统的操作面板可远离机组安装于需要的地点，实现全面的遥控操作。

14）异地监控功能：使用上位机和调制解调器通过公用电话线路连接可实现异地监控机组运行功能。

15）外部接口：PLC 带 RS-232 及 RS-485 接口，可接入智能化大楼集中监控系统。

3. 电气控制系统的安装

每个模块均有独立的电源进线，为了保证模块线路发生故障时不影响整个系统的运行，用户自备配电柜中应为每个模块设置独立的断路器，各个模块单元的动力电缆均为三相四线制。采用铜芯线穿管敷设，由电缆线孔引入模块单元电控柜。

机组的每个模块单元均配备一个电器柜。另外，其中一个模块单元还配备机组的主电器柜，配备一个 PLC。包括主控单元在内的各个模块单元电器柜与主电器柜之间均采用配有航空插座的多股信号传输线连接。信号传输线在工厂已制作完备，设备就位后在机内对号接插即可。冷冻水泵控制信号线，附加报警以及辅助电加热器的控制信号线由机外用户自备配电柜中穿管敷设引入主控单元电控箱。

8.2.3 风冷热泵冷水机组操作规范

1）在送电前，应先检查所有导线接线是否紧固，以防接线松脱现象。

2）在自备配电柜中的为模块单元配置的断路器上，拆除断路器输出端的导线，拆除水泵、辅助电加热器的交流接触器的输出端接线；短接各个模块单元的水流量开关控制信号线；短接主水路水流量开关控制信号线。所有拆除的线头必须用绝缘胶布包好。

3）合上总电源开关送电。

4）检查三相电压是否符合要求，各相间电压的平均值差不大于 2%。若电源电压不符合要求，不能试车。

5）按照 PLC 操作规程依次起动/关停各模块压缩机、风机、水泵，辅助电加热器。检查各个交流接触器的吸合、断开是否正常，如有异常应立即停止。

6）如无异常现象，切断电源，恢复所有接线。

7）合上电源开关，依次起动水泵、风机，检查电动机转向是否正确，如反向运转，应立即断电更正。

8）关闭水路上各辅助阀与各模块单元清洗阀，其余阀均开启到最大位置（此时水路中应灌注水，排气完毕）。

9）按操作程序起动压缩机。

10）记录各运行参数。

11）设定各运行控制参数。

12）检查机组运行是否符合控制要求，如有差异立即调整。

259

13）运转正常后停机，按程序规定退出调试，机组进入自动控制程序运行。

8.2.4 风冷热泵冷水机组常见故障分析

风冷热泵冷水机组常见故障和处理方法见表8-4。

表8-4 风冷热泵冷水机组常见故障和处理方法

现象	可能原因	处理方法
压缩机不起动	1）电源断路器跳闸 2）配电柜熔丝烧断 3）电压过低 4）交流接触器故障 5）电动机配线短路或断线 6）电动机烧坏 7）压缩机内部阻塞 8）起动开关损坏、断线或线头松脱 9）高低压开关、热继电器或压缩机内部保护动作	1）检查后重新合上断路器 2）检查线路接线情况 3）检测电压并通知供电部门 4）检修或更换交流接触器 5）检修或更换 6）检修或更换 7）检修或更换 8）检修或更换 9）查明原因重按复位按钮
压缩机运转时间过长或停车时继续运转	1）空调负荷过大 2）水管保温不良 3）温度调节器调整过低 4）控制零件接点不分离或失灵 5）冷媒过少	1）检查后改善 2）检查后改善 3）重新调整 4）检修或更换 5）检漏并补充冷媒
高压过高	1）冷凝器积尘过多 2）高压管有个别阀门未全开 3）冷媒系统中存有空气或不凝结气体 4）冷媒充量过多 5）冷凝器风扇故障 6）压力表失灵	1）清洗冷凝器 2）阀门全开 3）排除空气或不凝结气体 4）排除过多量 5）检修或更换 6）检修或更换
高压过低	1）管路系统阻塞 2）冷媒不足 3）压力表失灵	1）检查过滤器、阀等 2）检漏并补充冷媒 3）检修或更换
低压过低	1）冷冻水管路滤网阻塞 2）冷媒不足 3）干燥器堵塞 4）膨胀阀失效 5）风机故障	1）清洁 2）检漏并补充冷媒 3）更换干燥剂 4）检修或更换 5）检修或更换
低压过高	1）现场实际负荷过大 2）风（水）管保温不良 3）膨胀阀失效	1）检查后改善 2）检查后改善 3）检修或更换
压缩机噪声或振动过大	1）缺油 2）压缩机内部损坏 3）膨胀阀失灵 4）地脚螺栓松动	1）检查油面并加油 2）检修压缩机 3）检修或更换 4）拧紧地脚螺栓

（续）

现象	可能原因	处理方法
电动机超载保护器跳脱	1）电动机轴承损坏 2）超载保护器失灵 3）单相电源（熔丝熔断） 4）超载保护器调整不良 5）电动机电源线接地或断线 6）单相运转或电压不平衡 7）单线或线头松动	1）检修或更换 2）检修或更换 3）更换熔丝 4）检修 5）检修或更换 6）检修 7）检修

8.3　基本技能训练

技能训练 1　单片机数字电子时钟的组装和调试

1. 根据电路原理图和外封装图对单片机数字电子时钟进行制作（见图 8-38、图 8-39）

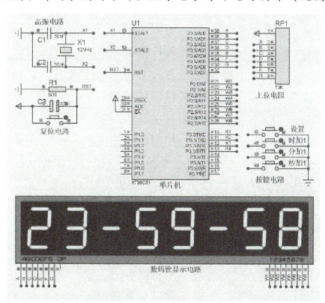

图 8-38　单片机数字时钟电路原理（仿真电路）

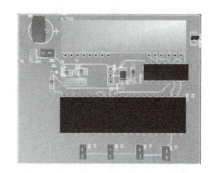

图 8-39　单片机数字时钟外封装图

2. 程序及硬件调试

使用 Keil 软件进行单片机数字时钟程序的调试编程。

（1）硬件调试　硬件的调试比较困难。因为是调试所以不能对元器件进行焊接，只能把各个元器件用导线在面包板上连接起来。调试的整体过程是：各个系统逐个调试，各部分调试成功后再进行组装后的整体调试。调试过程如下：

1）显示部分的调试。

问题：数码管的显示不稳定，不停地闪烁。

分析：没有考虑到干扰及环境的制约。把在面包板上连好的电路焊接在印制电路板上，并采用电容滤波尽可能去除纹波和干扰。

2）控制部分的调试。

问题：按下按键后数据有时正常有时又不正常，数据的加减不稳定。

分析：有两个原因可以导致此种现象。一是按键接触不良，可能有短路；二是程序部分有问题。用万用表测量后若发现按键按下后不稳定，更换质量更好的按键后故障即排除。

（2）系统软件设计　部分程序显示如下：

```
#include<reg51.h>
#define com P2
sbit w=P1^0;                //功能转换按键
sbit w1=P1^1;               //加与秒表开始与暂停键
sbit w2=P1^2;               //减与秒表复位键
sbit pin=P1^3;              //显示开关键
sbit nao=P1^5;              //整点报时信号输出
unsigned char leab[10]={0x3f,0x06,0x5b,0x4f,0x66,0x6d,0x7d,0x07,0x7f,
0x6f};
char times[11]={0,0,0,0,0,0,0,100,1,1,10};//数组
#define s times[0]          //显示时钟秒存放位置
#define f times[1]          //显示时钟分存放位置
#define h times[2]          //显示时钟时存放位置
#define nf times[3]         //显示闹钟分存放位置
#define nh times[4]         //显示闹钟时存放位置
#define dnf times[5]        //定时闹钟分存放位置
#define dnh times[6]        //定时闹钟时存放位置
#define dnsw times[7]       //定时开始与关闭,100 为关,101 为开
#define day times[8]        //显示天存放位置
#define mon times[9]        //显示月存放位置
#define yeal times[10]      //显示年存放位置,固定从 2000~2099 年之间调整
unsigned char  x=0,y=0,n=0,z,k,j,sss;    //x 为中断次数,y 为秒表计数器,z
                                         //为毫秒计数器,n 为状态值
```

262

```
bit v,q=1,nw;                    //v 表示秒表起停状态   nw 表示闹钟开停状态
  void main(void)
  {
    unsigned char a;             //a 为装载判断当月天数
      TMOD=0X01;
      EA=1,ET0=1,TR0=1;
      TH0=55558/256;   //10ms
      TL0=55558/256;
      while(1)
      {
        nao=0;
//状态控制   以 n 表示
        if(w==0&&q)
        {
          do
          {
            if(n==5||n==6)   disp(dnf,dnh,dnsw);
            else if(n==7||n==8||n==9)disp(day,mon,yeal);
            else disp(s,f,h);
          }
            while(~w);
            n=n+1;
            if(n>10)
            n=0;
        }
//切换日历显示
        if(w1==0&&q)
        {
          do
          {
           disp(day,mon,yeal);
          }
          while(~w1);
          sss=0;
          while(sss<3)disp(day,mon,yeal);
        }
//切换闹钟显示
        if(w2==0&&q)
        {z=0;
```

```
        do
        {
        disp(dnf,dnh,dnsw);
        if(z>200)z=210;
        }
        while(~w2);
        if(z>200)nw=~nw;
        if(nw)   dnsw=101;else dnsw=100;
        sss=0;
        while(sss<3)disp(dnf,dnh,dnsw);
        }
    disp(s,f,h);//显示时钟



    }
}
```

技能训练 2   8 路数显抢答器的组装和调试

1. 根据电路原理图对 8 路数显抢答器进行制作（见图 8-40）

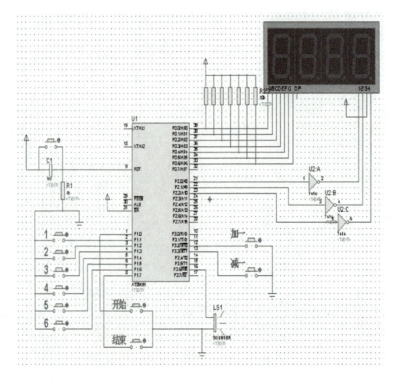

图 8-40 8 路数显抢答器电路原理图（仿真电路）

2. 程序及硬件调试

使用 Keil 软件进行 8 路数显抢答器程序的调试编程，使用下载软件进行下载程序和调试。

（1）系统硬件设计　本系统由 AT89C52 单片机、晶体振荡器电路、复位电路、S0~S7 共 8 个独立按键、1 个 4.7kΩ 的电阻排 RP1、1 个共阳极 LED 数码管和 8 个 510Ω 的电阻构成。

LED 数码管由 8 个 LED（以下简称段）构成，通过不同的发光字段组合可用来显示数字 0~9、"."、字符 A~F、Y、U、R、H、L 和 P 等。在本系统中用 1 个共阳极 LED 数码管作为显示器件，显示抢答器的状态信息，由于本系统只用到 1 个数码管，可采用静态连接方式将其与单片机的 P1 口连接。

8 个独立按键 S0~S7 连接到 P0 口，将与 P0.0 连接的按键 S0 作为 "0" 号抢答输入，与 P0.1 连接的按键 S1 作为 "1" 号抢答输入，依次类推。S0~S7 这 8 个独立按键都单独占用一根 I/O 端口线，适用于按键数目比较少的应用场合，其优点是软件结构简单。

电路中 P0 口外接的上拉电阻是保证按键断开时，I/O 端口为高电平；按键按下时相应端口为低电平。

（2）系统软件设计　程序设计思路如下：系统上电时，LED 数码管无显示，表示开始抢答，当记录到最先按下的按键序号后，LED 数码管将显示该参赛者的序号，同时无法再接受其他按键的输入；当系统按下复位按钮 S8 时，系统无显示，表示可以接受新一轮的抢答。

定义数组 disp［］用来存放共阳极 LED 数码管显示码表 |0xc0，0xf9，0xa4，0xb0，0x99，0x92，0x82，0xf8，0xbf|，显示码表中的数值分别对应十进制数字 0~7，在这个数组定义语句中，关键字 code 是为了把 canxu［］数组存储在单片机内的 ROM 中，该数组与程序代码一起固化在 ROM 中。

定义一个变量 key 用来存放 8 个独立按键的按键信息。单片机刚上电的时候，LED 数码管显示 "　"，表示开始抢答，通过 key＝P0 语句，将 P0 口的按键信息赋给变量 key，也就是第一次读按键状态，按键在闭合和断开时，触点会存在抖动现象，利用延时函数 delay（1200）将按下时抖动的时间消除，再执行 key＝P0 语句，再一次将 P0 口的按键信息赋给变量 key，也就是第二次读按键状态，此时如果从 P0 口得到的按键信息是 0xfe 的话，那么就说明是第 0 个独立按键被按下去了，此时在 LED 数码管上显示十进制数字 "0"，表明第 0 号参赛者抢答成功。如果从 P0 口得到的按键信息是 0xfd 的话，那么就说明是第 1 个独立按键被按下去了，此时在 LED 数码管上显示十进制数字 "1"，表明第 1 号参赛者抢答成功。

由此可知，如果从 P0 口得到的按键信息分别是 0xfb、0xf7、0xef、0xdf、0xbf、0x7f 的话，那么就说明分别是第 2、3、4、5、6、7 个独立按键被按下去了，此时在 LED 数码管上分别显示十进制数字"2""3""4""5""6""7"，表明第 2、3、4、5、6、7 号参赛者抢答成功。

程序中用 switch...case... 语句来判断 S0~S7 这 8 个独立按键中的哪个按键被按下去了，同时在 LED 数码管上显示相应的按键序号。

部分程序如下：

```
key＝P0;　//第一次读按键状态
delay(1200);　//延时消抖
key＝P0;　//第二次读按键状态
```

```
switch(key)    //根据按键的值进行多分支跳转
{
case 0xfe:P1=canxu[0];yanshi(10000);while(1);break;//按下 S0 键,LED
数码管显示 0,待机
case 0xfd:P1=canxu[1];yanshi(10000);while(1);break;//按下 S1 键,LED
数码管显示 1,待机
case 0xfb:P1=canxu[2];yanshi(10000);while(1);break;//按下 S2 键,LED
数码管显示 2,待机
case 0xf7:P1=canxu[3];yanshi(10000);while(1);break;//按下 S3 键,LED
数码管显示 3,待机
case 0xef:P1=canxu[4];yanshi(10000);while(1);break;//按下 S4 键,LED
数码管显示 4,待机
case 0xdf:P1=canxu[5];yanshi(10000);while(1);break;//按下 S5 键,LED
数码管显示 5,待机
case 0xbf:P1=canxu[6];yanshi(10000);while(1);break;//按下 S6 键,LED
数码管显示 6,待机
case 0x7f:P1=canxu[7];yanshi(10000);while(1);break;//按下 S7 键,LED
数码管显示 7,待机
default:break;
}
```

复习思考题

1. 常用单片机组成部分主要包含哪些？
2. 简述单片机引脚及功能。
3. 单片机调试的相关软件有哪些？
4. 简述用 Keil 软件完成单片机程序的编译、调试及仿真的过程。
5. C 语言使用的基本语句包括哪些？
6. 简述 51 系列单片机程序的烧录步骤。
7. 简述单片机中断系统。
8. 简述单片机 C 语言编程的结构。
9. 简述单片机 RAM 和 ROM 的区别及大小。
10. 风冷热泵冷水机组的工作原理是什么？
11. 简述风冷热泵冷水机组的操作规范。

模拟试卷样例

一、选择题（将正确答案的序号填入括号内；每题1分，共80分）

1. 用于把矩形波脉冲变为尖脉冲的电路是（　　）。

A. R 耦合电路　　　　B. RC 耦合电路　　　　C. 微分电路　　　　D. 积分电路

2. 下列多级放大电路中，低频特性较好的是（　　）。

A. 直接耦合　　　　B. 阻容耦合　　　　C. 变压器耦合　　　D. A 和 B

3. 逻辑表达式 A+AB 等于（　　）

A. A　　　　　　B. 1+A　　　　　　C. 1+B　　　　　　D. B

4. 在梯形图中，传送指令（MOV）的功能是（　　）。

A. 将源操作数内容传送到目的操作数，源操作数清零

B. 将源操作数内容传送到目的操作数，源操作数内容不变

C. 将目的操作数内容传送到源操作数，目的操作数清零

D. 将目的操作数内容传送到源操作数，目的操作数内容不变

5. 在三相半波可控整流电路中，当负载为电感性时，负载电感量越大，则（　　）。

A. 输出电压越高　　B. 输出电压越低　　C. 导通角越小　　D. 导通角越大

6. 把（　　）的装置称为逆变器。

A. 交流电变换为直流电　　　　　　B. 交流电压升高或降低

C. 直流电变换为交流电　　　　　　D. 直流电压升高或降低

7. 在自动控制系统中，若想稳定某个物理量，就该引入该物理量的（　　）。

A. 正反馈　　　　B. 负反馈　　　　C. 微分负反馈　　D. 微分正反馈

8. 转速-电流双闭环直流调速系统在起动时，调节作用主要靠（　　）产生。

A. 电流调节器　　　　　　　　　　B. 转速调节器

C. 电流、转速调节器　　　　　　　D. 比例、积分调节器

9. 转速-电流双闭环直流调速系统在系统过载或堵转时，速度调节器处于（　　）。

A. 饱和状态　　　　B. 调节状态　　　　C. 截止状态　　　D. 放大状态

10. 梯形图中，同一个常开（动合）触点可以出现（　　）次。

A. 1　　　　　　B. 2　　　　　　C. 10　　　　　　D. 无数

11. 关于 PLC，下列观点正确的是（　　）。

A. PLC 与变频器都可进行故障自诊断

B. PLC 的输入电路采用光电耦合方式

C. PLC 的直流开关量输出模块又称为晶体管开关量输出模块，属无触点输出模块

D. 以上全正确

12. PLC 一般采用（　　）工作方式。

A. 等待　　　　　　B. 循环扫描　　　　C. 随机　　　　　　D. 步进

13. 组合逻辑门电路在任意时刻的输出状态只取决于该时刻的（　　）。

A. 电压高低　　　　B. 电流大小　　　　C. 输入状态　　　　D. 电路状态

14. 在三相半波可控整流电路中，每只晶闸管的最大导通角为（　　）。

A. 30°　　　　　　B. 60°　　　　　　C. 90°　　　　　　D. 120°

15. 电压负反馈主要补偿（　　）上电压的损耗。

A. 电抗器电阻　　　　　　　　　　　　B. 电源内阻

C. 电枢电阻　　　　　　　　　　　　　D. 以上皆不正确

16. 转速-电流双闭环直流调速系统，在负载变化时出现偏差，消除偏差主要靠（　　）。

A. 电流调节器　　　　　　　　　　　　B. 转速调节器

C. 电流、转速两个调节器　　　　　　　D. 比例、积分调节器

17. 一个扫描周期可分为（　　）个阶段。

A. 3　　　　　　　B. 4　　　　　　　C. 5　　　　　　　D. 6

18. 计数器接通设定次数后，对应的常开接点（　　）。

A. 闭合　　　　　　B. 断开　　　　　　C. 保持　　　　　　D. 闭合一个扫描周期

19. PLC 输出接线时，直流电源正极连接（　　）。

A. 负载　　　　　　　　　　　　　　　B. 输出继电器

C. 输出点公共端　　　　　　　　　　　D. 输入公共端

20. 为了增强抗干扰能力，PLC 输入电路一般采用（　　）。

A. 继电器　　　　　　　　　　　　　　B. 晶闸管

C. 光电隔离电路　　　　　　　　　　　D. 晶体管

21. 在进行 I/O 分配时，开关和传感器等元件应该分配在（　　）。

A. 电源端　　　　　B. 输入端　　　　　C. 输出端　　　　　D. 辅助端

22. PLC 的工作方式是（　　）。

A. 串行工作方式　　B. 并行工作方式　　C. 运行工作方式　　D. 其他工作方式

23. I/O 分配时，一个输入元件一般对应（　　）个输入端子。

A. 1　　　　　　　B. 2　　　　　　　C. 3　　　　　　　D. 任意

24. 运行程序时，PLC 的工作状态选择开关应打到（　　）。

A. RUN 位　　　　　B. STOP 位　　　　C. 中间位置　　　　D. 任意位置

25. 要在母线上连接一个常闭触点，需用（　　）指令。

A. OUT　　　　　　B. LD　　　　　　　C. LDI　　　　　　D. AND

26. 定时器的线圈得电后，对应常开触点（　　）。

A. 立即接通　　　　B. 延时接通　　　　C. 立即断开　　　　D. 延时断开

27. 一个发光二极管显示器应显示"7"，实际显示"1"，故障线段应为（　　）。

A. a　　　　　　　B. b　　　　　　　C. d　　　　　　　D. f

28. 将二进制数 00111011 转换为十六进制数是（　　）。

A. 2AH　　　　　　B. 3AH　　　　　　C. 2BH　　　　　　D. 3BH

29. 步进程序中，下一状态器接通时，上一状态器（　　）。

A. 自动复位　　　　B. 保持接通　　　　C. 延时断开　　　D. 不确定

30. PLC 的整个工作过程分 5 个阶段，当 PLC 通电运行时，第四个阶段应为（　　）。

A. 与编程器通信　　　　　　　　B. 执行用户程序

C. 读入现场信号　　　　　　　　D. 自诊断

31. 国内外 PLC 各生产厂家都把（　　）作为第一用户编程语言。

A. 梯形图　　　　　B. 指令表　　　　　C. 逻辑功能图　　D. C 语言

32. 输入采样阶段是 PLC 的中央处理器对各输入端进行扫描，将输入端信号送入（　　）。

A. 累加器　　　　　B. 指针寄存器　　　C. 状态寄存器　　D. 存储器

33. PLC 依据负载情况不同，输出接口有（　　）种类型。

A. 3　　　　　　　B. 1　　　　　　　C. 2　　　　　　D. 4

34. OUT 指令能够驱动（　　）。

A. 输入继电器　　　B. 暂存继电器　　　C. 计数器

35. 连续使用 OR-LD 指令的数量应（　　）。

A. 小于 5 个　　　　B. 小于 8 个　　　　C. 大于 8 个　　　D. 等于 8 个

36. 理想集成运放的共模抑制比应该为（　　）。

A. 较小　　　　　　B. 较大　　　　　　C. 无穷大　　　　D. 零

37. 下列数控机床中（　　）是点位控制数控机床。

A. 数控车床　　　　B. 数控铣床　　　　C. 数控冲床　　　D. 加工中心

38. 脉冲当量是指（　　）。

A. 每发出一个脉冲信号，机床移动部件的位移量

B. 每发出一个脉冲信号，伺服电动机转过的角度

C. 进给速度大小

D. 每发出一个脉冲信号，相应丝杠产生转角的大小

39. 数控机床检测反馈装置的作用是：将其测得的（　　）数据迅速反馈给数控装置，以便与加工程序给定的指令值进行比较和处理。

A. 直线位移　　　　　　　　　　B. 角位移或直线位移

C. 角位移　　　　　　　　　　　D. 直线位移和角位移

40. 要求数控机床有良好的地线，测量机床地线，接地电阻不能大于（　　）。

A. 1Ω　　　　　　B. 4Ω　　　　　　C. 10Ω　　　　　D. 0.5MΩ

41. 集成运算放大器是一种具有（　　）耦合放大器。

A. 高放大倍数的阻容　　　　　　B. 低放大倍数的阻容

C. 高放大倍数的直接　　　　　　D. 低放大倍数的直接

42. 闭环控制系统和半闭环控制系统的主要区别在于（　　）不同。

A. 采用的伺服电动机　　　　　　B. 采用的传感器

C. 伺服电动机的安装位置　　　　D. 传感器的安装位置

43. CNC 系统的 RAM 常配备有高能电池，其作用是（　　）。

A. RAM 正常工作所必需的供电电源

B. 系统掉电时，保护 RAM 不被破坏

C. 系统掉电时，保护 RAM 中的信息不丢失

D. 加强 RAM 供电，提高其抗干扰能力

44. Z35 型摇臂钻床电路中的零压继电器的功能是（　　）。

A. 失电压保护　　　B. 零励磁保护　　　C. 短路保护　　　D. 过载保护

45. 步进电动机的转速可通过改变电动机的（　　）而实现。

A. 脉冲频率　　　B. 脉冲速度　　　C. 通电顺序　　　D. 电压

46. PLC 是把（　　）功能用特定的指令记忆在存储器中，通过数字或模拟输入、输出装置对机械自动化或过程自动化进行控制的数字式电子装置。

A. 逻辑运算、顺序控制

B. 计数、计时、算术运算

C. 逻辑运算、顺序控制、计时、计数和算术运算等

D. 任何

47. MCS-51 单片机的复位信号是（　　）有效。

A. 高电平　　　B. 低电平　　　C. 脉冲　　　D. 下降沿

48. 下列计算机语言中，CPU 能直接识别的是（　　）。

A. 自然语言　　　B. 高级语言　　　C. 汇编语言　　　D. 机器语言

49. PLC 的输入/输出、辅助继电器、计时、计数的触点是(　　)，(　　)无限地重复使用。

A. 无限的　能　　　　　　　　　B. 有限的　能

C. 无限的　不能　　　　　　　　D. 有限的　不能

50. 直流电动机用斩波器调速时，可实现（　　）。

A. 恒定转速　　　B. 有级调速　　　C. 无级调速　　　D. 以上均可

51. 当负载增加以后，调速系统转速降增大，经过调节转速有所回升。调节前后主电路电流将（　　）。

A. 增大　　　B. 不变　　　C. 减小　　　D. 以上均不是

52. 转速-电流双闭环直流调速系统，在起动时转速调节器处于（　　）。

A. 饱和状态　　　B. 调节状态　　　C. 截止状态　　　D. 以上均可

53. 可逆调速系统主电路中的环流是（　　）负载的。

A. 不流过　　　B. 流过　　　C. 反向流过　　　D. 以上均不是

54. 转速-电流双闭环直流调速系统包括电流环和转速环，其中两环之间关系是（　　）。

A. 电流环为内环，转速环为外环　　　B. 电流环为外环，转速环为内环

C. 电流环为内环，转速环也为内环　　　D. 电流环为外环，转速环也为外环

55. 下列电力电子器件中，（　　）的驱动功率小，驱动电路简单。

A. 普通晶闸管　　　　　　　　　B. 门极关断晶闸管

C. 电力晶体管　　　　　　　　　D. 功率场控晶体管

56. 在自动控制系统中，若想稳定某个物理量，就该引入该物理量的(　　)。

A. 正反馈　　　B. 负反馈　　　C. 微分负反馈　　　D. 微分正反馈

57. 晶体管的放大实质是（　　）。

A. 将小能量放大成大能量

B. 将低电压放大成高电压

C. 将小电流放大成大电流

D. 用变化较小的电流去控制变化较大的电流

58. 晶体管放大电路中，集电极电阻 R_C 的主要作用是（　　）。

A. 为晶体管提供集电极电流　　　　　　B. 把电流放大转换成电压放大

C. 稳定工作点　　　　　　　　　　　　D. 降低集电极电压

59. 硅稳压二极管稳压电路适用于（　　）的电气设备。

A. 输出电流大　　　　　　　　　　　　B. 输出电流小

C. 电压稳定度要求不高　　　　　　　　D. 电压稳定度要求高

60. 变压器的额定容量是指变压器额定运行时（　　）。

A. 输入的视在功率　　　　　　　　　　B. 输出的视在功率

C. 输入功率　　　　　　　　　　　　　D. 输出功率

61. 伺服电动机输入的是（　　）信号。

A. 脉冲　　　　　　B. 电压　　　　　　C. 速度　　　　　　D. 电流

62. 在大修后，若将摇臂升降电动机的三相电源相序反接了，则（　　），采取换相方法可以解决。

A. 电动机不转动　　　B. 会发生短路　　　C. 使上升和下降颠倒

63. 交流调速控制的发展方向是（　　）。

A. 电抗器调速　　　B. 交流晶闸管调速　　　C. 变频调速

64. 反应式步进电动机的转速 n 与脉冲频率（　　）。

A. f 成正比　　　B. f 成反比　　　C. f_2 成正比　　　D. f_2 成反比

65. 直流力矩电动机的工作原理与（　　）电动机相同。

A. 普通的直流伺服　　　　　　　　　　B. 异步

C. 同步　　　　　　　　　　　　　　　D. 步进

66. 滑差电动机的转差离合器电枢是由（　　）拖动的。

A. 测速发电机　　　　　　　　　　　　B. 工作机械

C. 三相笼型异步电动机　　　　　　　　D. 转差离合器的磁极

67. 变频调速中变频器的作用是将交流供电电源变成（　　）的电源。

A. 变压变频　　　B. 变压不变频　　　C. 变频不变压　　　D. 不变压不变频

68. 调速系统的调速范围和静差率这两个指标（　　）。

A. 互不相关　　　B. 相互制约　　　C. 相互补充　　　D. 相互平等

69. 变频调速中的变频器一般由（　　）组成。

A. 整流器、滤波器、逆变器　　　　　　B. 放大器、滤波器、逆变器

C. 整流器、滤波器　　　　　　　　　　D. 逆变器

70. 直流电动机调速所用的斩波器主要起（　　）作用。

A. 调电流　　　B. 调电阻　　　C. 调电压　　　D. 调电抗

71. 变频调速所用的 VVVF 型变频器，具有（　　）功能。

A. 调压　　　　　　B. 调频　　　　　　C. 调压与调频　　D. 调功率

72. 在电力电子装置中，电力晶体管一般工作在（　　）状态。

A. 放大　　　　　　B. 截止　　　　　　C. 饱和　　　　　D. 开关

73. 绝缘栅双极晶体管的导通与关断是由（　　）来控制。

A. 栅极电流　　　　B. 发射极电流　　　C. 栅极电压　　　D. 发射极电压

74. 晶闸管逆变器输出交流电的频率由（　　）来决定。

A. 一组晶闸管的导通时间　　　　　　　B. 两组晶闸管的导通时间

C. 一组晶闸管的触发脉冲频率　　　　　D. 两组晶闸管的触发脉冲频率

75. 绝缘栅双极晶体管具有（　　）的优点。

A. 晶闸管　　　　　　　　　　　　　　B. 单结晶体管

C. 电力场效应晶体管　　　　　　　　　D. 电力晶体管和电力场效应晶体管

76. 电力场效应晶体管 MOSFET（　　）现象。

A. 有二次击穿　　　B. 无二次击穿　　　C. 防止二次击穿　D. 无静电击穿

77. 逆变器中的电力晶体管工作在（　　）状态。

A. 饱和　　　　　　B. 截止　　　　　　C. 放大　　　　　D. 开关

78. 电力场效应晶体管 MOSFET 适于在（　　）条件下工作。

A. 直流　　　　　　B. 低频　　　　　　C. 中频　　　　　D. 高频

79. 在大容量三相逆变器中，开关元器件一般不采用（　　）。

A. 晶闸管　　　　　　　　　　　　　　B. 绝缘栅双极晶体管

C. 门极关断晶闸管　　　　　　　　　　D. 电力晶体管

80. 在简单逆阻型晶闸管斩波器中，（　　）晶闸管。

A. 只有一个　　　　　　　　　　　　　B. 有两只主

C. 有两只辅助　　　　　　　　　　　　D. 有一只主晶闸管，一只辅助

二、判断题（对画"✓"，错画"×"；每题1分，共20分）

81. 若耗尽型 N 沟道 MOS 管的 U_{GS} 大于零，则其输入电阻会明显变小。　　　（　　）

82. 自动调速系统采用比例积分调节器，因它既有较高的静态精度，又有较快的动态响应。

　　　　　　　　　　　　　　　　　　　　　　　　　　　　　　　　　　（　　）

83. 时序逻辑电路具有自起动能力的关键是能否从无效状态转入有效状态。　　（　　）

84. 自控系统的静差率一般是指系统高速运行时的静差率。　　　　　　　　　（　　）

85. 梯形图中，同一个常闭（动断）触点可以出现无数次。　　　　　　　　　（　　）

86. 要在母线上连接一个常闭触点，需用 LD 指令。　　　　　　　　　　　　（　　）

87. 定时器的线圈得电后，对应常开触点立即接通。　　　　　　　　　　　　（　　）

88. 调速系统的调速范围和静差率是两个互不相关的调速指标。　　　　　　　（　　）

89. 无静差调速系统是指动态有差而静态无差。　　　　　　　　　　　　　　（　　）

90. 时序逻辑电路与组合逻辑电路最大不同在于前者与电路原来的状态有关。　（　　）

91. 梯形图中继电器常闭触点可以出现在线圈后面。　　　　　　　　　　　　（　　）

92. 异步电动机与同步电动机变频的实质是改变旋转磁场的转速。　　　　　　　（　　）

93. 矢量变换控制是将静止坐标系所表示的电动机矢量变换到以气隙磁通或转子磁通定向的坐标系。　　　　　　　（　　）

94. 三相全控整流电路可以工作于整流状态和有源逆变状态。　　　　　　　（　　）

95. 具有电抗器的电焊变压器，若减少电抗器的铁心气隙，则漏抗增加，焊接电流增大。
　　　　　　　（　　）

96. 要实现变频调速，在不损坏电动机的情况下，充分利用电动机铁心，应保持每极气隙磁通不变。　　　　　　　（　　）

97. 功率场控晶体管 MOSFET 是一种复合型电力半导体器件。　　　　　　　（　　）

98. 从安全用电角度考虑，交流负载在接线时，电源相线连接输出端 COM。　　　（　　）

99. 及时抑制电压扰动是转速-电流双闭环直流调速系统中电流调节器作用之一。　（　　）

100. PLC 为工业控制装置，一般不需要采取特别的措施，可直接用于工业环境。（　　）

模拟试卷样例答案

一、选择题

1. C   2. A   3. A   4. B   5. D   6. C   7. B   8. A   9. A

10. D   11. D   12. B   13. C   14. D   15. B   16. B   17. C   18. A

19. C   20. C   21. B   22. A   23. A   24. A   25. C   26. B   27. A

28. D   29. A   30. B   31. A   32. C   33. A   34. B   35. B   36. C

37. C   38. A   39. B   40. A   41. C   42. D   43. C   44. A   45. A

46. C   47. A   48. D   49. A   50. C   51. A   52. A   53. A   54. A

55. D   56. B   57. D   58. B   59. C   60. B   61. B   62. C   63. C

64. A   65. A   66. C   67. A   68. B   69. A   70. A   71. C   72. D

73. C   74. D   75. D   76. B   77. C   78. A   79. B   80. D

二、判断题

81. ×   82. √   83. √   84. ×   85. √   86. ×   87. ×   88. ×   89. √

90. √   91. ×   92. √   93. √   94. √   95. ×   96. √   97. ×   98. √

99. √   100. √

参 考 文 献

［1］杨清德，丁秀艳，鲁世金. 维修电工：中高级 ［M］. 北京：化学工业出版社，2021.

［2］张英，陈晓鹏. 高级维修电工 ［M］. 天津：天津科学技术出版社，2004.

［3］曾毅. 变频调速控制系统的设计与维护 ［M］. 济南：山东科学技术出版社，2002.

［4］肖建章. 高级维修电工专业技能训练 ［M］. 北京：中国劳动社会保障出版社，2004.

［5］王建. 维修电工技师手册 ［M］. 2 版. 北京：机械工业出版社，2013.

［6］孔凡才. 自动控制原理与系统 ［M］. 北京：机械工业出版社，2002.

［7］王兆晶. 维修电工（高级）［M］. 2 版. 北京：机械工业出版社，2012.

［8］李俊秀，赵黎明. 可编程控制器实训指导 ［M］. 北京：化学工业出版社，2003.

［9］杨志忠. 数字电子技术 ［M］. 北京：高等教育出版社，2000.

［10］胡宴如. 模拟电子技术 ［M］. 北京：高等教育出版社，2000.

［11］机械工业职业技能鉴定指导中心. 高级维修电工技术 ［M］. 北京：机械工业出版社，2004.

［12］王明礼. 维修电工（技师）技能培训与鉴定考试用书 ［M］. 济南：山东科学技术出版社，2008.